大数据可视化基础与应用

主　编　杨　敖　武春岭　梁修荣

副主编　曾　彪　许全文　罗朝平

主　审　武春岭　周明强

北京理工大学出版社

BEIJING INSTITUTE OF TECHNOLOGY PRESS

图书在版编目(CIP)数据

大数据可视化基础与应用 / 杨敖，武春岭，梁修荣主编. -- 北京：北京理工大学出版社，2021.11
ISBN 978-7-5763-0740-5

Ⅰ. ①大… Ⅱ. ①杨… ②武… ③梁… Ⅲ. ①可视化软件-数据处理-高等职业教育-教材 Ⅳ. ①TP31

中国版本图书馆 CIP 数据核字(2021)第 248258 号

出版发行 / 北京理工大学出版社有限责任公司
社　　址 / 北京市海淀区中关村南大街 5 号
邮　　编 / 100081
电　　话 / (010)68914775(总编室)
　　　　　(010)82562903(教材售后服务热线)
　　　　　(010)68944723(其他图书服务热线)
网　　址 / http://www.bitpress.com.cn
经　　销 / 全国各地新华书店
印　　刷 / 定州启航印刷有限公司
开　　本 / 889 毫米×1194 毫米　1/16
印　　张 / 9.5
字　　数 / 189 千字
版　　次 / 2021 年 11 月第 1 版　2021 年 11 月第 1 次印刷
定　　价 / 70.00 元

责任编辑 / 张荣君
文案编辑 / 张荣君
责任校对 / 周瑞红
责任印制 / 边心超

PREFACE 前言

大数据时代正在变革我们的生活、工作和思维。如何让大数据更有意义，使之更贴近大多数人，重要的手段之一就是数据可视化。数据可视化是关于数据的视觉表现形式技术，这种表现形式被定义为一种以某种概要形式抽取出来的信息，包括相应信息单位的各种属性和变量。Tableau 可以帮助人们将数据转化为可以付诸行动的见解，探索无所不能的可视化分析，只需通过鼠标操作即可构建仪表板，进行即兴分析，与任何人共享自己的工作成果。

大数据可视化的理念、技术与应用是一门理论性和实践性都很强的“必修”课程。在长期的教学实践中，我们体会到坚持“因材施教”的重要原则，把实践环节与理论教学相融合，抓实践教学以促进理论知识的学习，是有效地改善教学效果和提高教学质量的重要方法之一。本书的主要特色是：理论联系实际，结合一系列了解和熟悉大数据可视化理念、技术与应用的学习和实践活动，把大数据可视化的相关概念、基础知识和技术技巧融入实践当中，使学生保持浓厚的学习热情，加深对大数据可视化技术的兴趣，认识、理解和掌握大数据可视化技术。

本书根据大数据技术应用、计算机应用和其他相关专业学生的发展需求，运用简洁的方式和形式介绍了关于大数据技术及其可视化的基本知识和技能。本书设置了 5 个项目，建议学时为 72 学时，分别为数据可视化及 Tableau 初探 6 学时、可视化图表及仪表板 30 学时、地图的运用 12 学时、图表的美化 10 学时、动态仪表板的设计 14 学时。各项目还配套设计了学习目标、项目小结和拓展练习等部分，具有较强的系统性、可读性和实用性。本书坚持立体化教材的设计理念，同步配有电子课件、教学视频等教学资源包，扫描二维码即可获得学习资源。本书对于初次接触数据分析的学生学习更有帮助，书中按照直观性原则，简化程序设计，重点突出可视化操作技巧，无须编程基础即可完成整个分析过程，使学习者能够脱离枯燥的代码环境，专注于数据本身，为数据分析带来全新的思路和视角。

编者在多年教学实践的基础之上，结合行业岗位典型工作任务分析，形成岗位能力，最终转化为知识点和能力点。

本书主要适用于院校大数据技术应用专业学生学习，也可以作为计算机爱好者自学用书。由于作者水平有限，书中难免存在疏漏和不足之处，恳请专家和广大读者批评指正。

编　者

CONTENTS 目录

PROJECT 1 项目 1

课程准备——数据可视化及Tableau初探

学习目标

- 了解什么是数据可视化。
- 了解数据可视化的常见应用领域。
- 了解 Tableau 的发展历程、产品情况、应用优势、功能介绍。

任务 1.1 了解数据可视化

根据互联网数据中心（Internet Data Center，IDC）的报告预测，2025 年全球生成的数据量将达到 163ZB。这些数据蕴含着推动人类进步的巨大发展机遇，但要把机遇变成现实，人们需要借助触手可及的数据力量。

数据可视化（Data Visualization）是指通过图形化手段，清晰有效地表达数据中的信息，帮助人们“看到”数据中的规律和问题。在今天的大数据时代，“一图胜千言”变得更加真实。

数据可视化

近年来，随着大数据的应用和发展，数据可视化成为一个热门的领域。要从多如繁星的数据中释放其蕴藏的巨大能量，人们必须理解、利用和掌握这些数据，这将变成一项基本的生存技能。

数据可视化越来越成为企业核心竞争力的重要组成部分，从数字可视化到文本可视化，从条形图、饼图到文字云，从数据的可视化分析到企业的可视化平台建设。社会上数据可视化工程师的需求缺口巨大，然而只有为数不多的高校开始着手培养这方面的人才。

本书基于 Tableau，结合多个行业中的实战案例来介绍数据可视化技术，旨在帮助初学者快速利用工具掌握数据可视化背后的一些基本科学准则，充分体验这些准则是如何被有效运用在数据可视化分析和企业决策中，从而充分挖掘出数据中蕴含的信息和知识，提供业务决策支持，为企业和组织带来实实在在的价值。

任务 1.2 理解用数据讲故事

如果一开始你不知道自己想了解什么，或者不知道可以了解什么，那么数据就是枯燥的，不过是数字和文字的堆砌，除了冰冷的数值之外没有任何意义，而统计和可视化的好处就在于能帮助你观测到更深层次的东西。事实上，数据是现实生活的一种映射，其中隐藏着许多故事，在一堆堆的数据之间存在着实际的意义、真相和美学。和现实生活一样，有些故事非常简单直接，有些则颇为迂回费解；有些故事只会出现在教科书里，有些则题材新奇。讲故事的方式完全取决于你自己，不论你的身份是统计学家、程序员、设计师还是数据研究者。

任务 1.3 了解数据不只是数字

数据的故事无处不在，企业运营、新闻报道、艺术等，都在用数据讲故事。为了更好地传递数据中的信息，每个人都应该具备构建数据故事的能力。数据不只是数字，还可以是文字、图片、视频、声音等。数据可视化不仅可以用来展现数字特征，还可以用来表达人的情感。就像你可以从一个人的文章或评论中分析他所用的词汇是消极的还是积极的，并用可视化的形式来展示这个人的情感；也可以通过产品类别的名称、字号大小来展现这些产品类别的销售额或利润额大小等，如图 1-1 所示。

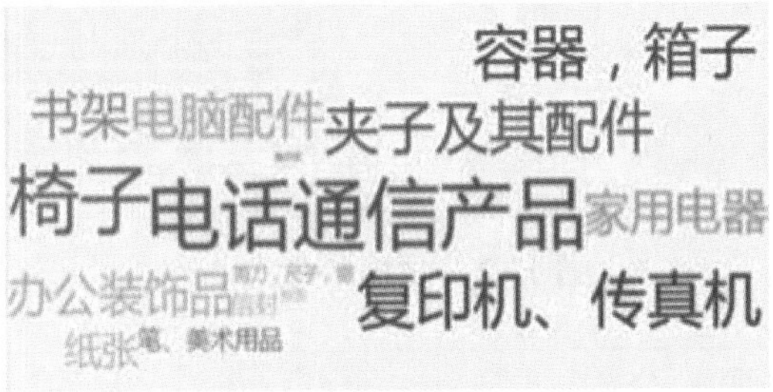

图 1-1　可视化展现产品类别利润额大小

任务 1.4 理解在数据中寻找什么

你通过数据可视化，是为了从数据中寻找什么呢？寻找的内容有三个方面：模式、关系和异常。不管图形表现的是什么，你都要留心观察这三个方面。

模式，即数据中的某种规律。比如，机场每月的旅客人数随着时间推移变化不定，通过多年数据的对比，你可以发现旅客人数存在着季节性或周期性的变化规律。又如，分析某家网站不同时间内各个板块的访问量，转化率等。数据规律分析如图 1-2 所示。

关系，即各数据指标之间的相关性。在统计学中，关系通常代表关联性和因果关系。多个变量之间经常存在某种联系。在散点图中，你可以观察两个坐标轴的两个字段之间的相关关系，是正相关还是负相关，或者是不相关。如此，你可以依次找到与因变量具有较强相关关系的自变量，从而确定主要的影响因素。比如，你研究网站访问的目标完成情况与访问量、转化率等的关系。关联性分析如图 1-3 所示。

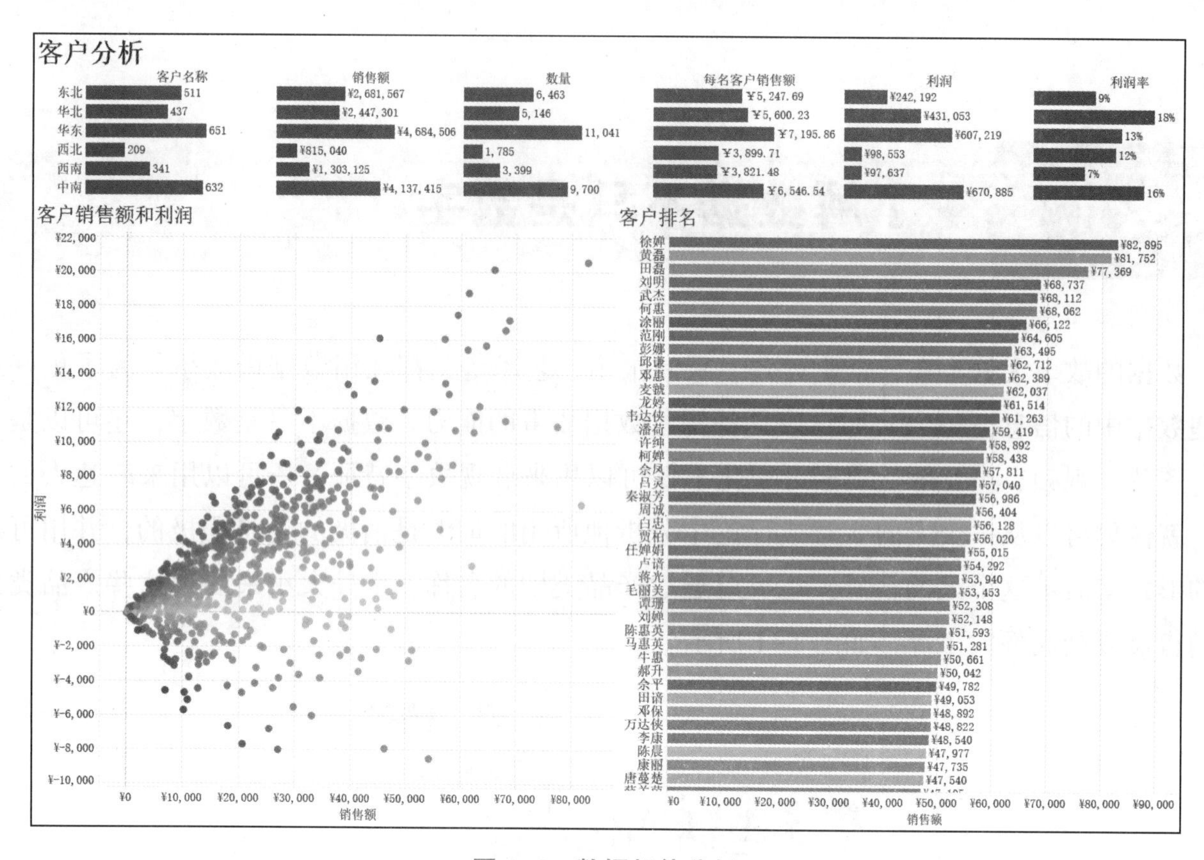

图 1-2　数据规律分析

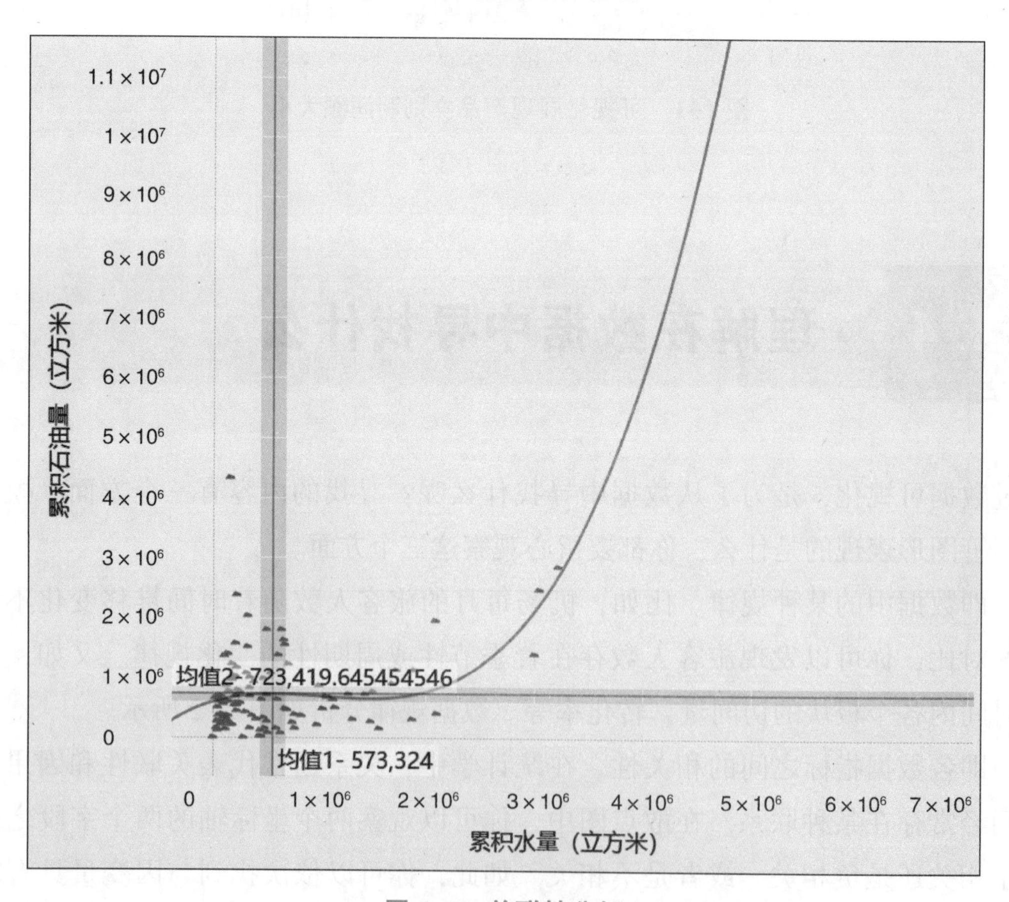

图 1-3　关联性分析

异常，即显著不同于大多数的数据。异常的数据并非都是错误数据，有些可能是设备记

录或人工输入数据时出现错误而导致的错误数据；有些也可能就是正确的数据，只是人为欺诈或偶然因素的影响使得数据出现了异常。通过异常分析，一方面可以分析异常原因，对设备是否正常运转或员工工作态度进行检测；另一方面可以检测制度的漏洞，以完善制度。

任务 1.5 了解数据可视化的常见应用领域

各种商业形态都会产生数据记录，可视化作为更好的交流和分析数据的有效手段，本身就是一种比较通用的技术。可以说，有数据的地方，需要分析和交流数据的地方，就会用到数据可视化。但对于初学者来说，只有投射到现实的场景，才能更容易地了解这种技术。下面列举一些涉及不同领域的现实场景，你会看到，各个领域的划分有时不是互斥的。

1. 科学可视化

科学可视化是指用科学方法观察数据，通过多种技术形成各种可视化图形，以帮助科研人员理解和分析各种模式。例如，天气研究中通过颜色、标志等对风力、水流、气候的可视化方法，基因结构、生物科学中的生命科学可视化方法。

2. 生产领域可视化

生产领域可视化是指二维、三维的工程绘图，以及各种参数的动态可视化展现和模拟。

3. 大众传播领域可视化

随着近年来信息图的兴起，传播领域使用大量的可视化技术，以向大众清晰、快速地传递信息和知识。

4. 商业领域可视化

可视化仪表盘将很多关键数据指标展现为可视化形式，方便业务管理人员快速捕获信息，同时也提升了在有限时间内可摄取的信息量，帮助相关人员更有效率地做出决策。在一些情况下，可视化本身参与到分析进程中，而不仅仅是为了展现分析结果。例如，网站点击热力图，研究页面不同区域的点击情况，指导和改善网页设计。更进一步的可视化技术，可以跟踪用户的视觉轨迹，进行用户在页面的注意力分布情况的研究。又如，在大型的商业机构和公共场所中，使用摄像头捕获客流数据，结合时间和空间，对人群的行为轨迹进行可视化分析，制定对应的人群管理和引导政策。

5. 地理信息可视化

地理信息可视化的历史悠久，并且运用广泛，结合近几年更加强大的信息采集技术，地理信息分析得以结合很多领域进行综合分析，如人口的变迁、商业的演化等。

6. 设备仿真运行可视化

计算机程控及三维动画图像与实体模型相融合，实现了对设备运行状态的可视化表达，设备位置、外形及参数一目了然，使管理者对设备有具体的形象概念，大大降低了管理者的劳动强度，提高了管理效率和管理水平。

可视化是为了更好地传播和探索信息，所以，在多个领域，可视化都不作为一个完全独立的技术使用，而是结合领域知识和相关数据合理地运用，以更好地完成目标。随着软硬件技术及理论的发展，可视化也在不断地拓展其应用范围。

任务 1.6 Tableau 初探

1. Tableau 的发展历程

Tableau 是一家提供商业智能的软件公司，于 2004 年正式成立。Tableau 产品起源于美国一个提高人们分析信息能力的项目，项目移交斯坦福大学后快速发展，三位负责产品的博士后来共同创建了 Tableau 软件公司。在公司成立一年后，Tableau 就获得了《个人计算机杂志》(《PC Magazine》)授予的“年度最佳产品”称号。Tableau 致力于帮助人们看清并理解数据，帮助不同个体或组织快速、简便地分析、可视化和共享数据。

Tableau 从发明第一项专利“VizQLTM”开始，就一直保持良好的发展趋势。在 2011 年 Tableau 被美国高德纳(Gartner)咨询公司评为“全球发展速度最快的商业智能公司”；在 2012 年 Tableau 又被《软件杂志》(Software Magazine)评为全球软件 500 强企业；从 2013 年到 2020 年，在《Gartner 商业智能和分析平台魔力象限》报告中，Tableau 连续八次蝉联领先者；在 2019 年，Tableau 被 Salesforce 公司收购。

2. Tableau 产品简介

Tableau 家族产品包括 Tableau Desktop、Tableau Server、Tableau Online、Tableau Reader、Tableau Public 和 Tableau Prep。下面分别对 Tableau 各系列产品做简要的介绍。

(1)Tableau Desktop。

Tableau Desktop 是一款桌面端分析工具，通过 Tableau Desktop 可以连接到几乎所有的数据源。可连接的数据源类型如图 1-4 所示。当连接到数据源后，只需用拖曳鼠标的方式就可快速地创建出美观、智能的交互式视图和仪表板。Tableau 的高性能数据引擎能够以惊人的速度处理数据。通过简单的鼠标操作，用户就可以完成对数百万条数据的可视化分析，在思考的瞬间就能获得所需的答案。

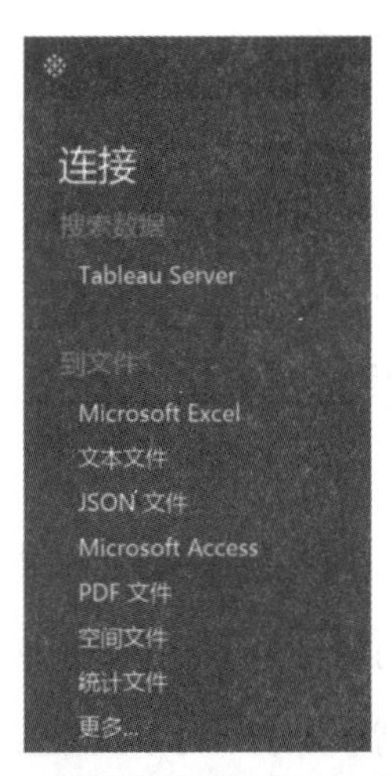

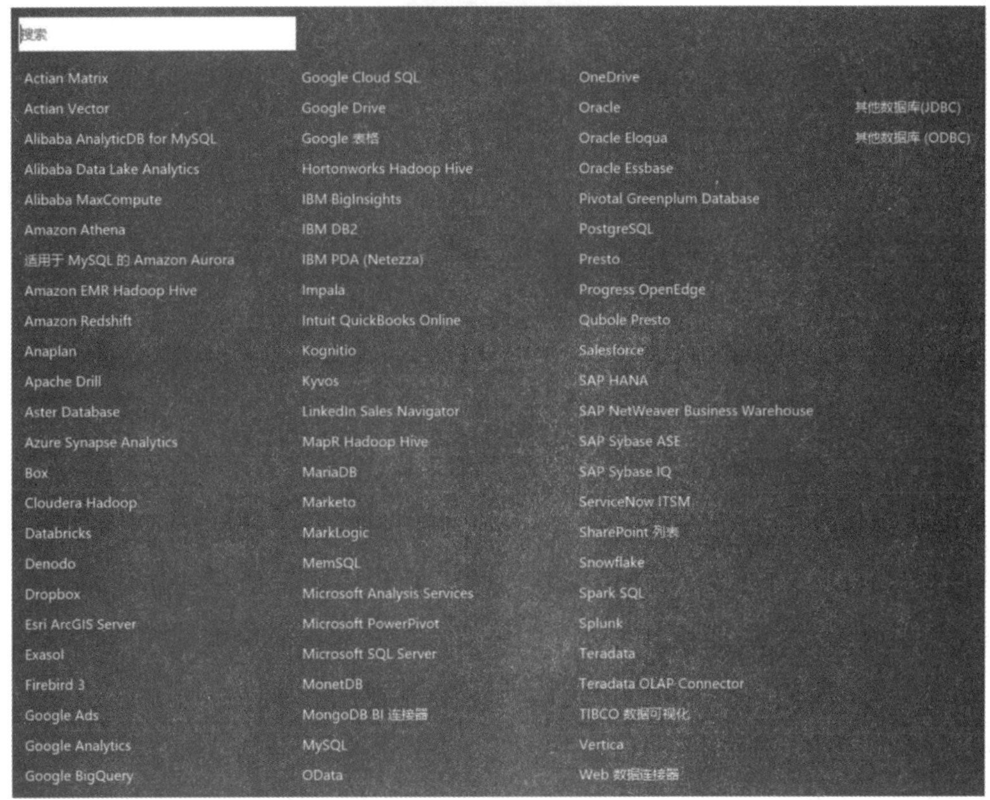

图 1-4　可连接的数据源类型

Tableau Desktop 分为个人版和专业版两种，两者的区别在于：其一，个人版所能连接的数据源有限，其能连接到的数据源有文本文件(如 . csv 文件)、JSON 文件、空间文件、统计文件、OData、Google 表格和 Web 数据连接器，而专业版可以连接到几乎所有格式或类型的数据文件和数据库；其二，个人版不能与 Tableau Server 相连，而专业版可以。

(2) Tableau Server。

Tableau Server 是服务器端应用程序，用于发布和管理 Tableau Desktop 创建的仪表板，同时也可以发布和管理数据源。Tableau Desktop 基于浏览器的分析技术，做好仪表板并发布到 Tableau Server 上后，其他人可以通过浏览器或平板电脑看到分析结果。此外，Tableau Server 也支持 iPad 或 Android 平板电脑桌面应用端。

(3)Tableau Online。

Tableau Online 是 Tableau Server 软件及服务的云托管版本，建立在与 Tableau Server 相同的企业级架构之上。Tableau Online 不需要本地硬件安装，利用 Tableau Desktop 发布仪表板到云端后，就可以在世界的任何地方利用万维网(Web)浏览器或移动设备查看实时交互的仪表板，并进行数据筛选、查询或将全新数据添加到分析工作中。

(4)Tableau Reader。

Tableau Reader 是一款免费的桌面应用程序，用来查看 Tableau Desktop 所创建的视图文件，可以保持视图的可交互性，但不能进行编辑。Tableau Desktop 用户创建交互式的数据可视化内容之后，可以将其发布为打包的工作簿。用户可以通过 Tableau Reader 阅读这个工作簿，并对工作簿中的数据进行过滤、筛选和检验。

(5)Tableau Public。

Tableau Public 适合所有想要在 Web 浏览器上讲述交互式数据故事的人。Tableau Public 是一款免费的服务产品，用户可以将自己创建的视图发布在 Tableau Public 上，并将其分享在网页、博客或者社交媒体上，让用户与数据进行互动，发掘新的见解，而这一切不用编写任何代码即可实现。

Tableau Public 上的视图和数据都是公开的，任何人都可以与视图进行互动，查看数据并下载，还可以根据数据创建他们自己的视图。

(6)Tableau Prep。

Tableau Prep 融入 Tableau 大家庭后，将有效加速业务人员完成数据准备的过程。Tableau Prep 为数据准备过程提供了自定义的可视化体验，能够快速完成一些常见而又复杂的任务，如连接、并集、透视和聚合；能够选中某个值并直接进行编辑；能够应用智能算法(如模糊聚类算法)完成高度重复的按拼音进行分组、清理特殊标点等。

3. Tableau 应用优势

作为新一代的商务智能(Business Intelligence，BI)软件工具，Tableau 之所以有这么快的发展速度，是因为其拥有独特的应用优势。Tableau 的应用优势主要体现在 8 个方面：简单易用、极速高效、美观交互的视图与界面、轻松实现数据融合、管理简便、配置灵活、贯穿数据整合到分析展现、智能化自助分析。

(1)简单易用。Tableau 简单易用，通过拖放式用户界面的组件就可以迅速地创建图表。由于连接和分析数据主要由需求提出者自己完成，因此企业信息技术(Information Technology，IT)团队可以避免各种数据请求的积压，转而把更多的时间放在战略性 IT 问题上，而 Tableau 用户又可以自己获得想要的数据和报告。Tableau 的简单易用主要体现在以下几个方面。

- 单击或双击鼠标就可以连接到所有主要的数据库。
- 通过拖曳数据就可快速地创建出美观的分析视图，并可随时修改。
- 智能推荐最适合数据展现的图形。

- 通过网页和邮件就可以轻松与他人分享结果。
- 在网页上提供交互功能，如向下钻取和过滤数据。

Tableau 是比 Excel 还要易用的分析工具，但简单易用并不意味着功能有限。用户可以使用 Tableau 分析海量数据，创建出各种具有美观性和交互性的图表，如图 1-5 所示。

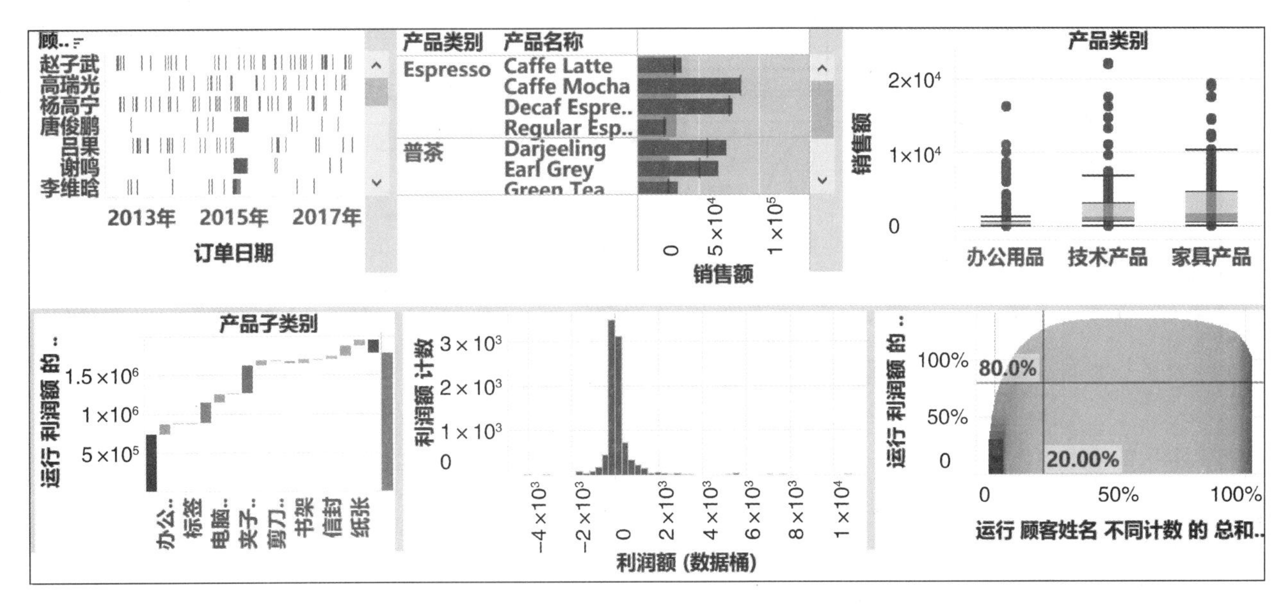

图 1-5　各种具有美观性和交互性的图表

（2）极速高效。BI 要求运行速度快且容易扩展，为达到此性能，一个 BI 解决方案必须要有很多种方法。为了有较快的运行速度，传统的商业智能平台需要将数据转换为 BI 系统中的专有格式。如此，公司的分析人员并不是在做数据分析，而是在数据间来回重组，将数据从一种格式换到另一种格式。这样的结果就是，一位知识渊博的分析专员把他 80% 的时间花在了移动和格式化数据上，真正用来分析数据的时间只占 20%。Tableau 简化了数据获取和分析流程，如图 1-6 所示，将数据导入 Tableau 的高性能数据引擎，Tableau 可以用惊人的速度处理数据，无须任何编程，就可以完成对数据的分析。

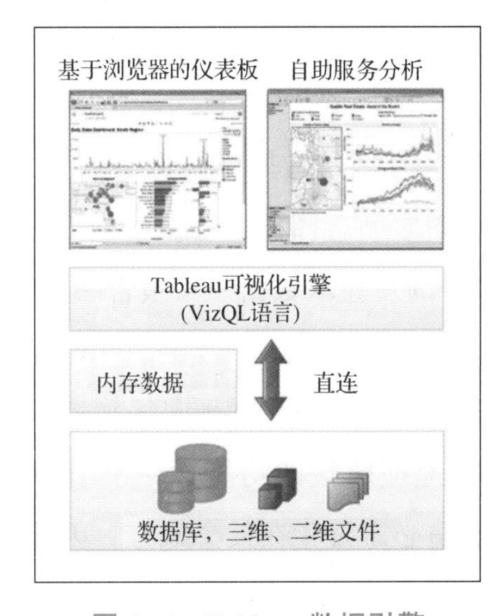

图 1-6　Tableau 数据引擎

Tableau 顺应人的本能用可视化的方式处理数据，一个巨大的优势就是速度快。通过拖曳鼠标的方式就可改变分析内容，单击“趋势线”选项即可识别趋势，再单击“筛选器”选项就可以添加一个筛选器。用户可以不停地变换角度来分析数据，直到深刻地理解数据为止。

（3）美观交互的视图与界面。Tableau 另一个很重要的特点是可以迅速地创建出美观交互的视图与界面。它的研发思路是顺应人的本能，让人们用可视化的方式处理数据。相对于密密麻麻的数据交叉表，人们从美观的数据图中分析和摄取信息的能力更强。Tableau 拥有智能推荐图形的功能，当用户选中要分析的字段时，Tableau 就会自动推荐一种合适的图形来展现数据，如图 1-7 所示。当然，用户也可以随时切换其他图形。除了可以创建出美观交互的视图，Tableau 还拥有轻松的可视化界面，主要体现在以下几个方面。

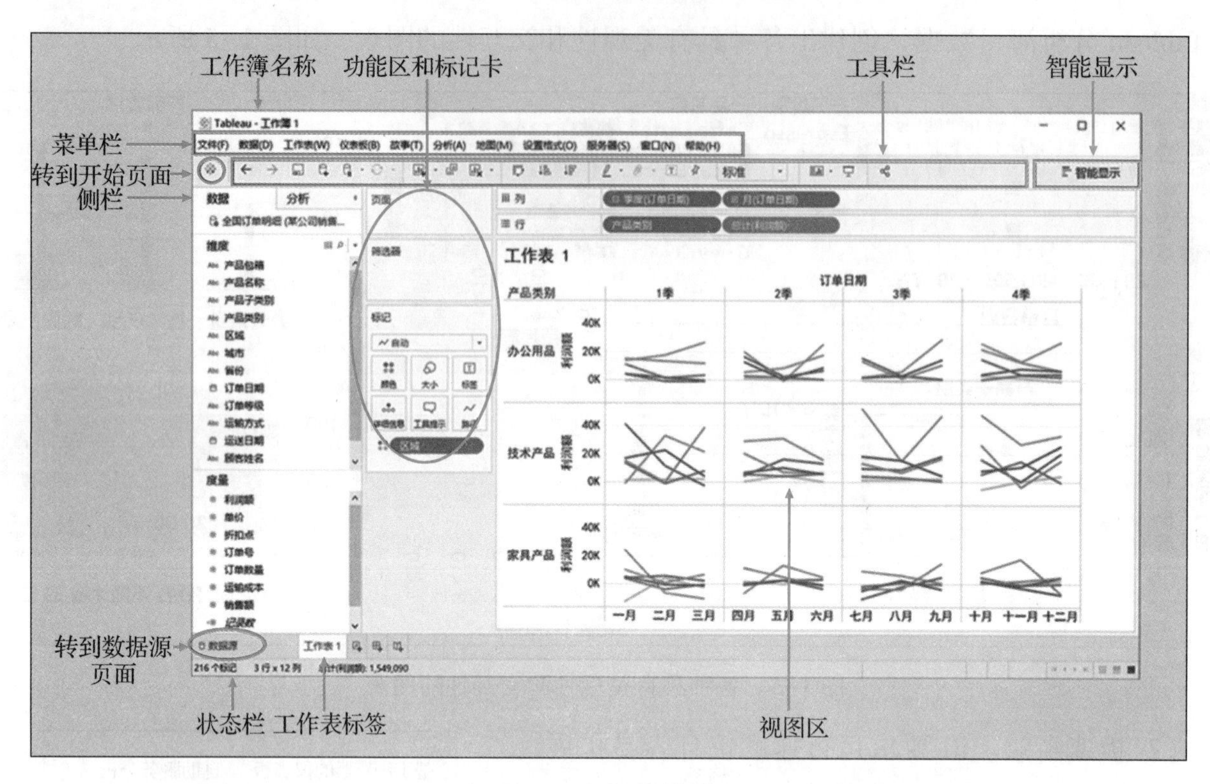

图 1-7　智能推荐

① 交互式的数据可视化。Tableau 就如它主要的分析方法一样提供交互式的数据可视化，在数据图形上选择和互动，就是对数据本身的计算，分析过程从一开始就是可视化的，而非使用"查询—获取数据—写报告—使用图表"的传统方式。

② 简单易用的用户界面。Tableau 的用户界面简单直白，易于理解，界面使用的是商业术语。普通商业用户会发现只需拖曳、单击或双击的操作即可实现所有的功能。

③ 地理情报的功能。一个组织发生的所有事情必定发生在某个地方，因此地理信息分析是非常重要的。Tableau 拥有强大的地图绘制功能，无须专业地图文件、插件和第三方工具。

④ 向下钻取。用户可以使用 Tableau 轻松地向下钻取底层细节数据。并且，向下钻取和钻透功能可以自动发生，无须特殊脚本或预先设置。更重要的是，在 Tableau 中，用户能够随时选择数据图形来查看底层数据，如图 1-8 所示。

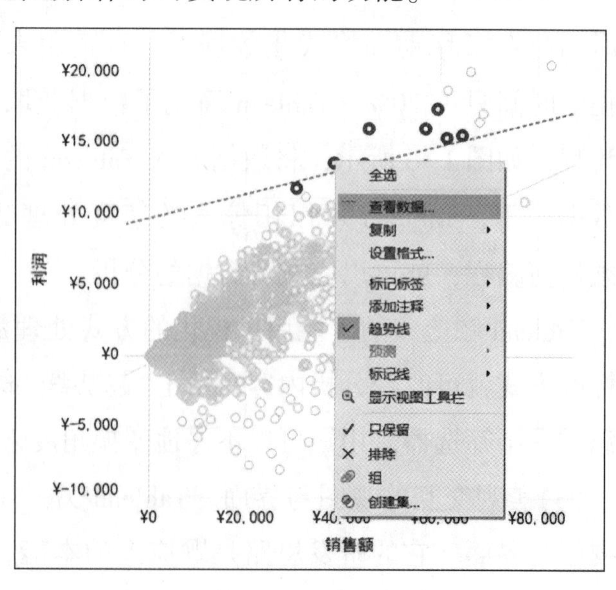

图 1-8　查看底层数据

(4)轻松实现数据融合。传统的 BI 是假设所有重要数据都预先被移动到一个综合的企业架构当中，用户再从这个统一的架构中调取数据源进行使用。但这对于大多数企业来说是不现实的，更常见的情况是各种不同形态的数据被存放到企业的不同地方。Tableau 可以灵活地融合不同的数据源，无论数据是在电子表格、数据库、数据仓库还是其他结构中，Tableau 都可以快速地连接到所需要的数据并使用。

Tableau 对于数据融合的方便性体现在以下几个方面。

① 允许用户融合不同的数据源。用户可以在同一时间查看多个数据源，在不同的数据源间来回切换分析，也可以把两个不同的数据源结合起来使用。

② 允许用户扩充数据。Tableau 能让用户随时引入公司外部的数据，如人口统计数据和市场调研数据。在制作数据图表的过程中，Tableau 还可以随时连接新的数据源。

③ 减少了对 IT 的需求。Tableau 能让用户在现有的数据架构中接管数据提取到分析的工作。如此，IT 人员也可以从无休止地创建数据库和数据仓库的过程中解放了。IT 人员只要将数据准备好，开放相关的数据权限，Tableau 用户就可以自己连接数据源并进行分析。

(5)管理简便。不管是安装还是维护，Tableau 对 IT 资源的要求甚少。Tableau 的升级是无痕迹的，不用配置新的数据库，不用安装新的中间层服务器。更重要的是，Tableau 的 BI 会遵守现有的安全验证模型，不用设置新的安全措施来保证升级前后的一致性。Tableau 的扩展是内置的，利用低成本的硬件选项可以扩展到数千用户。

(6)配置灵活。企业需要根据当前的需求来部署 BI，但又需要考虑未来的需求增长。Tableau BI工具可以根据需要购买软件许可证，可以买一个、十个或上千个。从本地文件工作的独立分析师到通过网络访问众多数据源的上千个用户，Tableau 几乎支持所有的配置，如图 1-9所示。

(a) 适用于独立分析师

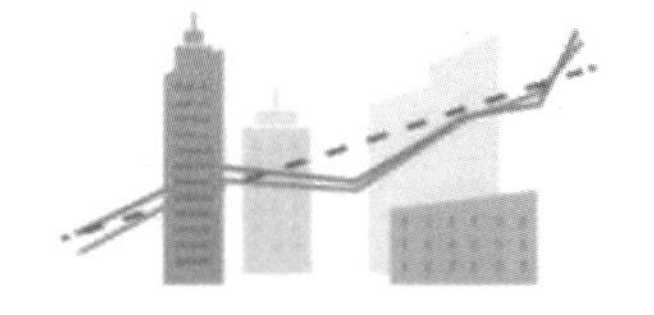
(b) 适用于团队和组织

(c) 嵌入式分析

图 1-9　灵活的配置

(7)贯穿数据整合到分析展现。对企业来讲，在开始数据分析之前，往往需要大量的数据准备工作，因为原始数据大多杂乱不堪，无法直接作为分析工作的数据来源。这让数据分析师的工作变得困难重重，他们不得不花费大量时间和精力去处理数据，这也使得数据分析工作进展缓慢。

Tableau BI 工具中的 Tableau Prep 很好地解决了这个问题。Tableau Prep 的核心功能在于数据处理，通过更加快捷、简单的操作，完成复杂的数据处理、整合工作。这种方式大大减少了数据分析师处理杂乱数据的时间，提高了工作效率。Tableau Prep、Tableau Desktop 及

Tableau Server之间的严密配合，构成了Tableau的BI体系，从数据处理到数据分析，再到数据的展现、共享、保护，都畅通无阻。

（8）智能化自助分析。随着时代的发展，人们越来越趋向于使用智能化、自助化的产品，在分析数据时也是如此。Tableau中的多种功能，能够帮助用户不费吹灰之力就得到一些分析成果。比如，在数据解释功能中，只需单击任意数据集，即可查看其规律或特征与其他数据集之间的关系。另外，强大的数据问答功能，更是让用户直接使用自然语言录入，就能够向数据提出问题。当问“2020年10月份牛奶销量最高的城市是哪里?”这样的问题时，Tableau会直接给出正确答案。

4. Tableau功能介绍

Tableau 2020.3版本可以方便、迅速地连接到各类数据源，从一般的如Excel、Access、文本文件等文件数据到存储在服务器上的如Oracle、MySQL、IBM DB2、Teradata、Cloudera Hadoop Hive等数据库文件。下面以Excel和MySQL数据库文件为例简要介绍如何连接一般的文件数据和存储在服务器上的数据库文件，其他数据连接过程与该过程基本相似。

（1）数据源连接。打开Tableau Desktop，出现图1-10所示界面，选择要连接的数据源类型。以Excel数据源为例，单击“Microsoft Excel”选项后弹出“打开”对话框，如图1-11所示，找到想连接的数据源的位置，打开选择的数据源窗口。

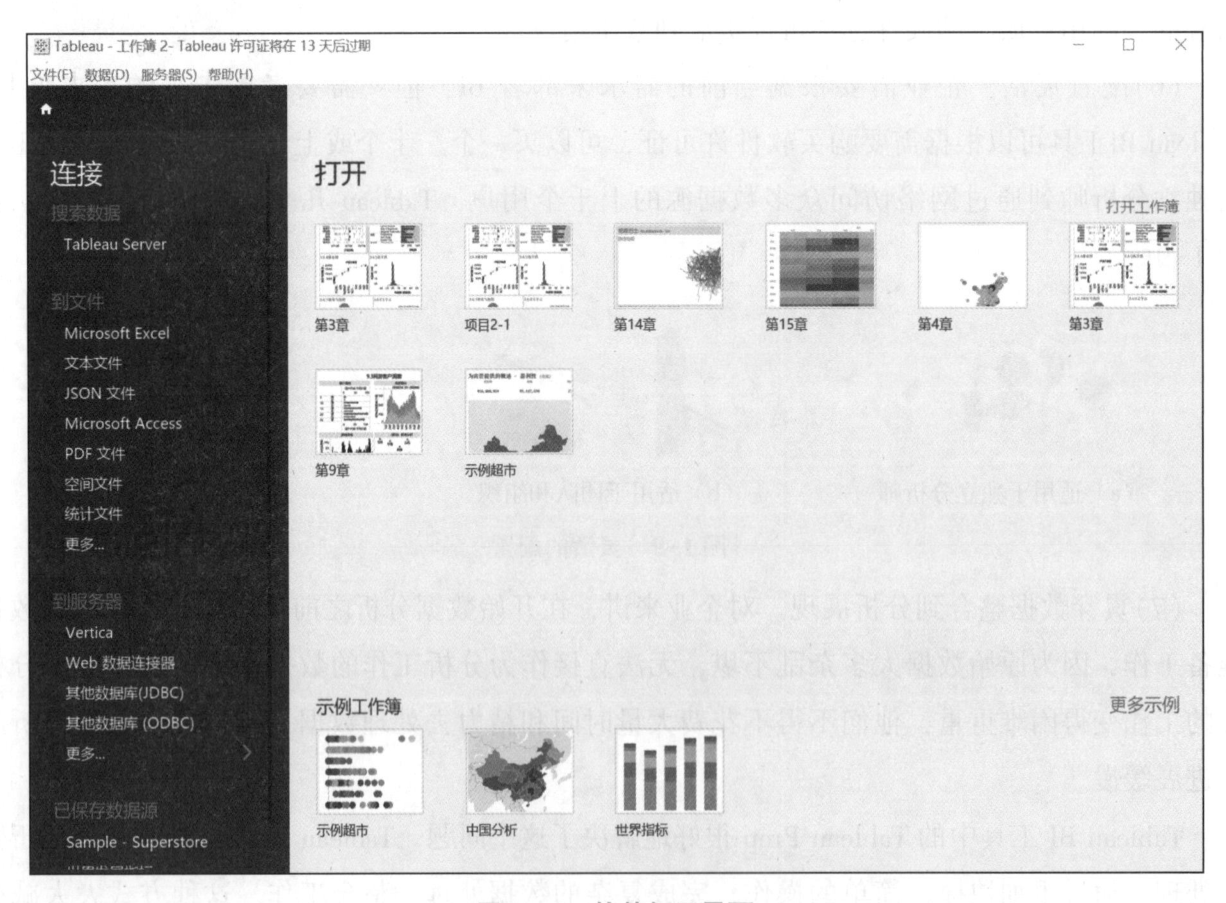

图1-10　软件打开界面

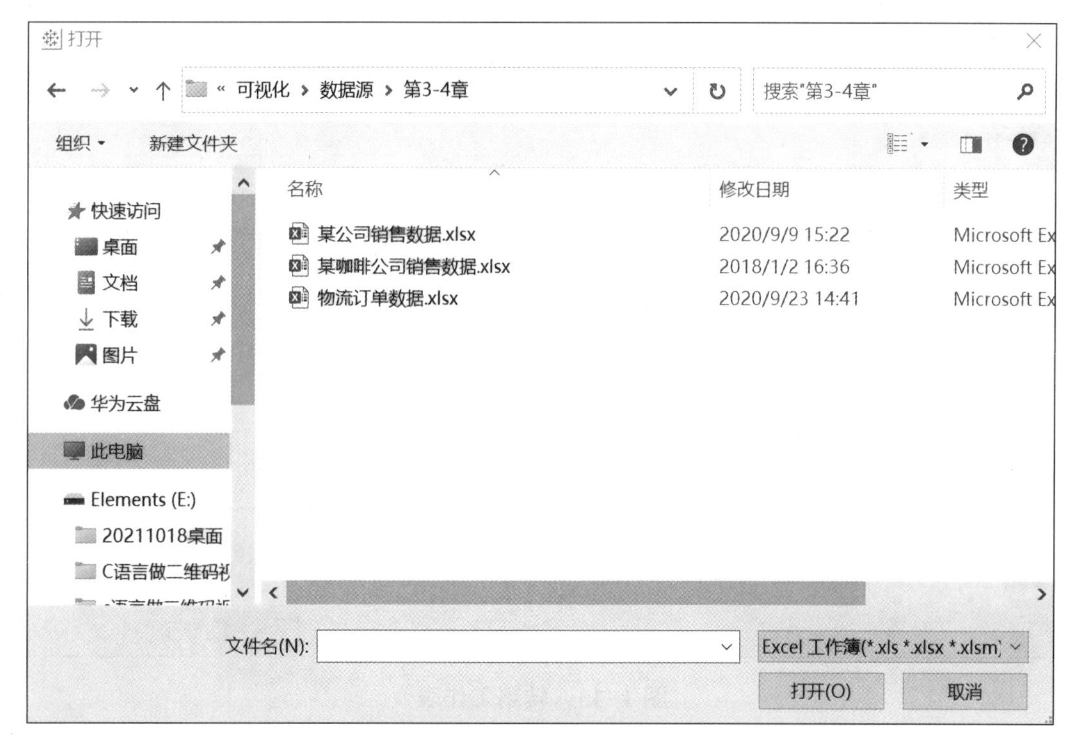

图 1-11　打开 Excel 数据源

在数据量不是特别大的情况下，在打开的窗口单击“实时”单选按钮，如图 1-12 所示。转到工作表，如图 1-13 所示，这样就将 Tableau 连接到数据源了。图 1-13 中左侧的“数据”选项卡，上方为“维度”列表框，下方为“度量”列表框，这是 Tableau 自动识别数据表中的字段后分类的，“维度”一般是定性的数据，“度量”一般是定量的数据。有时，某个字段并不是“度量”字段，但由于它的变量值是定量的数据形式，因此它也会出现在“度量”列表框中。比如，图 1-13 中的“订单号”字段就出现在“度量”列表框中，但其数值不具有实际的量化意义，因此只要将其拖曳至“维度”列表框即可。

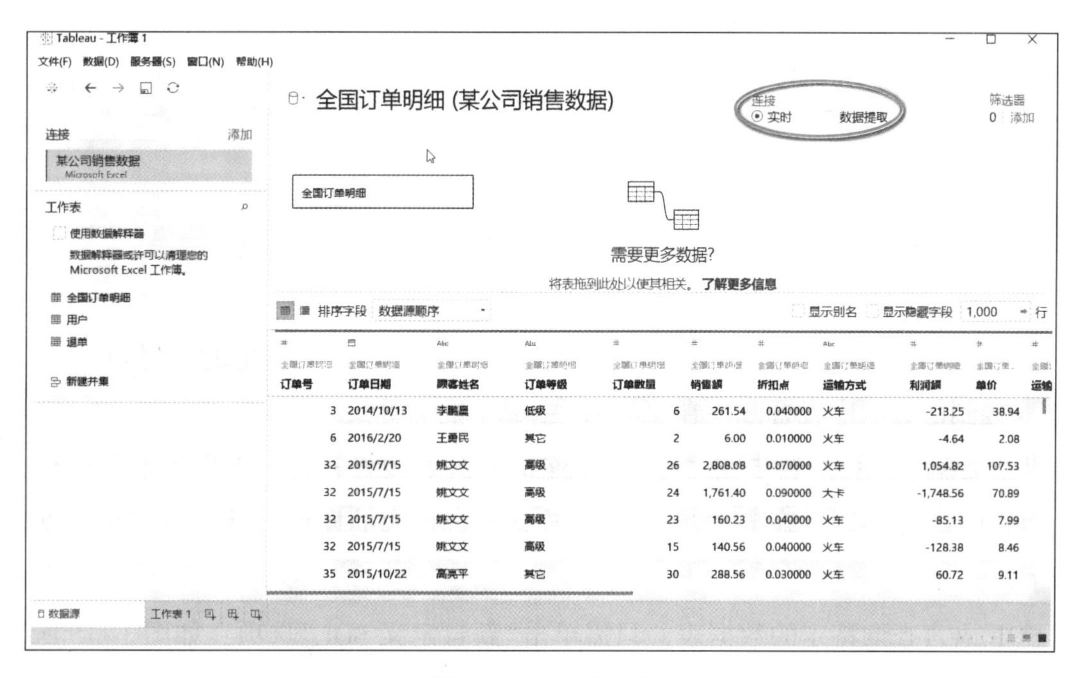

图 1-12　实时连接

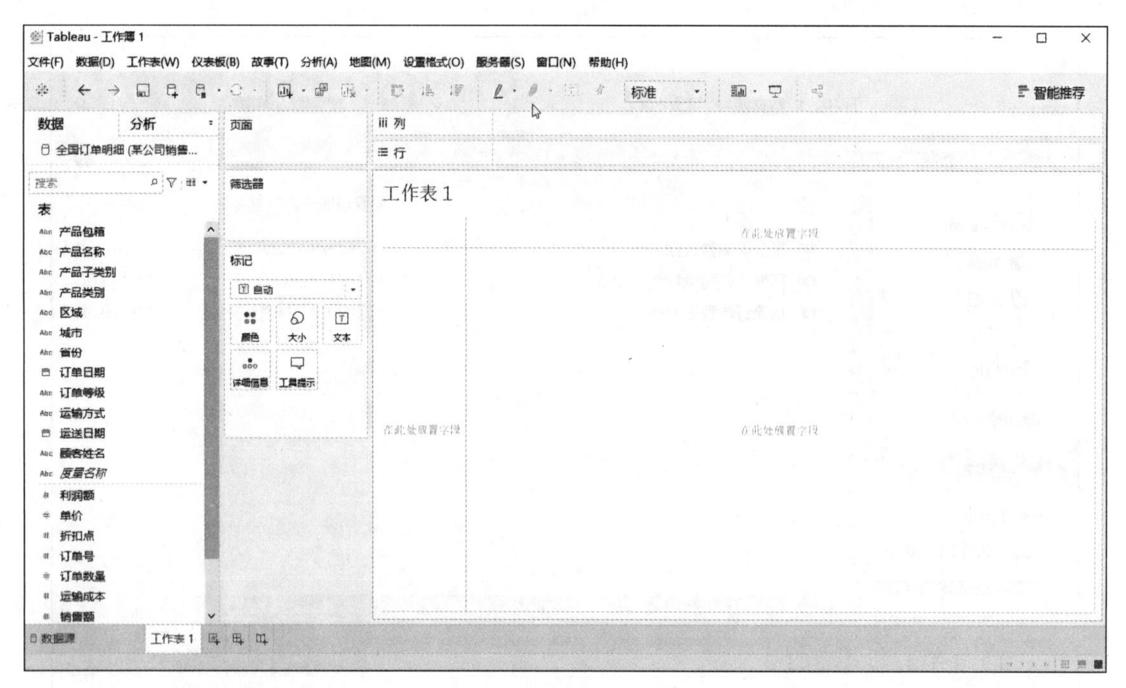

图 1-13　转到工作表

(2)数据库连接。使用 Tableau 连接到数据库，步骤也非常简单。首先，选择要连接的数据库类型，这里选择 MySQL，弹出“MySQL”对话框。

① 输入服务器名称和端口，输入登录到服务器的用户名和密码，如图 1-14 所示。

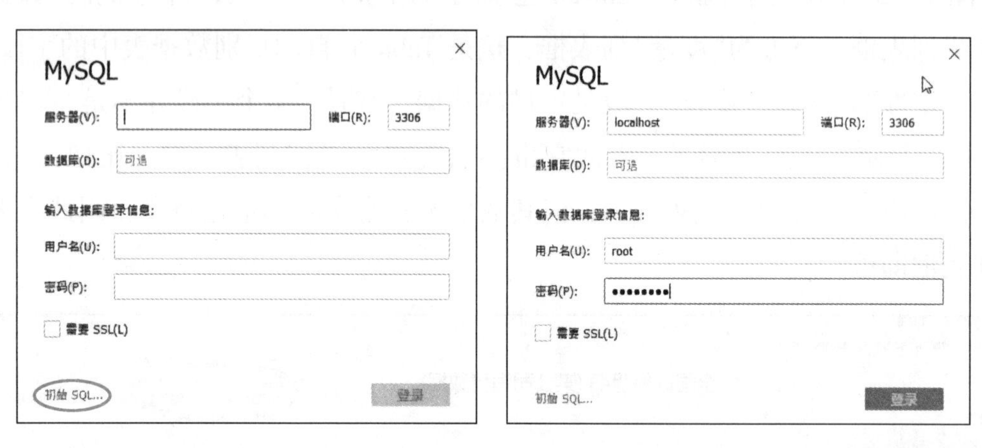

图 1-14　输入服务器名称、端口号、用户名和密码

② 单击“登录”按钮，进行连接测试。

③ 在建立连接后，选择服务器上的一个数据库。

④ 选择数据库中的一个或多个数据表，或者用 SQL 语言查询特定的数据表。

⑤ 给连接到的数据库设置一个在 Tableau 中显示的名称。

经过以上数据库连接配置步骤之后(这里连接的是本地服务器，用户可根据各自的服务器情况输入相关信息)，单击“确定”按钮，完成连接到数据库的操作，就可以使用数据库的数据进行分析了。

若用 SQL 语言查询特定的数据表，只需单击“新自定义 SQL”选项，如图 1-15 所示，弹出“编辑自定义 SQL”对话框，如图 1-16 所示，然后选择数据库中的一个或多个数据表即可。

Tableau 10 版本以后的版本也支持在选择数据库类型后登录服务器前输入初始 SQL(见图 1-15 左侧圆圈圈出部分)。

图 1-15　单击"新自定义 SQL"选项

图 1-16　"编辑自定义 SQL"对话框

这里只介绍了如何连接到 MySQL，若要连接到其他数据库，其操作步骤是一样的，这里不过多介绍。可以看到，用 Tableau 连接到数据库的步骤非常简单，并且可以连接到几乎所有的数据库，也可以通过开放式数据库互连(Open Database Connectivity，ODBC)驱动器连接到其他数据库。

(3)了解 Tableau 工作区。在前面步骤中，介绍了如何使用 Tableau 连接到不同类型的数据源。Tableau 连接到数据源之后，就会出现图 1-17 所示的工作界面。下面将对工作界面中的各个功能区做一个较为全面的介绍，以方便大家了解和使用 Tableau。

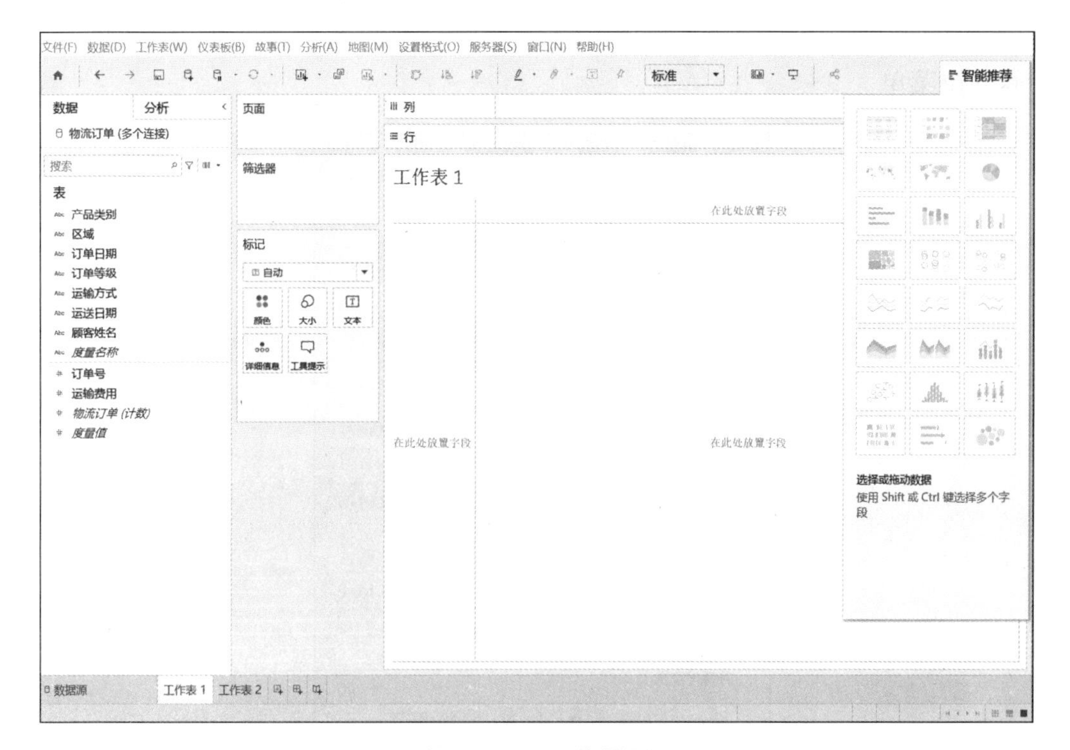

图 1-17　工作界面

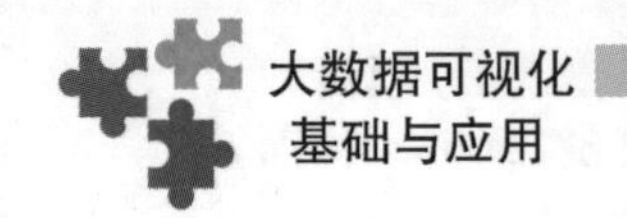

工作界面指示图如图 1-18 所示。

图 1-18　工作界面指示图

图 1-18 已对各个功能区做了简要的注释，下面对主要功能区进行详细介绍。

• 菜单栏：在菜单栏中有“文件”“数据”“工作表”“仪表板”“故事”“分析”“地图”“设置格式”“服务器”“窗口”“帮助”菜单。

“文件”菜单的主要作用是新建工作簿、保存文件、导出文件等，单击“文件”菜单，弹出图 1-19 所示下拉菜单。

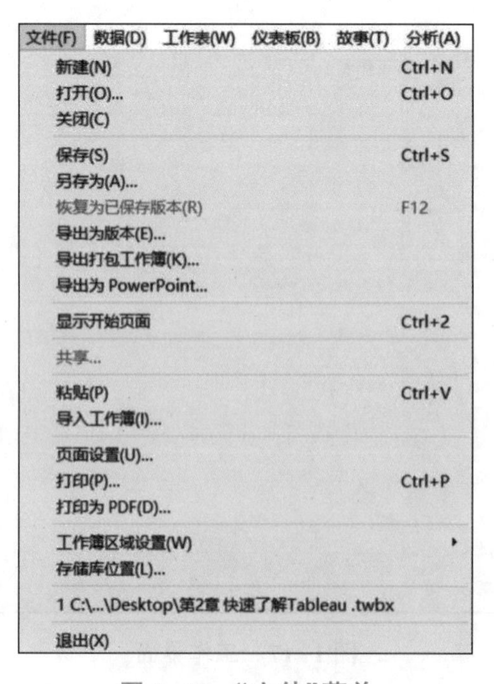

图 1-19　“文件”菜单

“数据”菜单的主要作用是连接和管理数据源，单击“数据”菜单，弹出图 1-20 所示下拉菜单。

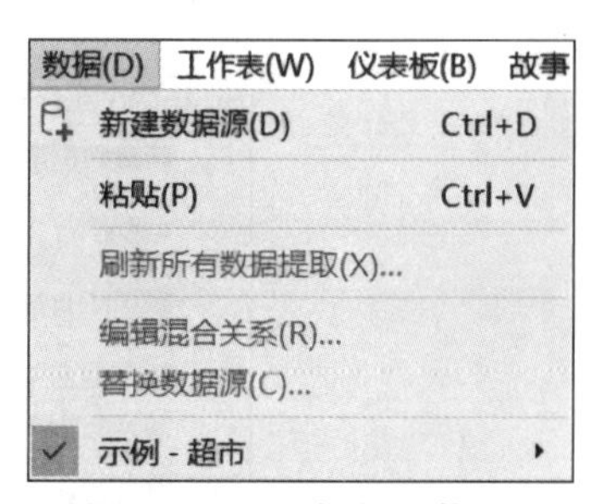

图 1-20 “数据”菜单

其中，“粘贴”选项用来粘贴所复制的数据。比如，复制某些网页上的数据，单击“粘贴”选项就可以将数据粘贴进 Tableau 了。

“刷新所有数据提取”选项用来更新所有的提取数据。

“编辑混合关系”选项用来编辑数据源之间的关系。单击该选项，弹出图 1-21 所示“混合关系”对话框(这里用户已连接了两个数据源，所以可以编辑两个数据源中各字段对应的关系)，Tableau 会自动识别两个数据源之间的相同字段。若两个数据源中某两个字段名称不同但性质相同，则可以通过此对话框进行设置，人工进行匹配。

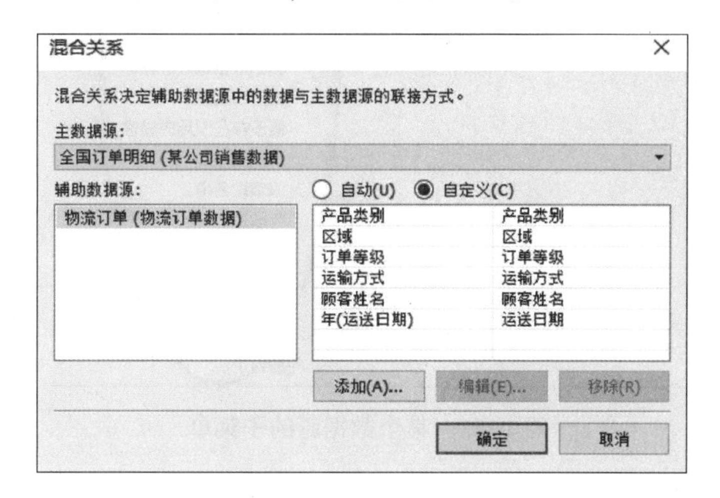

图 1-21 “混合关系”对话框

此外，在“数据”菜单中还可以看到已连接到的所有数据源，单击某个数据源右侧三角形图标，弹出子菜单，如图 1-22 所示，可以对该数据源进行相关操作，如编辑数据源、刷新、关闭等。这些功能也可通过右击数据显示框中某个数据源，在弹出的快捷菜单中进行相关操作。

“工作表”菜单的主要作用是对当前工作表进行相关操作，单击“工作表”菜单，弹出图 1-23 所示下拉菜单。其中，“复制”选项是复制当前工作表中的视图；“导出”选项是导出当前工作表中的视图；“清除”选项可以清除相关显示或操作；“操作”选项可以设置一种关联，单击该选项弹出图 1-24 所示“操作”对话框，在该对话框中可以设置各种“操作”，对此，本书将会有详细的操作介绍；“工具提示”选项是指当鼠标指针停留在视图上某点时会显示该点所代表的信息，单击“工具提示”选项弹出图 1-25 所示“编辑工具提示”对话框，可以对信息提示的格式或内容进行设置，在后面的任务中可以看到实际的应用介绍；“显示摘要”选项可以显示视图中所用字段的汇总数据，主要包括总和、平均值、中位数、众数等；“显示卡”选项可以显示或隐藏视图中的功能区和标记卡。

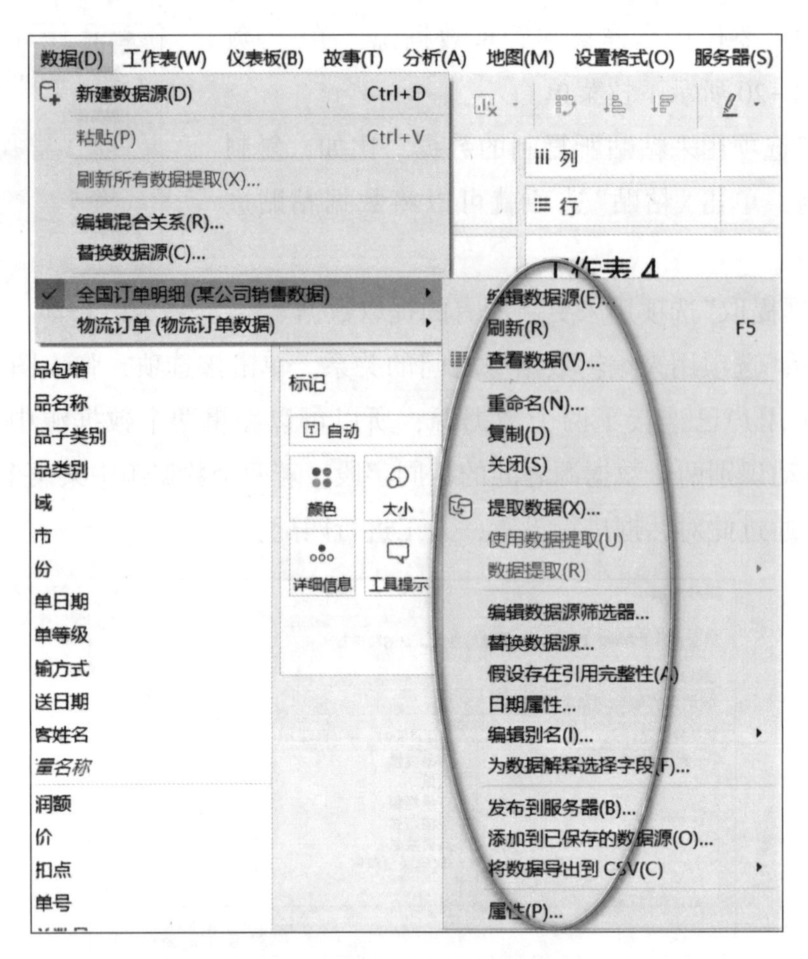

图 1-22　某个数据源的子菜单

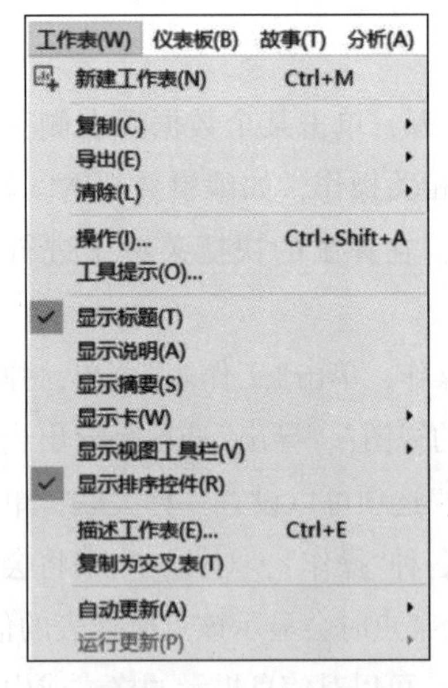

图 1-23　“工作表”菜单

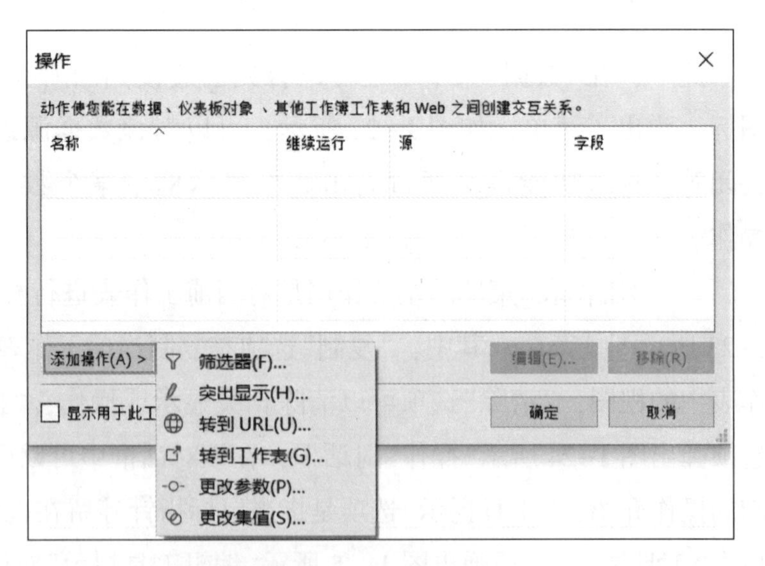

图 1-24　“操作”对话框

“仪表板”菜单的主要作用是对仪表板内的相关工作表进行相关操作。单击“仪表板”菜单，弹出图 1-26 所示下拉菜单，主要有“新建仪表板”“设置格式”“操作”选项。“新建仪表板”操作也可通过在工作表底部右击标签栏，在弹出的快捷菜单中选择“新建仪表板”选项完成；“设置格式”选项是对仪表板进行相关格式设置；“操作”选项是设置一种联动，控制仪表板内各个

工作表之间的关联，在后面章节中可以看到很多应用案例。

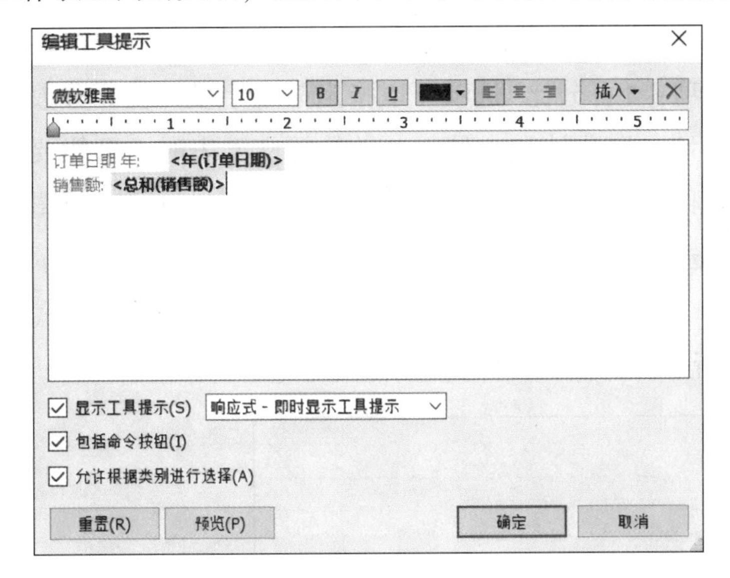

图 1-25　编辑“工具提示”对话框

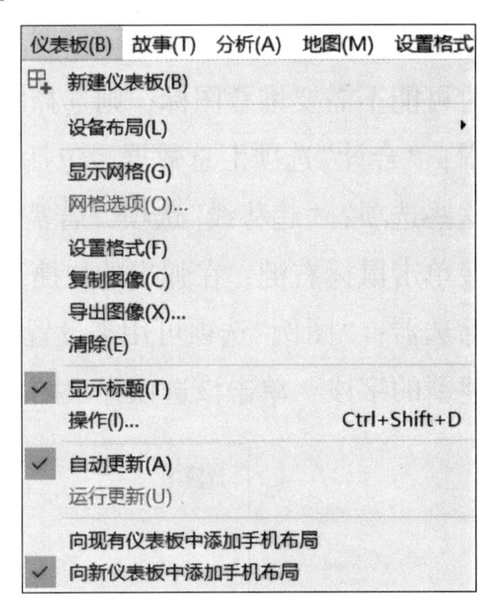

图 1-26　“仪表板”菜单

“故事”菜单如图 1-27 所示。“故事”菜单是一个包含一系列工作表或仪表板的工作表，这些工作表和仪表板共同作用以传达信息。你可以创建故事，或者创建一个极具吸引力的案例以揭示各种事实之间的关系。

“分析”菜单的主要作用是对视图中所用的数据进行相关操作。单击“分析”菜单，弹出图 1-28所示下拉菜单。

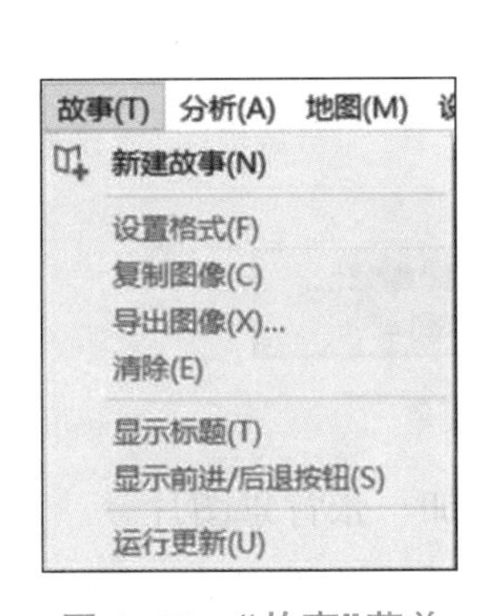

图 1-27　“故事”菜单

图 1-28　“分析”菜单

其中，一般情况下默认勾选“聚合度量”，当你想看某个字段的单个独立值时，就可以取消勾选该选项；单击“堆叠标记”选项右侧的按钮，出现3个选项，默认选择“自动—开”选项，有时可能不需要堆叠图标，则选择“关”选项；“百分比”选项可以指定某个字段计算百分数的范围；“合计”选项汇总数据，包括分行合计、列合计和小计，在做数据交叉表时，可能要用到这些选项；“趋势线”选项，若需要为视图添加一条趋势线，则可用此选项，也可在视图区直接单击鼠标右键，在弹出的快捷菜单中选择“趋势线”选项；“筛选器”选项可以设置显示哪些筛选器；“图例”选项可用来设置显示哪个图例；“创建计算字段”选项可以用来编辑公式以创建新的字段，单击该选项弹出图1-29所示对话框，可以创建新的字段。

图1-29　创建新的字段

“地图”菜单主要用来对地图进行相关操作和设置。单击“地图”菜单，弹出图1-30所示下拉菜单，单击“背景地图”选项右侧按钮，弹出图1-31所示子菜单，这里可以选择“无”“脱机”等选项；“背景图像”选项的作用是为某个数据表导入一张背景图，单击其右侧按钮，弹出图1-32所示子菜单。

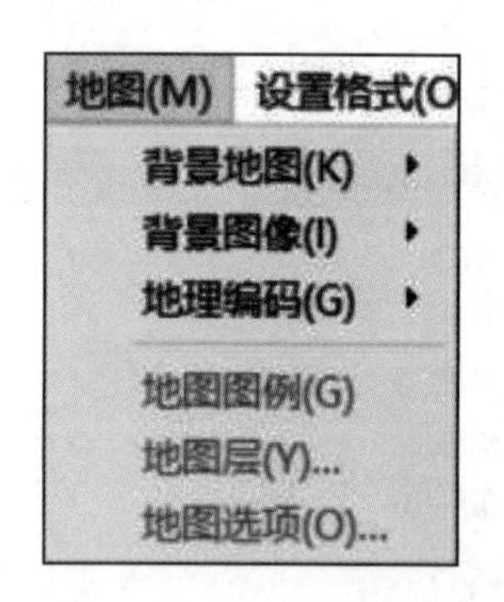

图1-30　“地图”菜单

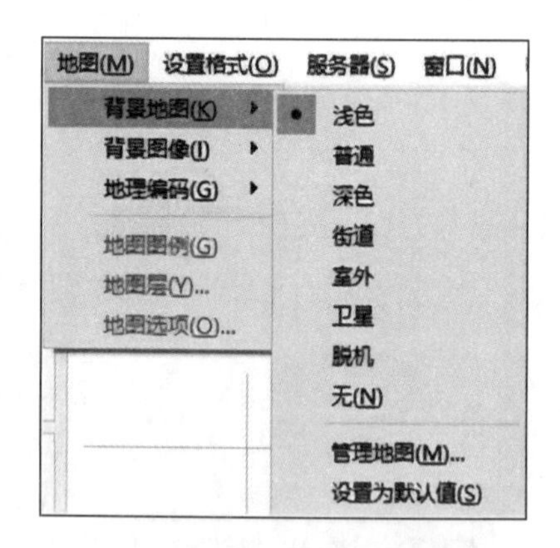

图1-31　“背景地图”子菜单

图1-32　“背景图像”子菜单

单击某个数据源，弹出图1-33所示对话框，即可添加一张背景图片。

“地理编码”选项用来导入自制的地理编码，单击该选项右侧按钮，弹出图1-34所示子菜单。

“编辑位置”选项对视图中地图上的位置进行编辑，如果某个地理位置在地图上未显示或显示有误，可单击此选项，弹出图 1-35 所示“编辑位置”对话框，即可对某个地理位置进行编辑。

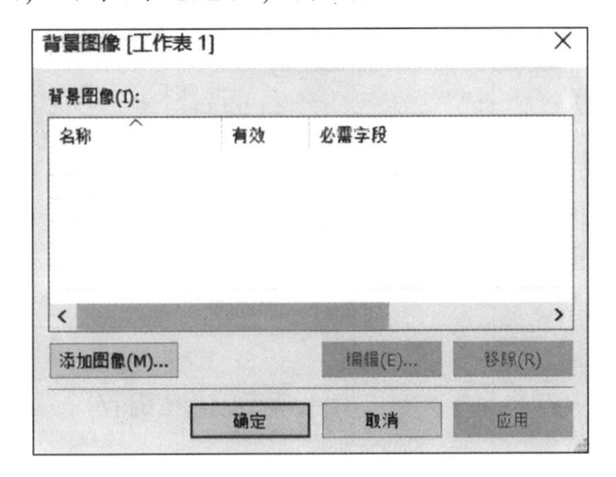

图 1-33　添加背景图片

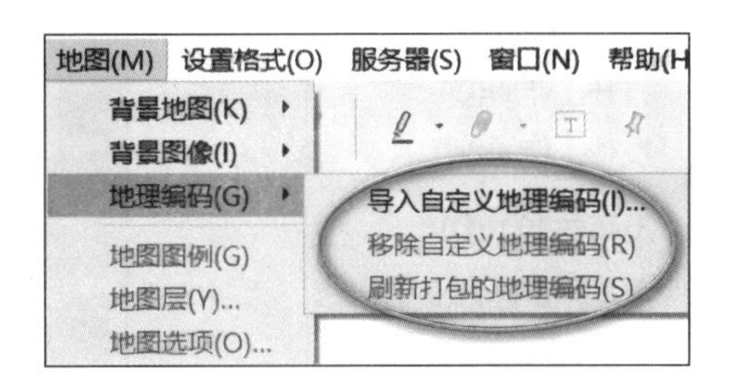

图 1-34　“地理编码”子菜单

“设置格式”菜单的主要作用是对工作表的格式进行相关设置。单击“设置格式”菜单，弹出图 1-36 所示下拉菜单，这里不对每个选项做详细解释。

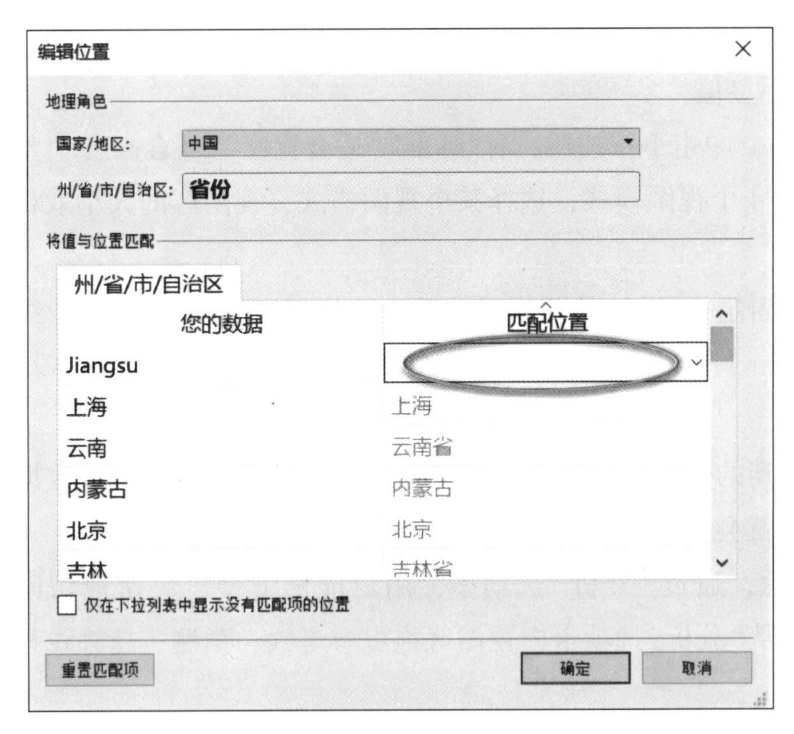

图 1-35　“编辑位置”对话框

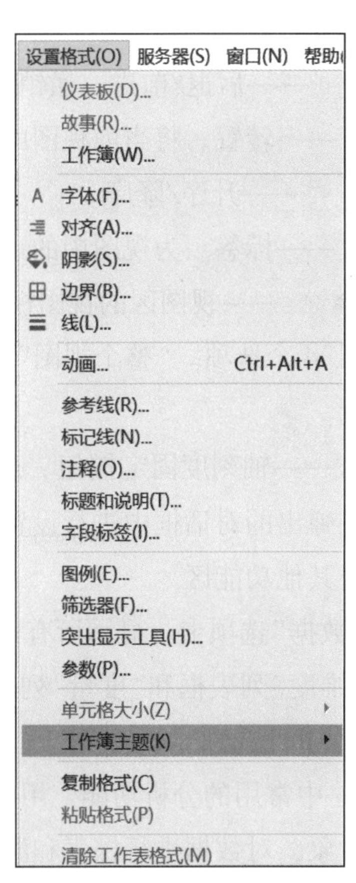

图 1-36　“设置格式”菜单

“服务器”菜单，单击该菜单，弹出图 1-37 所示下拉菜单，主要的选项是“登录”“发布工作簿”“打开工作簿”，这里不做过多介绍。

“窗口”菜单主要用来设置整个窗口视图。单击该菜单，弹出图 1-38 所示下拉菜单。单击“演示模式”选项，则整个窗口界面只剩视图、相关图例和筛选器；单击“书签”选项，可以将当前工作表保存为书签。

“帮助”菜单，单击该菜单，弹出图 1-39 所示下拉菜单，这里不做过多说明。

图 1-37 “服务器”菜单

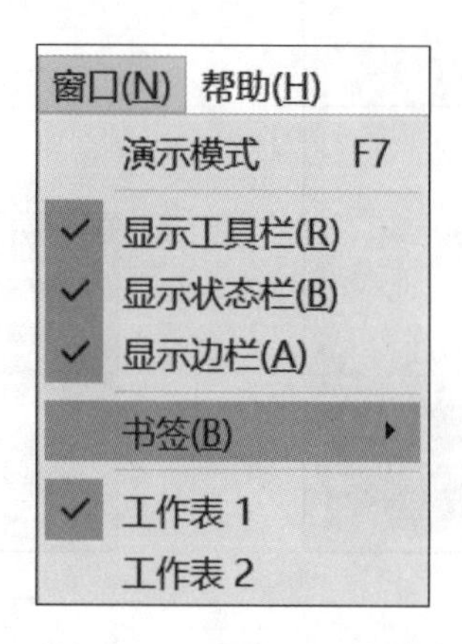

图 1-38 “窗口”菜单

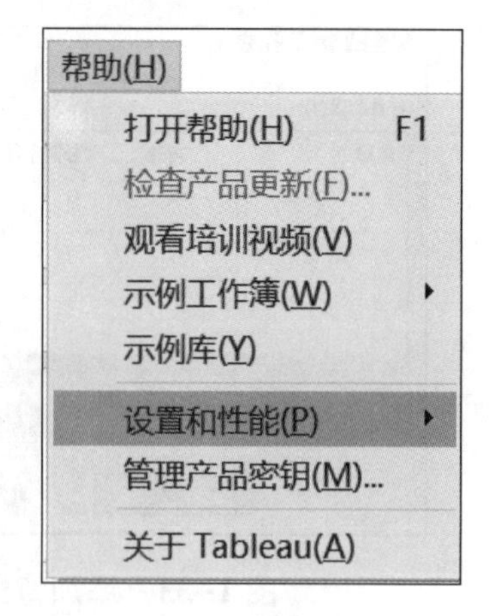

图 1-39 “帮助”菜单

• 工具栏：在工具栏中有各种按钮，相当于快捷键，单击即可实现相关功能，主要的几个按钮如下。

← →——后退/前进。撤销某一动作或向前一步动作。

——转置。将当前视图的横轴、纵轴对调。

——升序/降序。

——标签。为视图中的点添加标签值。

标准 ▾——视图区的视图模式菜单。单击下拉按钮，有“标准”“适合宽度”“适合高度”“整个视图”4 个选项。“整个视图”选项共 4 个视图模式，选择某个视图模式，视图区的大小就相应改变。

——轴刻度固定按钮。当需要固定横/纵轴的刻度时，单击此按钮，也可以双击横/纵轴，在弹出的对话框中进行设置。

• 其他功能区。

“数据”选项卡：显示所有已连接到的数据源，当要使用某个数据源时，只需单击该数据源，“维度”列表框和“度量”列表框中就会显示该数据源的相关字段。

“分析”选项卡：如图 1-40 所示，通过“分析”选项卡，用户能够方便、快速地访问 Tableau 中常用的分析功能。用户可以从“分析”选项卡向视图区拖曳参考线、预测、趋势线和其他对象，对数据进行探索和洞察。

“智能推荐”选项卡：“智能推荐”选项卡中有 24 种不同类型的图形，如图 1-41 所示。当用户选中某些字段时，Tableau 会自动推荐一种最合适的图形来展现用户的数据，这一点也是 Tableau 的特色。当需要将某种图形变为另一种图形时，只需在这里单击某种图形即可(前提是所选用的字段数据适合用该种图形表示)。“智能推荐”功能大大加快了用户作图的速度。

“行”功能区、“列”功能区：用来存放某个字段。当需要用某个字段作图时可将该字段直接拖曳至此功能区，或者将该字段拖曳至对应的行或列上。

“页面”功能区：相当于“分页”，当用户将某个字段拖曳至此功能区时，会出现一个播放菜单，动态地播放该字段，数据会随时间或其他维度发生变化。形象地说，就像将数据“一页一页翻过去”一样。

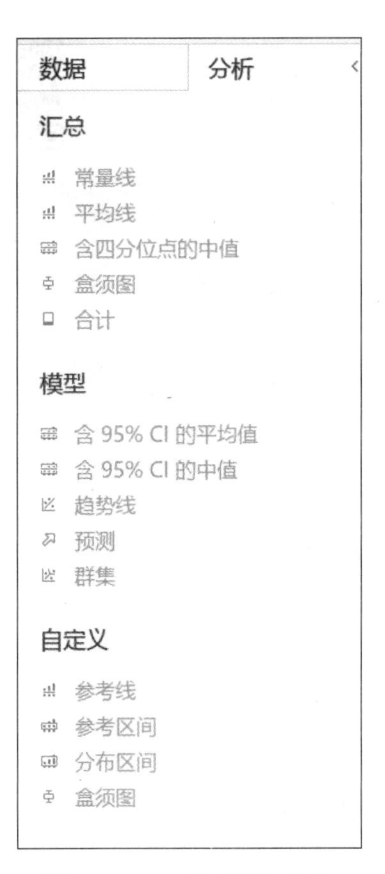

图 1-40 “分析”选项卡

图 1-41 “智能推荐”选项卡

“筛选器”功能区：将某个字段拖曳至此功能区时，可将该字段作为筛选器使用，并对筛选器进行相关设置。

“标记”卡：“标记”卡中的选项经常被用到。单击“标记”卡下方下拉按钮，弹出图 1-42 所示下拉菜单，可以选择各种图形；对于“文本”“颜色”“大小”框，当将某个字段拖曳至某个框时，相应地将该字段在视图中用作标签、用颜色表示、用大小表示；对于“详细信息”框，当某个字段不用直接放在“行”功能区或“列”功能区时，可拖曳至此框。

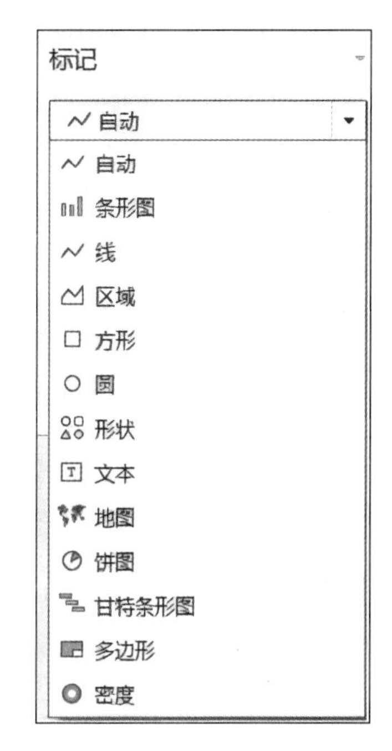

图 1-42 “标记”下拉菜单

“维度”列表框(“度量”列表框)：这是 Tableau 自动识别数据表中的字段后进行的分类。这里要补充的是，当用户在工作簿中创建数据集或参数时，在下方会出现“集”列表框或“参数”列表框。

工作表标签栏：可以对每个工作表或仪表板命名。在工作表标签栏单击鼠标右键，弹出图 1-43 所示快捷菜单，有“新建工作表”“复制”等选项。

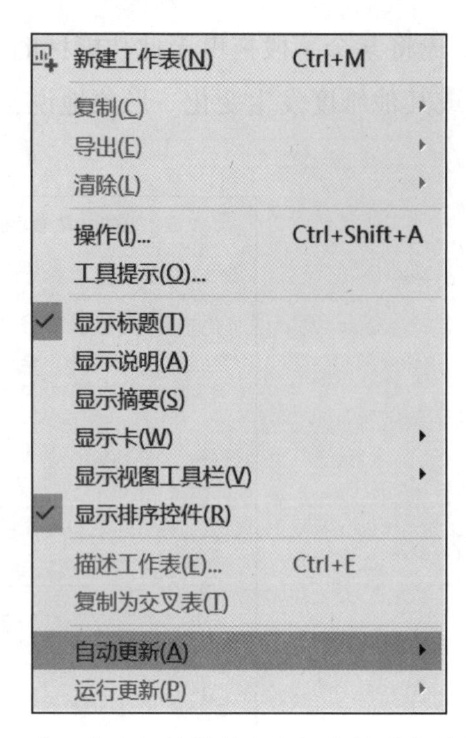

图 1-43　在工作表标签栏单击鼠标右键弹出的快捷菜单

认识 Tableau 工作区

【项目小结】

本项目主要对“数据可视化”概念进行介绍，数据可视化是对数据的一种形象直观的解释，让用户可以从不同的维度观察数据，从而更有效率地得到有价值的信息。本项目还对 Tableau 产品的发展历史、软件特征、基本操作进行了简单介绍，从如何连接数据源开始，对 Tableau 的各个功能区及菜单选项做了较为详细的介绍。通过对本项目学习，学生会对 Tableau 的操作界面有较为全面的认识，从而方便掌握后面作图的相关操作。

【拓展练习】

1. 了解信息图，说明信息图和数据可视化的关系。
2. 关于为什么数据可视化是展现和沟通数据信息更好的方式，一种常见说法是视觉感官的信息处理速度比其他感官快，思考这种说法的合理性。
3. 在日常生活中你见到过哪些数据可视化作品？
4. Tableau 有哪些产品？这些产品分别能做什么？特点和优势是什么？
5. 传统的 BI 软件与 Tableau 的主要差异在哪里？
6. Tableau 能连接什么类型的数据源？
7. Tableau 的主要操作方式有哪些？最有效率的方式是什么？
8. Tableau 的主要设计理念是什么？

PROJECT 2 项目 2

可视化图表及仪表板

学习目标

- 掌握字段排序、分层与分组。
- 掌握软件的参数功能。
- 能够利用主要功能函数及快速表计算。
- 掌握基本可视化图形，如条形图、线形图、饼图、复合图、嵌套条形图、动态图、热图、突显表、散点图、气泡图的绘制。
- 掌握新型可视化图形：甘特图、标靶图、盒须图、瀑布图、直方图、帕累托图、填充气泡图、文字云、树状图的绘制。
- 学会多个表之间联动筛选器的使用。
- 掌握多个表之间选择联动高亮显示的方法。
- 能够通过仪表板动作进行更多的交互控制。
- 掌握仪表板的发布。

任务 2.1 排序观察产品类别销售额

在分析数据时，为了对数据有初步的了解，经常会先对数据进行一个排序，以查看数据数值范围及是否存在异常值等状况。Tableau 有多种排序方式，用户可以选择升序、降序、直接拖曳、按字母列表、手动设置等方式进行数据排序，操作非常简单。下面以某公司销售数据分析为例进行说明。

排序功能

1. 升序

步骤 1：连接到数据“某公司销售数据 .xls”—“全国订单明细 .sheet”，将“销售额”“产品类别”分别拖曳至“列”和“行”上，如图 2-1 所示，现在用各种排序方式对其进行排序。

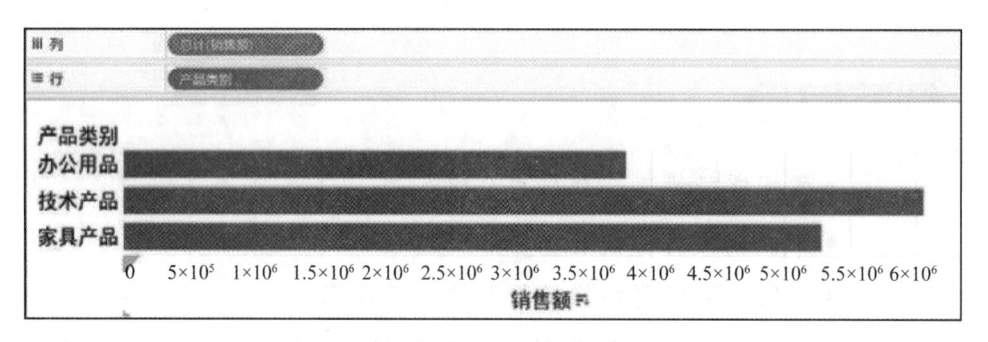

图 2-1 产品类别的销售额分析

步骤 2：单击快捷按钮排序。

直接单击工具栏中的升序按钮【 】或降序按钮【 】，图 2-1 中数据就变成了升序或降序排列，如图 2-2 和图 2-3 所示。

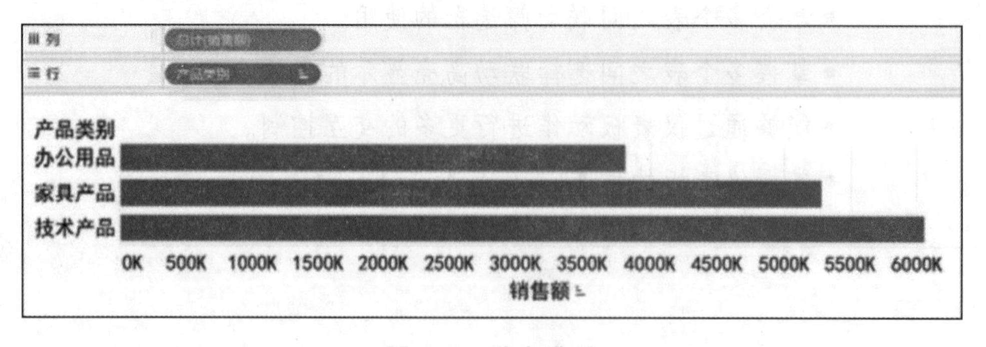

图 2-2 升序排列

或者将鼠标指针移至图中“产品类别”4 个字处，其右边会显示一个排序按钮【 产品类别 】，单击此按钮即完成排序。

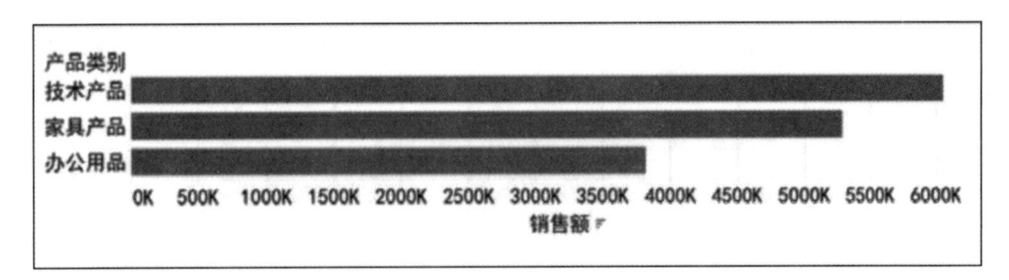

图 2-3 降序排列

2. 降序

步骤 1：和任务 2.1 步骤 1 相同。

步骤 2：将鼠标指针移至“行”(或图中)的“产品类别”，然后单击鼠标右键，在弹出的快捷菜单中选择【排序】命令，在打开的“排序[产品类别]”对话框中选择“升序”(或“降序”)单选按钮，并将排序依据设置为“字段”—“销售额”—“总计”，如图 2-4 所示，单击【确定】按钮。这种方法可以按照特定字段的计算值排序。

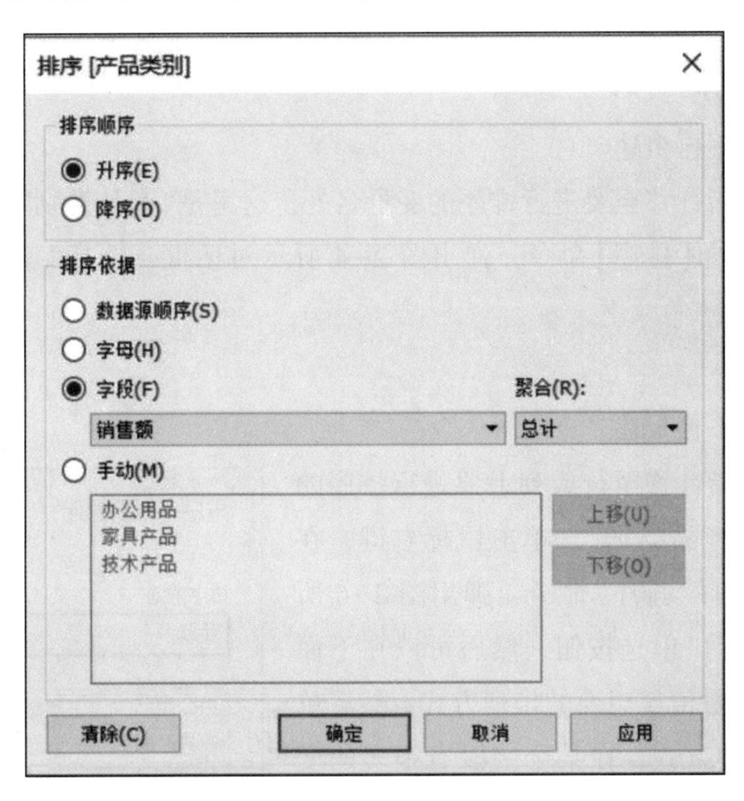

图 2-4 “排序[产品类别]”对话框

3. 直接拖曳图形排序

步骤 1：同前，不再赘述。

步骤 2：在 Tableau 中，我们还可以将某个变量值直接拖曳到想放置的位置进行排序。在图 2-5 中，可以先选中“家具产品”，按住鼠标左键将其拖曳到“办公用品”的下方，松开鼠标左键，即实现了顺序的改变。

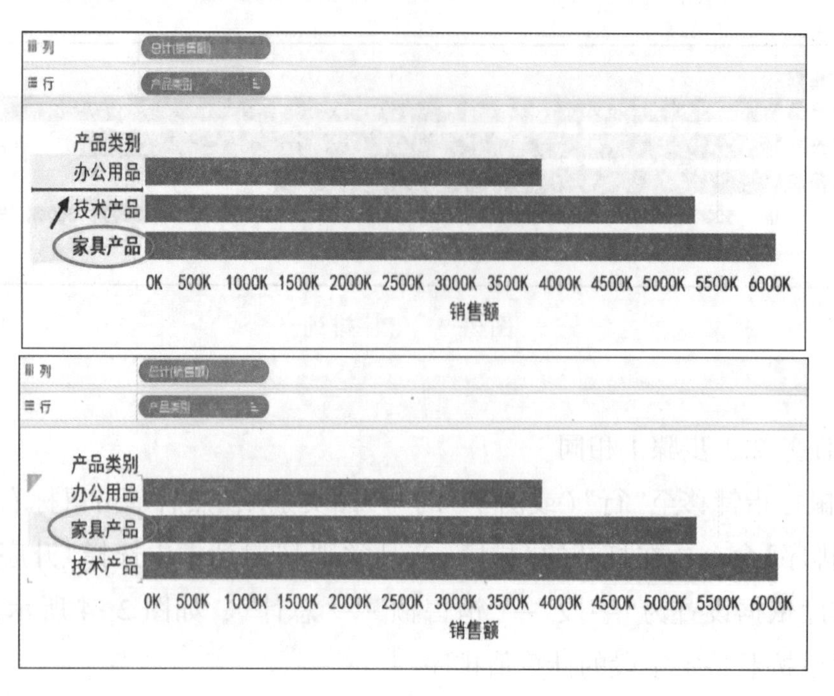

图 2-5　拖曳排序

4. 按字母列表排序

步骤 1：同前，不再赘述。

步骤 2：将鼠标指针移至要进行排序的变量名处，这里是“产品类别”，单击鼠标右键，在弹出的快捷菜单中选择【排序】命令，弹出图 2-4 所示对话框，选择“字母”单选按钮，单击【确定】按钮即可。

5. 手动设置顺序

步骤 1：同前，不再赘述。

步骤 2：将鼠标指针移至行或列上要进行排序的变量名处，这里是“产品类别”，单击鼠标右键，在弹出的快捷菜单中选择“排序”命令，弹出图 2-6 所示对话框，选中“手动”单选按钮，然后可以在下面的列表框中拖曳各变量值至想要的排列方式，然后单击【确定】按钮。这种方式，在某个字段有很多的变量值时会比较有用。

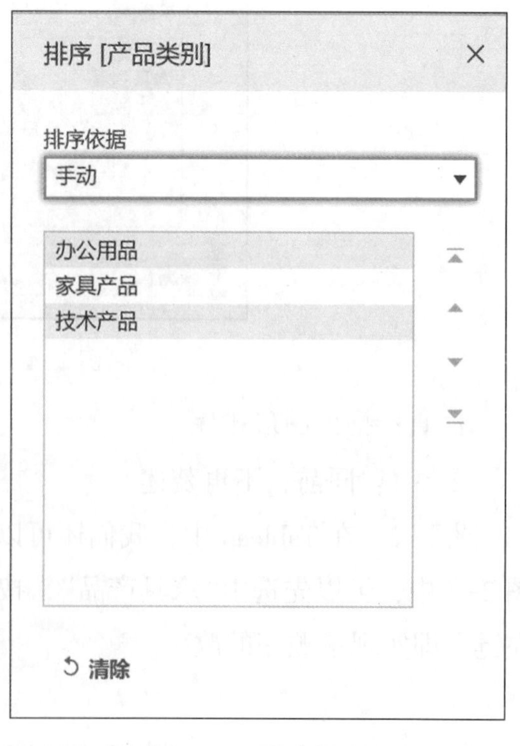

图 2-6　手动排序

步骤 3：在图 2-4 所示的对话框中，有一个“字段”单选按钮，选中后单击下拉列表框，如图 2-7 所示。其中，“字段”的作用是为“产品类别”的排序设定一种排序依据，如可以根据“销售额”的大小排序，也可以根据“利润额”的大小排序。

步骤 4：我们还可对该排序依据变量设置一种聚合方式，在“聚合”下拉列表框中有多种聚合方式可供选择，如图 2-8 所示。

图 2-7　按字段排序

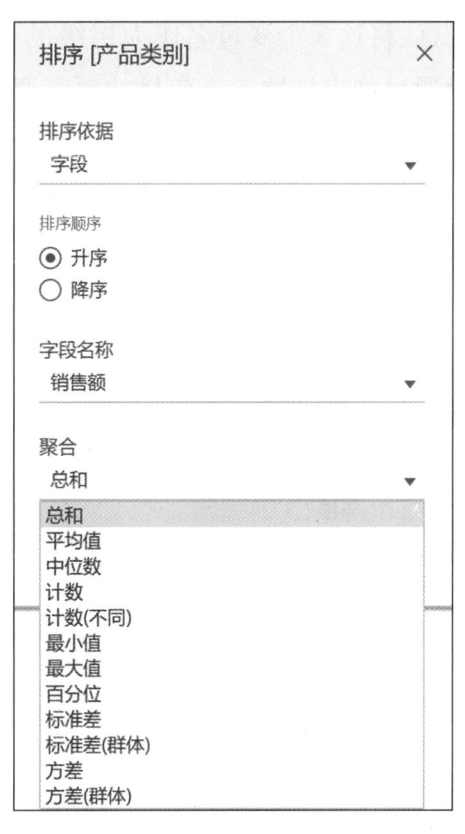

图 2-8　选择聚合方式

任务 2.2　数据分层与分组

通过前面的介绍，我们已经知道如何对某个变量进行排序，接下来要学习的是：①如何对某些变量创建一个分层结构，以利于向下钻取。②如何将某些变量值归到一个组或数集里。这些变量值，或具有某种相同的特点，或是人为强制归类。

1. 数据分层

数据分组

步骤 1：某些情况下，我们需要对几个变量创建一个分层结构，以便在制图或数据分析时随时向下钻取数据。以某公司销售数据分析为例，连接到数据后出现图 2-9 所示界面。在“维度”列表中，就可以对相应的变量创建分层结构了。

步骤 2：在图 2-9 中，在“维度”列表里有变量“产品名称”“产品子类别”“产品类别”，可以对这 3 个变量创建一个分层结构，以实现“产品类别”→“产品子类别”→“产品名称”的钻取。方法如下：按住【Ctrl】键，同时选中“产品名称”“产品子类别”“产品类别”3 个变量；单击鼠标右键，在弹出的快捷菜单中选择“分层结构”—“创建分层结构”命令，如图 2-10 所示，Tableau 默认将这 3 个变量名作为层级的名称，这里把名称改成“销售产品”，单击【确定】按钮，然后通过拖曳把这三个变量的顺序调整为“产品类别”“产品子类别”“产品名称”。

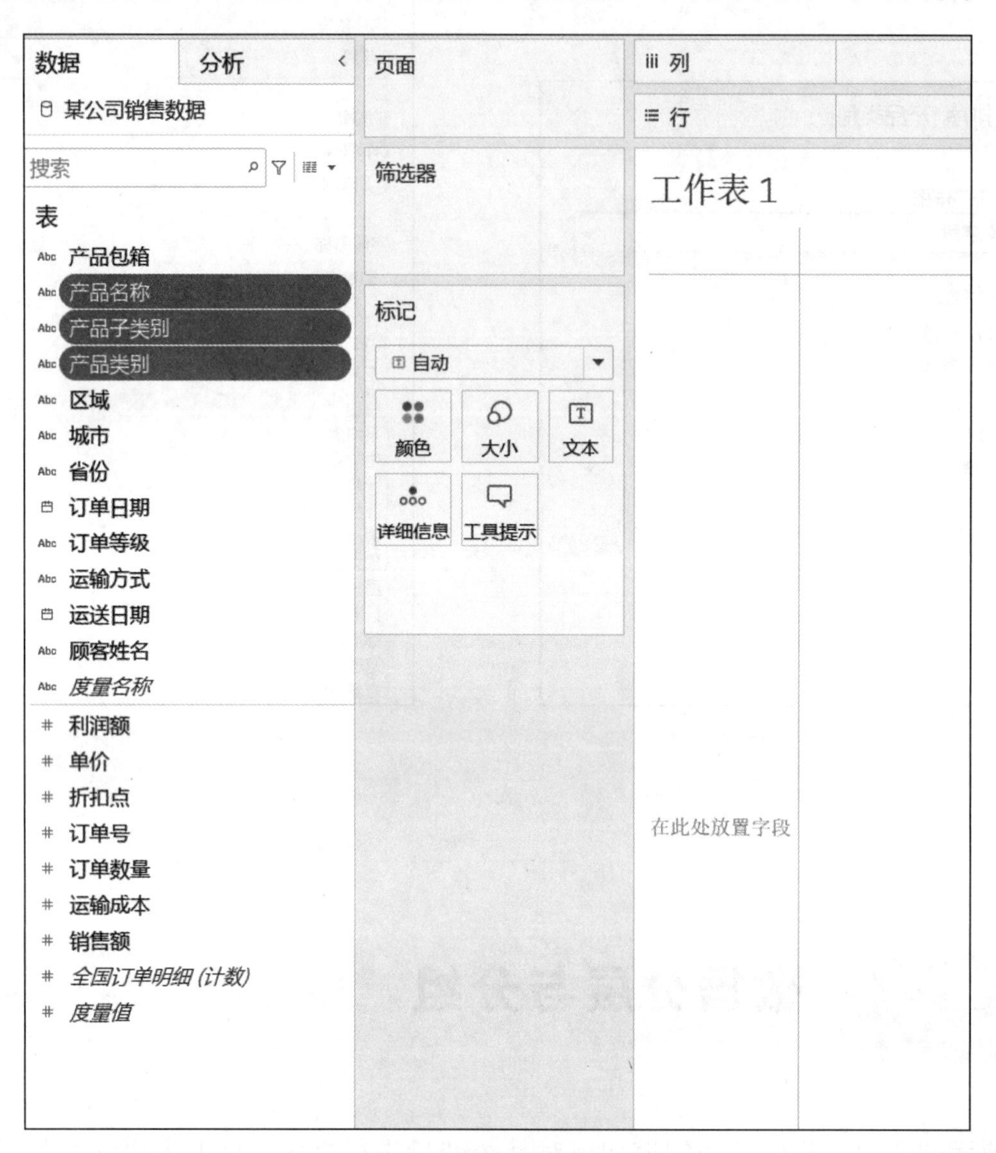

图 2-9　连接到数据后出现的界面

步骤 3：首先，选中“产品子类别”，将其直接拖曳到“产品类别”上，Tableau 自动创建这两个变量的分层，单击【确定】按钮。然后，将“产品名称”拖曳到“产品子类别”下方。最后，选中“产品类别”和“产品子类别”，单击鼠标右键，在弹出的快捷菜单中选择“重命名”命令，将名称改为“销售产品”。

步骤 4：创建好分层结构后，就可以方便地对数据进行钻取。例如，将“产品类别”和“销售额”按图 2-11 所示放置，可以看到，在“产品类别”的左侧有一个【+】，表示可以往下继续钻取，单击【+】出现向下钻取后的各产品的销售额情况，如图 2-12 所示。

在 Tableau 中，用户可以迅速地对原有维度中的字段创建分层结构，以实现钻取。在图 2-12 中，在“产品子类别”左侧仍有一个【+】，表示仍可向下钻取。

图 2-10　分层

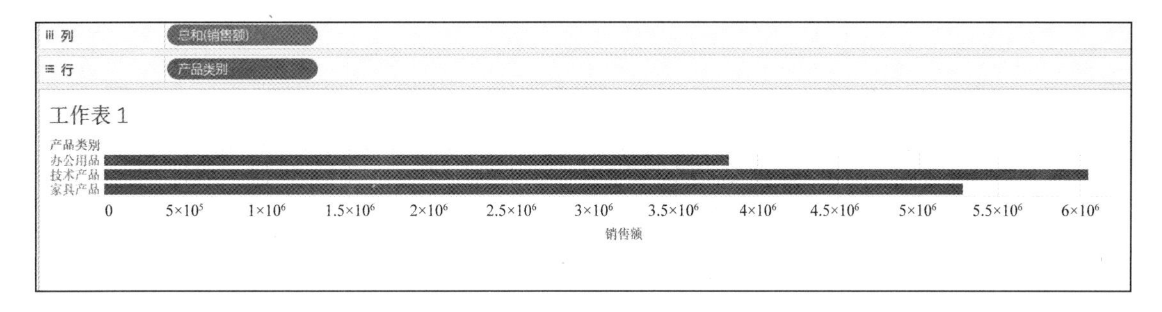

图 2-11　放置“产品类别”和“销售额”

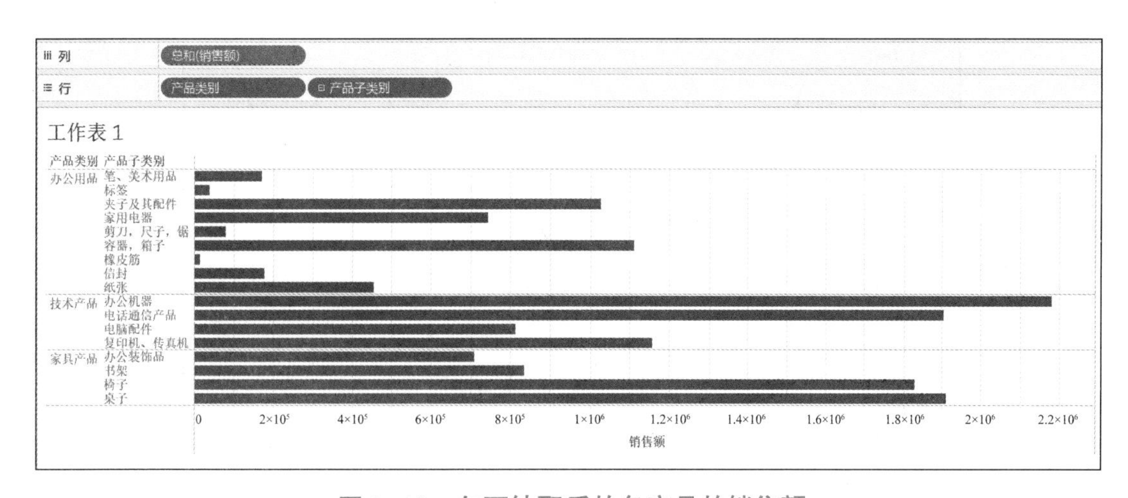

图 2-12　向下钻取后的各产品的销售额

步骤 5：Tableau 对日期的向下钻取是自动创建的(前提是日期详细到相应的级别)，有许多种选项可供选择。销售额随日期变化的视图如图 2-13 所示，在“年(订单日期)”左方有一个【+】，表明可以向下钻取，可以直接单击它，也可以选中后单击鼠标右键，在弹出的快捷菜单中选择不同的时间层，以实现钻取。Tableau 有很多种日期精度可供选择，可如选择“月”，结果如图 2-14 所示。

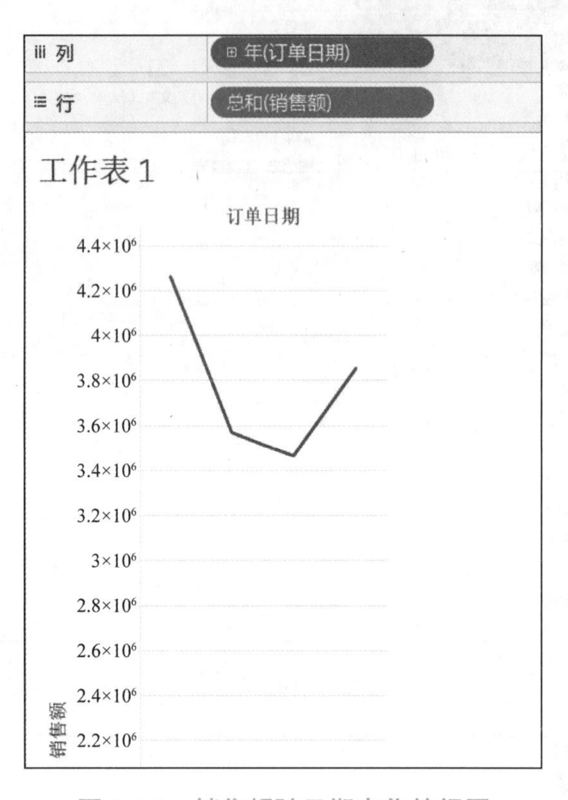

图 2-13　销售额随日期变化的视图

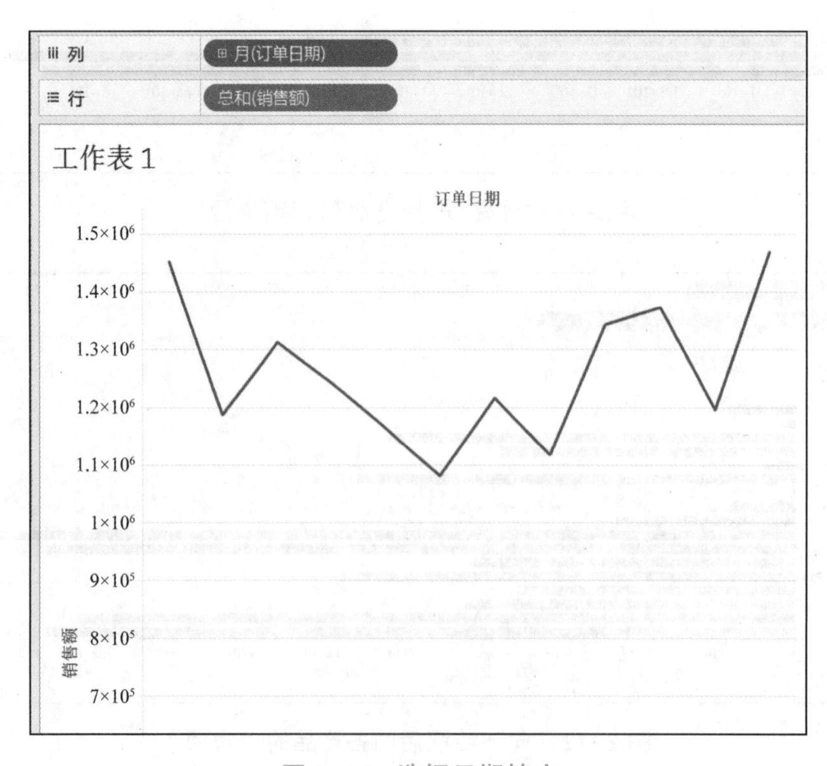

图 2-14　选择日期精度

步骤6：Tableau的钻取功能并不局限于层级。在任意一个视图中，当你把鼠标指针放到某个点上或选择某区域时，即会出现一个“工具提示栏”，如图2-15所示，单击【 】(查看数据)按钮即可看到原始的详细数据。

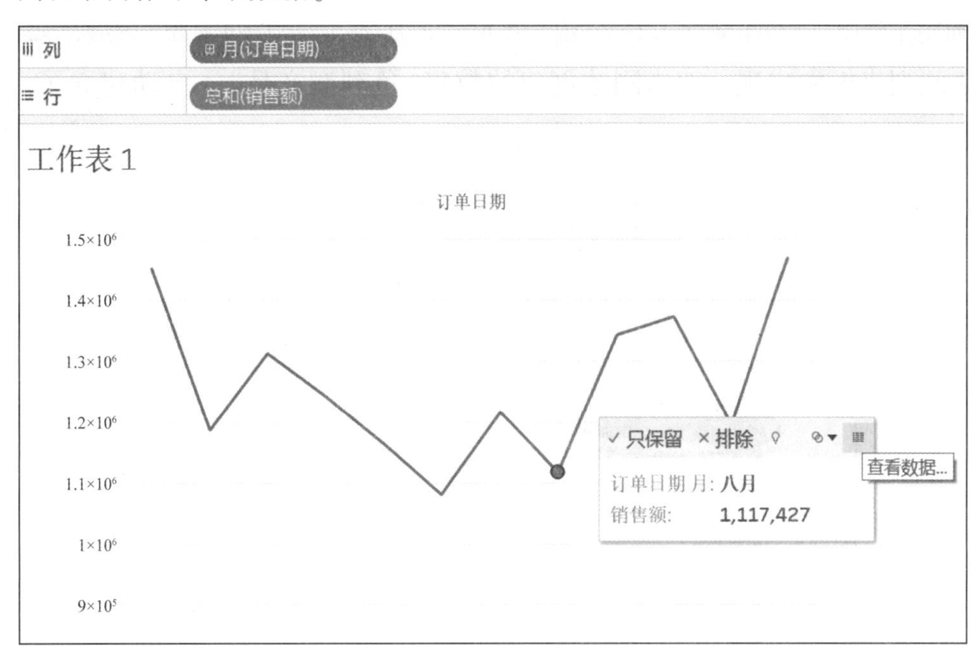

图2-15 选中视图中的某点查看数据

2. 数据分组

在做好销售统计图之后，我们发现有几个值是负利润的，为了让相关业务人员特别注意这些值，可以将这些值归到一个数集里。这里Tableau建议创建一个数集。当双击这个“集”时，视图中将只出现“集”里的数据。

步骤1：在图2-16中可以看到，圈中的产品销售额都非常小，为了视图更方便分析，可以将这些小额产品归到一个组里，以便显示这些小额产品与每一个子类别的对比。按【Ctrl】键，选中这些变量值，单击鼠标右键，在弹出的快捷菜单中选择“组”—“产品子类别”命令，在“维度”栏中生成一个新的“产品子类别(组)”字段，将新生成的组名字改为“小件”，将此字段拖曳至“行”上，结果如图2-17所示。

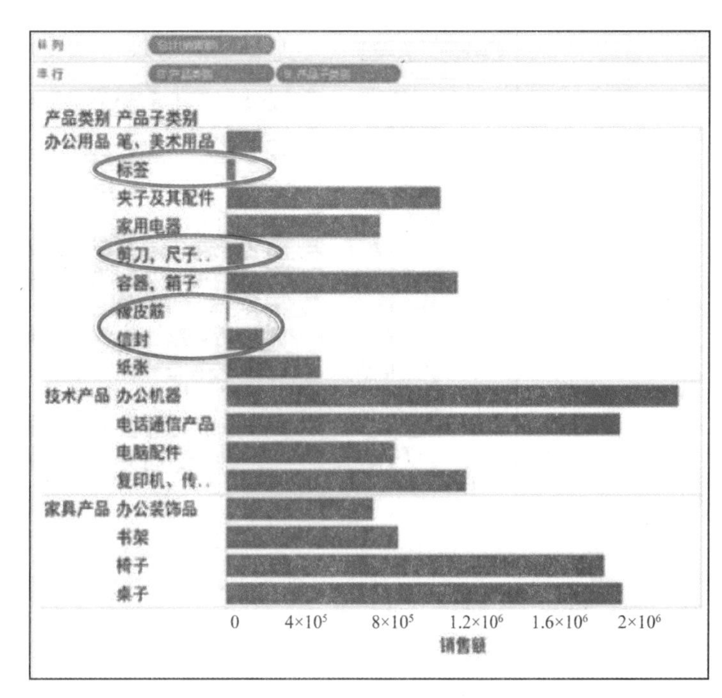

图2-16 销售额小的产品

步骤2：在图2-17中，可以将“利润额”也放到视图中，以分析各类产品的盈利情况。从图2-18可以看到，椭圆选框所选中的产品利润都较好，方框所选中的产品是负利润的。为了方便相关人员对负利润产品进行重点分析，可以创建一个包含负利润产品数据的数集。按住【Ctrl】键，选中方框所框住的红条，单击鼠标右键，在弹出的快捷菜单中选择“创建集”命令，并命名为“负利润产品”，单击【确定】按钮。这时发现，在左边“度量”下方多了一个列表框“集”，之后创建的其他数集都将在此列表框中出现。双击刚才创建的数集“负利润产品”，自动建立了一个筛选器，图像转变为如图 2-19 所示的负利润产品的子集。

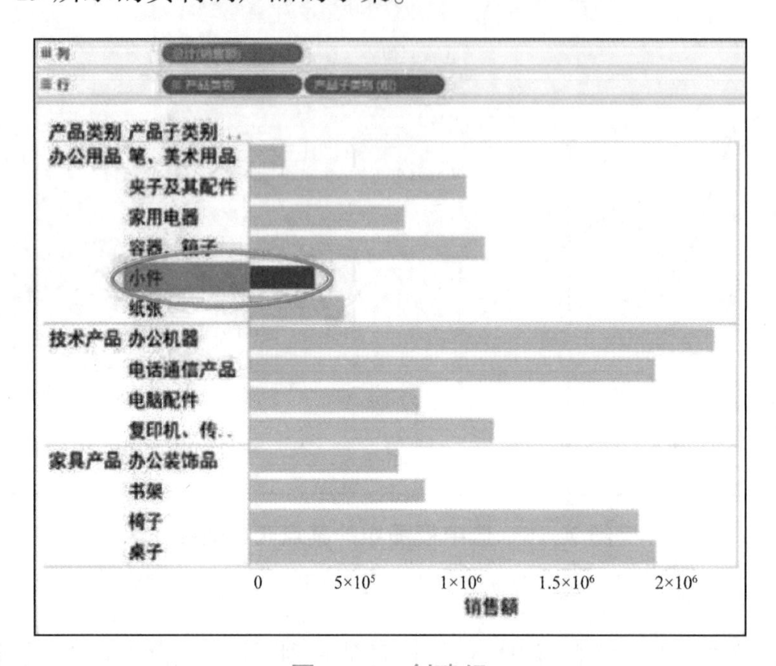

图 2-17　创建组

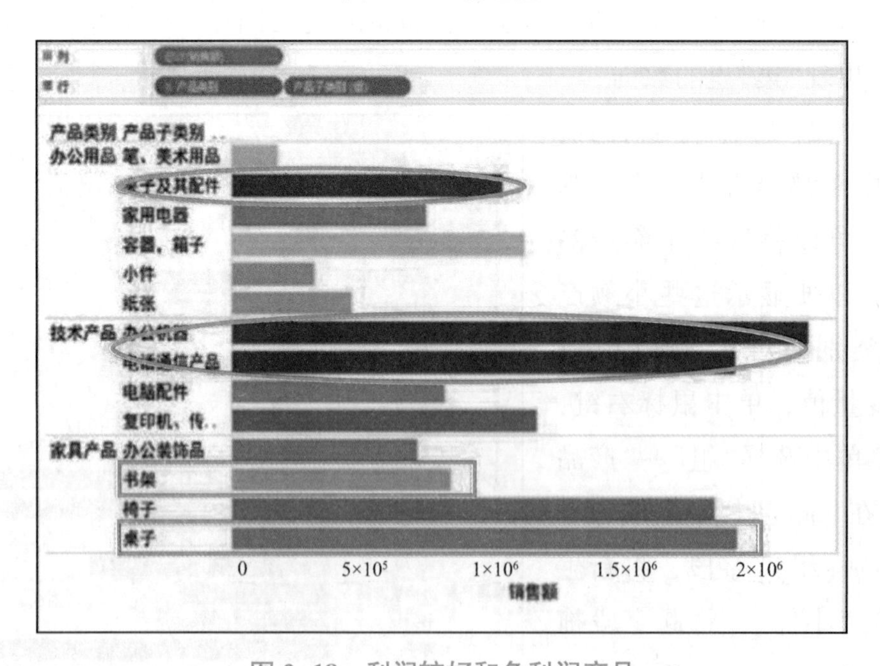

图 2-18　利润较好和负利润产品

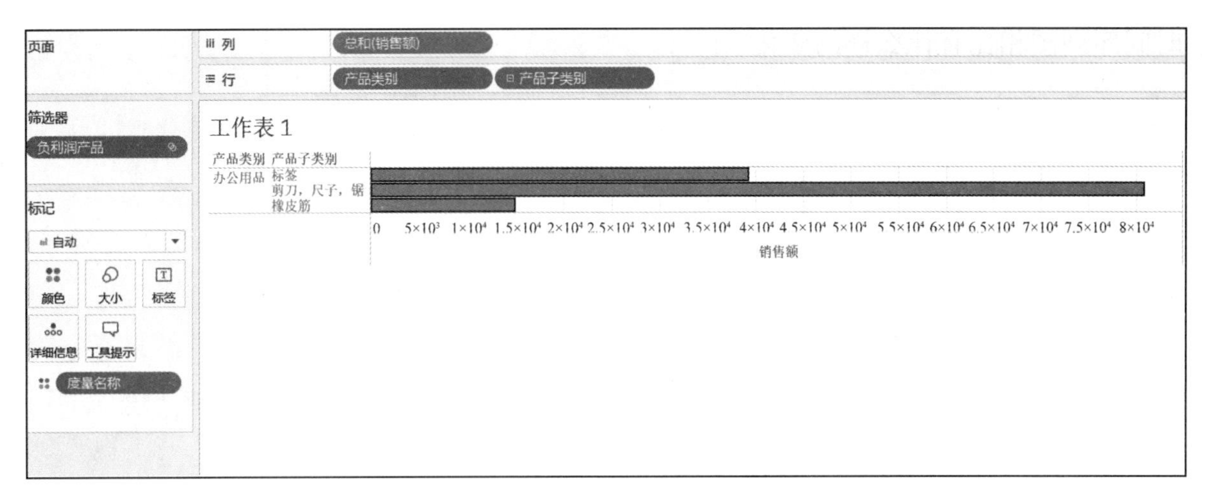

图 2-19　负利润产品的子集

任务 2.3 参数设置

在制作可视图的过程中，有时需要构造一个可以动态变化的参数来帮助分析。这个参数可以放到一个函数中，也可以用在筛选过滤上，以创建出更具交互感的可视图。那么在 Tableau 中应如何操作呢？

创建一个参数的步骤非常简单，具体如下。

Tableau 的参数创建与使用

步骤 1：将 Tableau 连接到数据源后，在左侧“维度”和“度量”列表中，选中某个变量或者在空白处单击鼠标右键，在弹出的快捷菜单中选择“创建”—“参数”命令或“创建参数”命令。这里选中“销售额”，鼠标单击右键，在弹出的快捷菜单中选择“创建”—“参数”命令，弹出图 2-20所示的“创建参数”对话框。在该对话框中，可以对参数进行命名。

步骤 2：单击【注释】按钮可以对该参数添加文字解释。在“属性”栏中，可以为参数设置数据类型、当前值及数据的显示格式，然后设置参数的取值范围。参数值的范围有 3 种：①当前变量的所有值，即“全部”单选按钮；②给出固定的取值列表，即“列表”单选按钮；③给出一定的取值范围，即“范围”单选按钮。参数创建完成后，鼠标右键单击该参数，选择“编辑参数”，弹出如图 2-21 对话框。

在“编辑参数[销售额增长率]”对话框“值范围”栏中，可以设置参数的最小值和最大值，还可以指定数值的变化幅度，即“步长”复选框。图 2-21 右下方的【从参数设置】按钮表示从其他参数中导入数值，【从字段设置】按钮表示从度量和维度中的变量导入数值。

在这里，我们不是要创建一个销售额的参数，而是要创建一个独立的销售额增长率参数。创建该参数的目的是在视图中观察当销售额增长一定百分比时，销售额时间序列图与当前销售额时间序列图相比有什么样的变化。

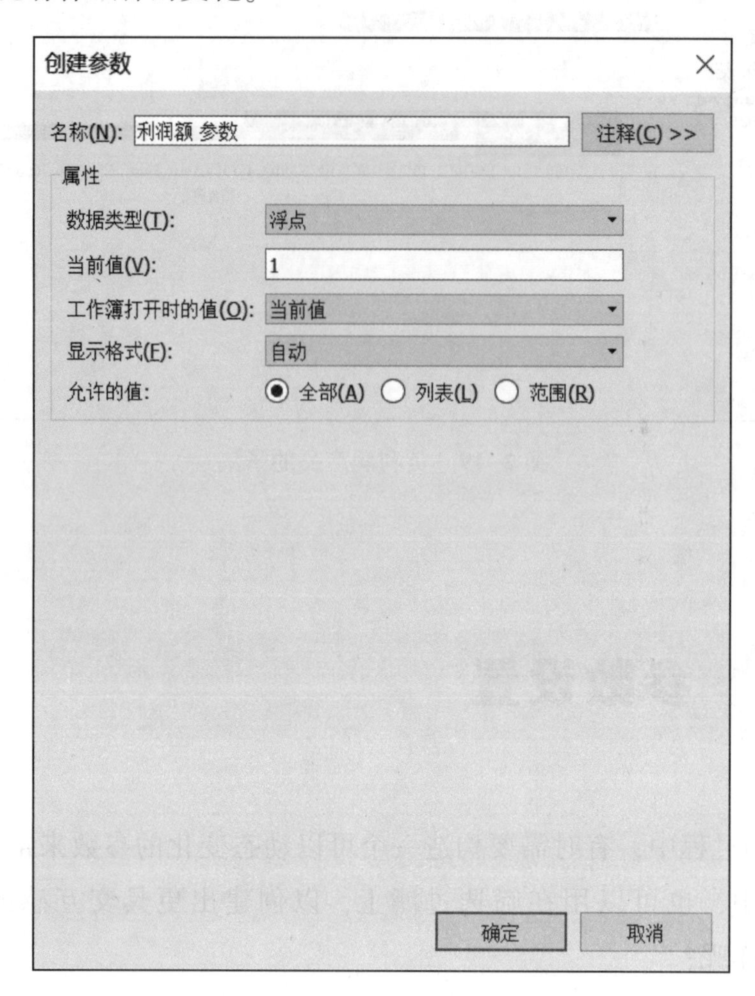

图 2-20 “创建参数”对话框

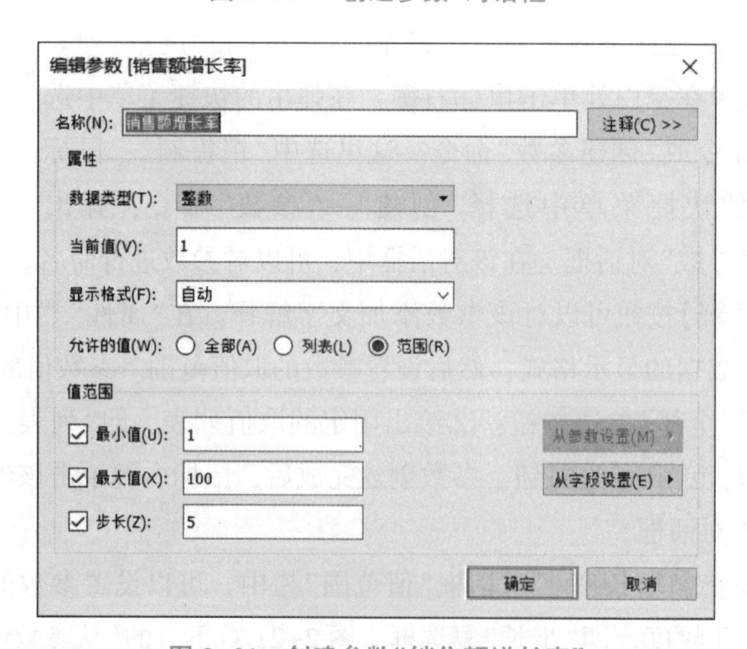

图 2-21 创建参数“销售额增长率”

在“编辑参数[销售额增长率]”对话框中，将参数命名为“销售额增长率”，将数据类型设为“整数”，将当前值设为“1”，将显示格式设为“自动”，在“值范围”栏中，将最小值设为

“1”，将最大值设为“100”，将步长设为“5”，如图 2-21 所示，单击【确定】按钮。

单击【确定】按钮后，看到在“维度”和“度量”下方出现了一个“参数”列表框，之后创建的其他参数都将在此列表框中出现。

任务 2.4 Tableau 函数的应用

1. 使用 SUM、COUNT 函数查看利润率

本任务主要介绍 Tableau 的各主要功能函数，以及如何利用这些函数在恰当的时机快速地构造出一个新的字段。利用这个新的字段，我们可以在创建的可视图中发现更多的信息。

Tableau 中如何计算

步骤 1：将 Tableau 连接到“某公司销售数据 . xls”—“全国订单明细 . sheet”后，可以看到原始数据中并没有“利润率”这一指标数据。为了解该公司各产品类别的盈利能力，可以利用 Tableau 的公式编辑器构造一个利润指标，步骤如下：在“维度”和“度量”列表中选中“销售额”，单击鼠标右键，在弹出的快捷菜单中选择“创建”—“计算字段”命令，出现图 2-22 所示对话框。也可以将鼠标指针移至空白处，单击鼠标右键，在弹出的快捷菜单中选择“创建计算字段”命令，区别在于出现的对话框中与前者相比，公式编辑框中没有前者所选中的那个变量。

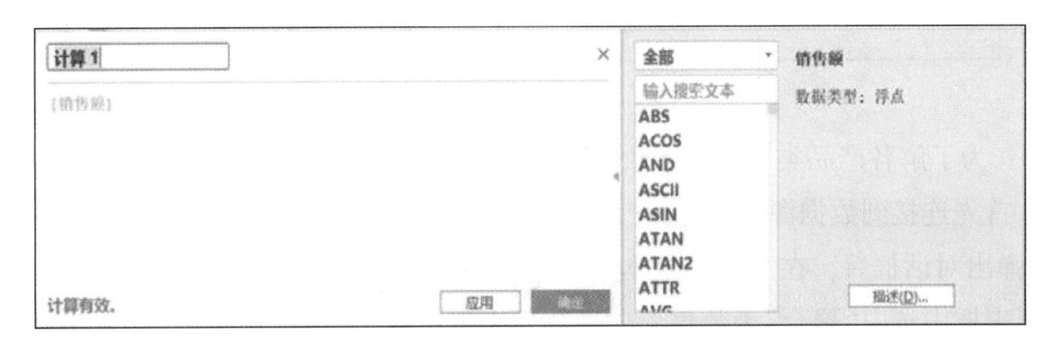

图 2-22　创建计算字段对话框

步骤 2：在图 2-22 所示对话框中，“名称”文本框可以对该新字段进行命名，其下方是公式编辑框。在公式编辑框下方有一行小字，会时刻显示公式编辑是否正确。右边是函数列表框，有各种各样的函数可供选择。函数列表框右边是所选中的函数的说明框，当选中某个函数时，框内就会对该函数的功能及如何使用给出说明。在“名称”文本框输入“利润率”，在公式编辑框中输入“SUM([利润额])/sum([销售额])”，如图 2-23 所示，下方文字显示“计算有效”，单击【确定】按钮。

这时在“度量”下方多了一个“利润率”计算字段，现在就可以像使用其他字段一样来使用

“利润率”计算字段了。如图 2-24 所示，将“产品类别”“利润率”拖曳到所示位置，即可看到每一种产品类别的利润了。从图中很容易发现家具产品的利润率与其他两大类产品相比低了很多。我们还可以单击“产品类别”左边的【+】以钻取到每个产品子类别、每款具体产品的利润率。这一操作是利用 SUM 函数构造利润率指标。

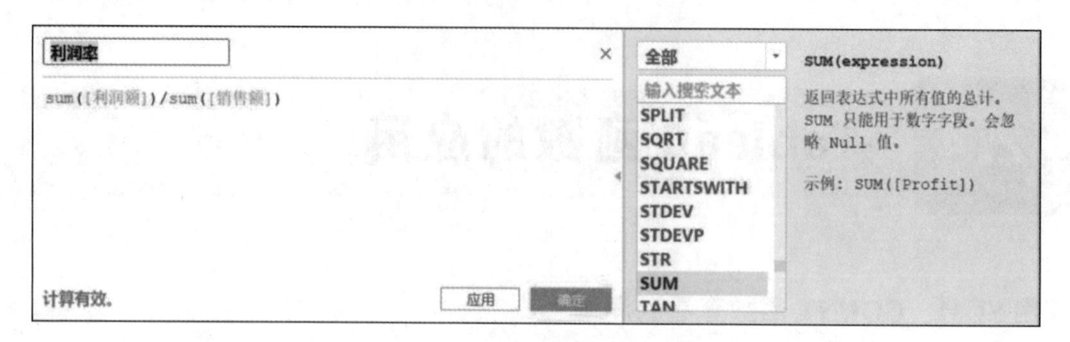

图 2-23　创建“利润率”计算字段

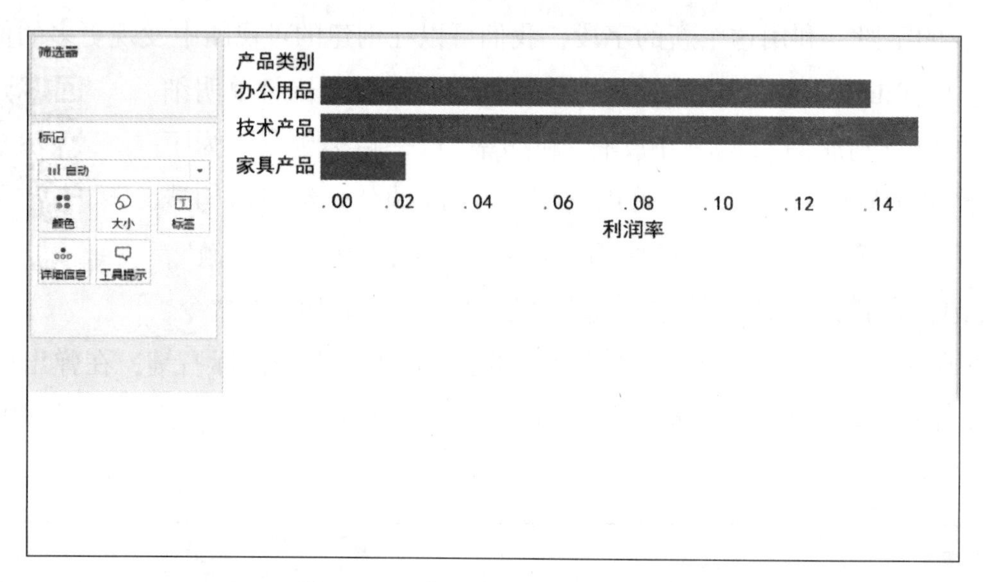

图 2-24　产品类别的利润率视图

步骤 3：为了解各产品类别的订单数及每个订单的利润情况，我们需要进行产品订单数统计。为此，首先连接到数据源，右击“产品类别”，在弹出的快捷菜单中选择“创建”—“计算字段”命令，弹出对话框后，在“名称”文本框输入“订单数”，将鼠标指针移至公式编辑框中，在右侧下拉列表框中选中“聚合”函数集，在函数列表框中双击“COUNT”，在公式编辑框中将公式调整为“COUNT([产品类别])”，如图 2-25 所示，单击【确定】按钮。

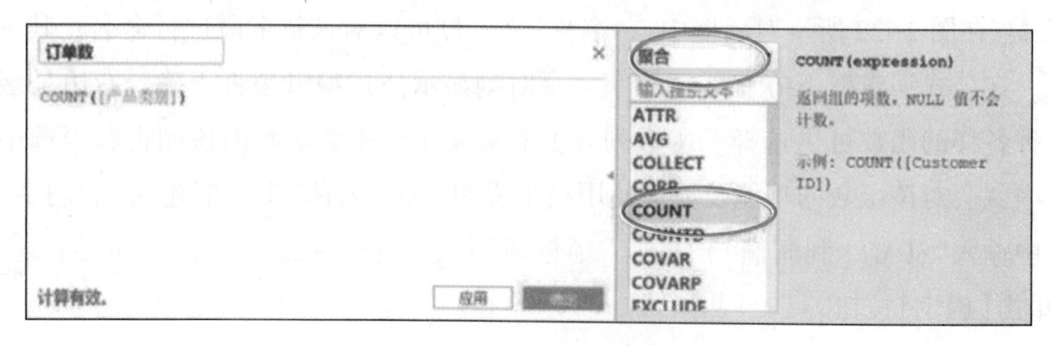

图 2-25　创建“订单数”计算字段

步骤4：可以看到，在“度量”下方多了一个“订单数”计算字段，将“订单数”和“产品类别”分别拖曳至“列”和“行”处，再单击“产品类别”左边的【+】以钻取到“产品子类别”，将“利润额”拖曳到“颜色”框中，产品子类别订单数的条形图展示如图2-26所示。从图中可以发现，“家具产品”下的“桌子”共有364个订单，但利润却为-100,006元，应引起注意。

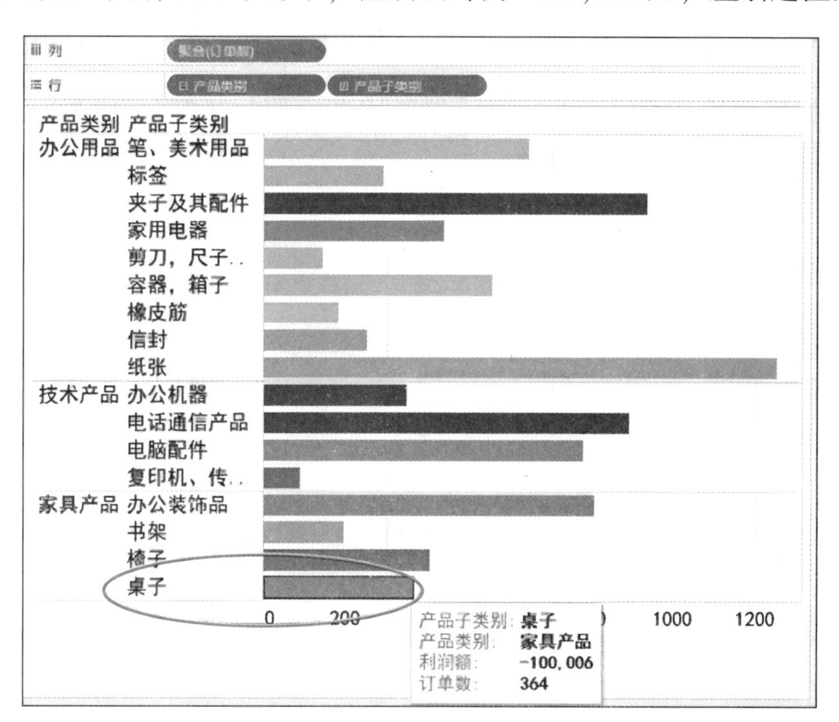

图2-26 产品子类别订单数的条形图展示

在聚合函数集中，还有其他函数，如AVG、MAX、MIN和STDEV等，如需要，可以在公式编辑过程中随时调用这些函数。

2. 使用日期函数分析发货速度

在顾客下单后，从下单当天到发货出仓，中间有一个反应时间。这个反应时间非常重要，它不仅会影响顾客的满意度，还会对公司的产品流转周期造成影响。我们可以使用日期函数来构造一个新的字段，从而观察每个订单从下单到配送需要多少时间，不妨称该字段为“订单反应时间”。

步骤1：将Tableau连接到数据源，选中“订单日期”，单击鼠标右键，在弹出的快捷菜单中选择“创建”—“计算字段”命令，弹出对话框后，在右侧下拉列表框中选中“日期”函数集，在函数列表框中双击“DATEDIFF”函数，右边则会显示对该函数的使用说明，然后在公式编辑框中调整公式为“DATEDIFF("day",[订单日期],[运送日期])”，如图2-27所示，单击【确定】按钮。

步骤2：现在，我们就可以分析每款产品从下单到配送用了多少时间。将“订单日期”“顾客姓名”分别拖曳至“列”和“行”，然后双击“订单反应时间”，如图2-28所示，图中显示了各个客户订单的反应时间。可以看到，订单反应时间前面是SUM函数，在Tableau中自动汇总了所有订单反映时间，可以把它改成以最大值方式计算，重点观察最长的时间。在文本框中的

"订单反应时间"上单击鼠标右键，在弹出的快捷菜单中选择"度量(总计)"—"最大值"命令。这里选择用甘特图来表示会更合适，单击【智能推荐】按钮，选择最下面一行左侧的"甘特图"，同时将"订单反应时间"拖曳至"大小"框中，将"订单日期"钻取为"年/月/日"格式，订单反应时间的甘特条形图如图 2-29 所示。可以再把"产品类别"拖曳到"颜色"框中，以观察每位客户购买的是属于哪个产品类别。再单击一下工具栏中的【】按钮对反应时间进行降序排列。最后结果如图 2-30 所示，这样就可以非常直观地看出商家对每位客户在各类产品上的订单反应时间。

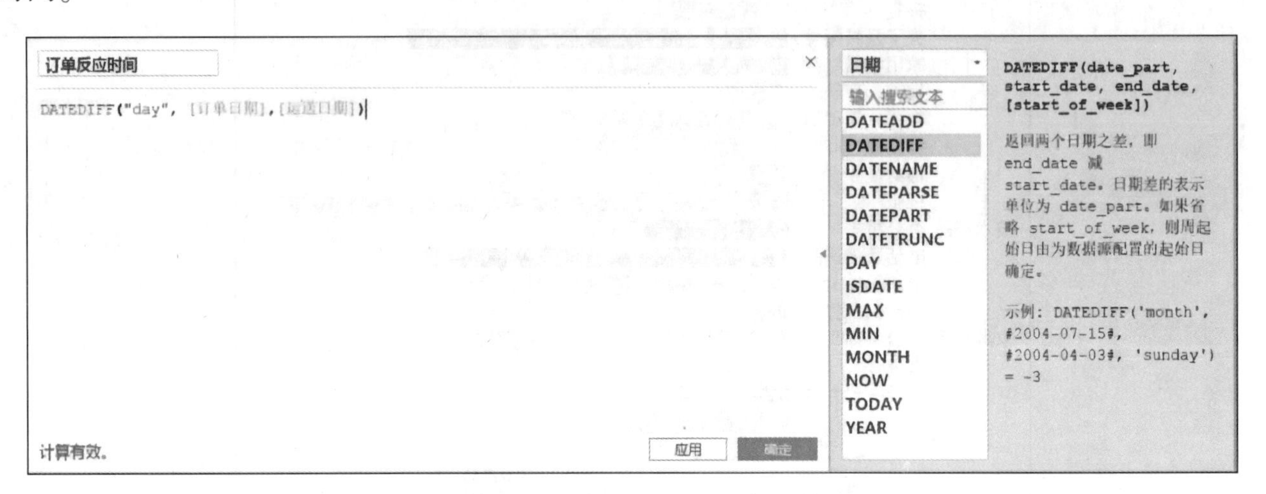

图 2-27　创建"订单反应时间"计算字段

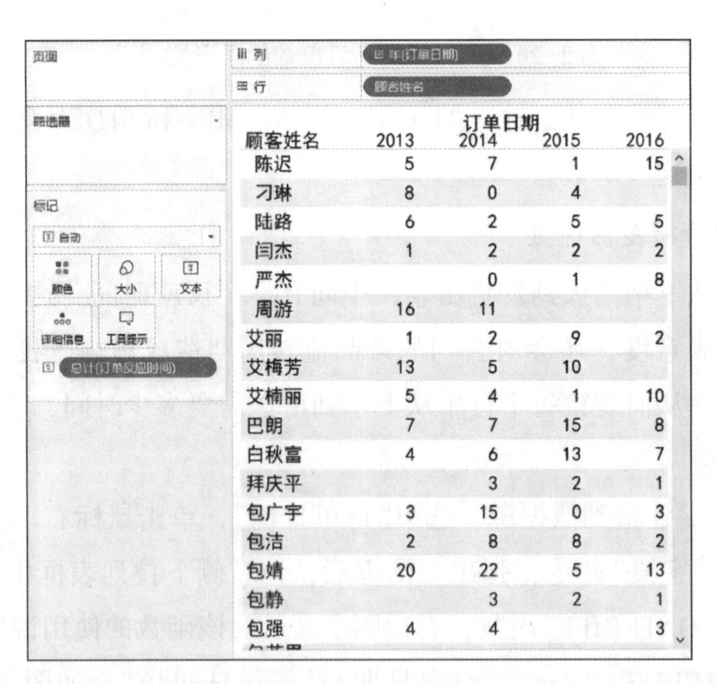

顾客姓名	订单日期 2013	2014	2015	2016
陈迟	5	7	1	15
刁琳	8	0	4	
陆路	6	2	5	5
闫杰	1	2	2	2
严杰		0	1	8
周游	16	11		
艾丽	1	2	9	2
艾梅芳	13	5	10	
艾楠丽	5	4	1	10
巴朗	7	7	15	8
白秋富	4	6	13	7
拜庆平		3	2	1
包广宇	3	15	0	3
包洁	2	8	8	2
包婧	20	22	5	13
包静		3	2	1
包强	4	4		3

图 2-28　每位顾客的订单反应时间

日期函数集中还有其他函数，如 DATEADD、DATENAME、DATEPART 和 DAY 等函数，这里不一一介绍了。在使用的时候，如果不知道某个函数的功能，只需单击该函数，然后参阅界面右侧该函数的使用说明和示例即可。

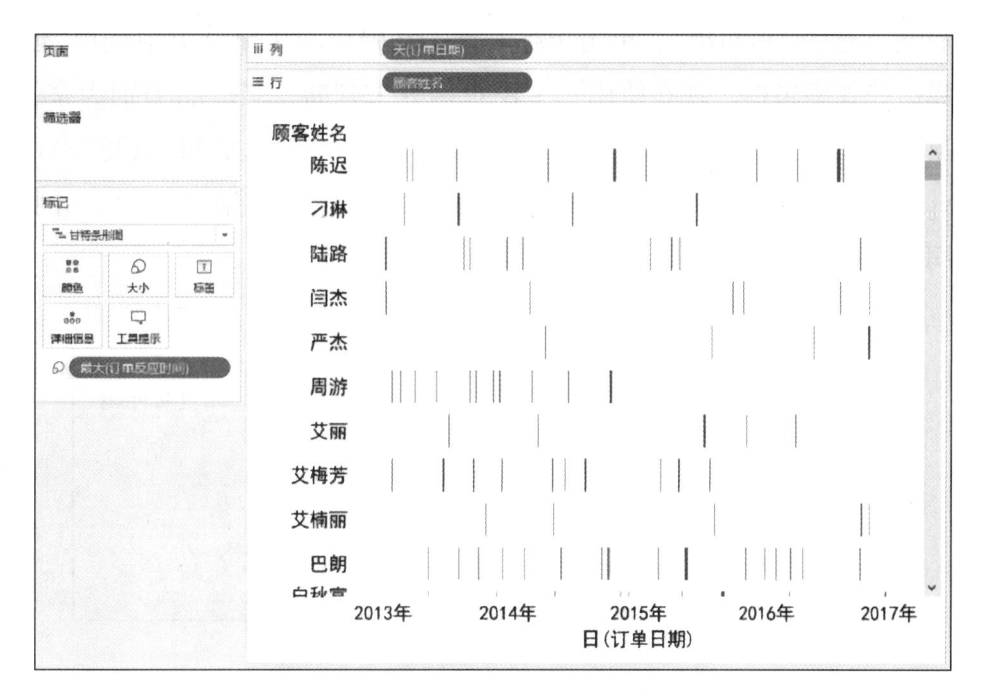

图 2-29　订单反应时间的甘特条形图

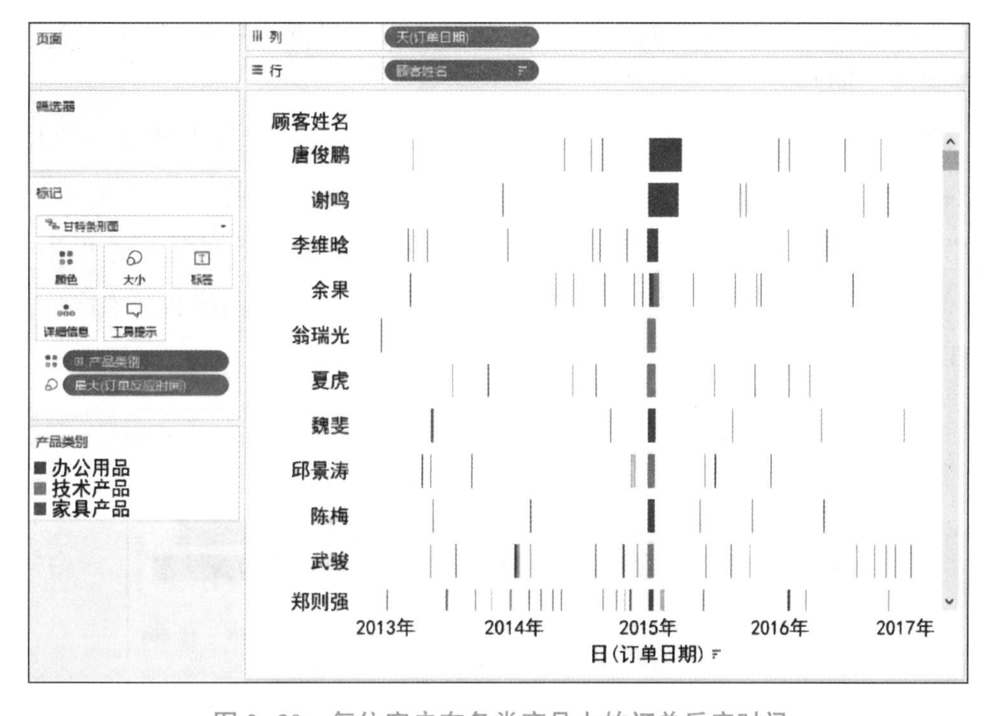

图 2-30　每位客户在各类产品上的订单反应时间

3. 使用逻辑函数计算较正利润率

通过构造一个“利润率”字段，我们观察到各产品类别的盈利情况(见图 2-24)，发现家具产品利润率较办公用品、技术产品的利润率低了很多。了解到家具产品的运输费是由公司出的，其利润不包含运输费，而办公用品、技术产品是不用公司运输的。因此，在计算家具产品的利润率时，应把运输费包含进来，这样对比三者的利润率或许更有意义。

为此，对“利润率”字段进行修正，在计算家具产品的利润率时使用“(利润额+运输费)/销售额”。

步骤 1：首先，选中“利润额”，单击鼠标右键，在弹出的快捷菜单中选择“创建”—“计算字段”命令，弹出公式编辑框。现在使用一个逻辑函数来判断，当产品类别为家具产品时，其利润率等于利润额加上运输费再除以销售额，用 IF 函数来表达就是 SUM(IF[产品类别]="家具产品"THEN[利润额]+[运输成本]ELSE[利润额]END)/sum([销售额])，并将计算字段名改为“校正利润率”，如图 2-31 所示，单击【确定】按钮。

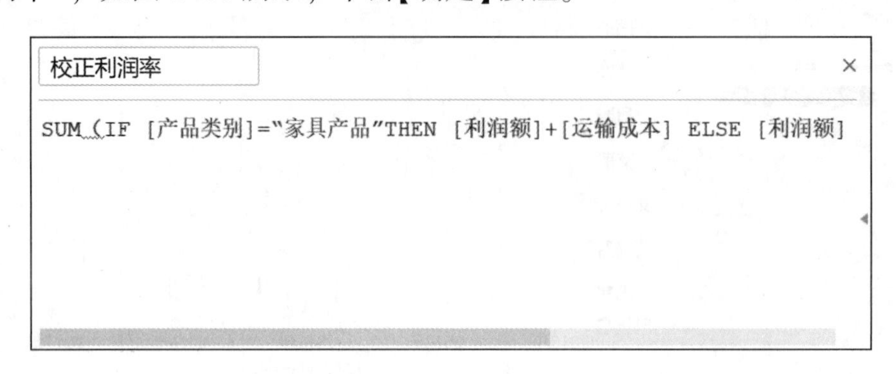

图 2-31　创建“校正利润率”计算字段

选择 IF 函数时，只要在函数下拉列表框中选择“逻辑”函数集，再双击 IF 函数，或者直接在公式编辑框手动输入亦可，不分大小写。若要在公式编辑框里添加文字注释，则需要在文字前输入两条斜线，即“//”。

步骤 2：现在利用校正后的利润率，重新观察各类产品的盈利能力情况，并与之前利润率对比，如图 2-32 所示，可以看到校正后的家具产品利润率有一些提升，但提升不大。

在“逻辑”函数集中还有诸如 CASE、IFNULL、IIF 和 ISDATE 等函数，这里不一一介绍了。在需要用时，若不知某个函数的功能，只需单击该函数，然后参阅界面右侧对话框中该函数的使用说明即可。

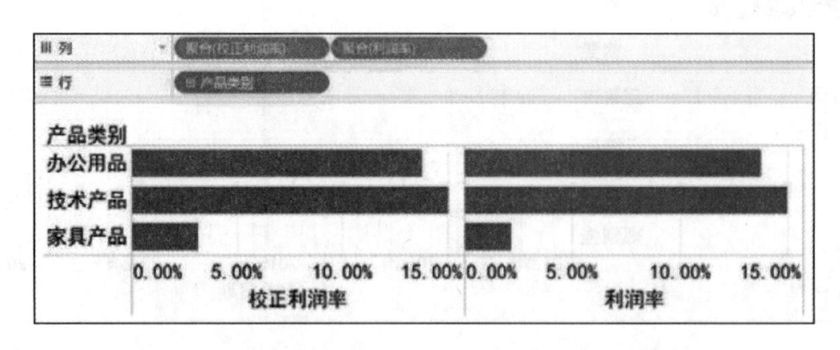

图 2-32　各类产品校正利润率与利润率对比

4. 在函数中嵌入参数

我们已经学习了多种函数，并利用它们构造了新的字段来分析和展示数据。在 Tableau 中有很多种函数，不同函数的操作几乎是一样的，只是功能不同而已。因此，我们不再对每一个函数做详细举例介绍。

现在要利用前面已设置好的一个参数，把该参数插入函数中来构造一个新的字段。通过该新字段，我们可以快速查看当销售额增长一定百分比时，销售额会发生什么样的变化，并且该百分比可以随时改动。

步骤1：在“销售额”上单击鼠标右键，在弹出的快捷菜单中选择“创建”—“计算字段”命令，弹出“公式编辑”对话框，将该字段命名为“变化后销售额”，在公式编辑框中输入“SUM([销售额])*(1+[销售额增长率]/100)”，如图2-33所示，单击【确定】按钮，会发现在“度量”下方多了一个度量“变化后销售额”。

图2-33 创建“变化后销售额”计算字段

步骤2：将“订单日期”“变化后销售额”“销售额”拖曳到图2-34所示的位置，并将参数“销售额增长率”的控制器显示出来(方法是：在“销售额增长率”上单击鼠标右键，在弹出的快捷菜单中选择“显示参数控件”命令)。这样可以对不同颜色线条所代表的销售额做个性化设置，双击图形左下方的“度量名称”框内的任一位置，即可实现对颜色的更改。

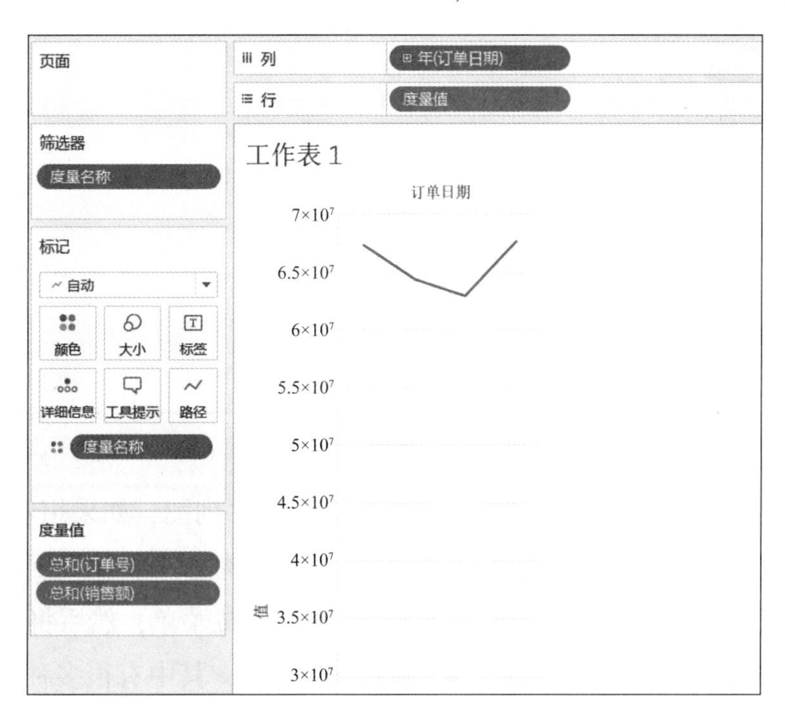

图2-34 销售额随时间的变化视图

恰当利用参数，可以做出更具交互感的数据图表。

任务 2.5 快速表计算简介

快速表计算简介

本任务学习如何使用 Tableau 的快速表计算迅速计算出某个字段的各种统计值。

步骤 1： 首先连接到数据源，分别双击“订单日期”和“销售额”，然后单击【智能推荐】按钮，可以看到 Tableau 自动推荐了一种图形，如图 2-35 所示。被 Tableau 推荐的图形，其边框颜色会突显为红色。单击该推荐的图形，即可得到图 2-36 所示的智能图形。

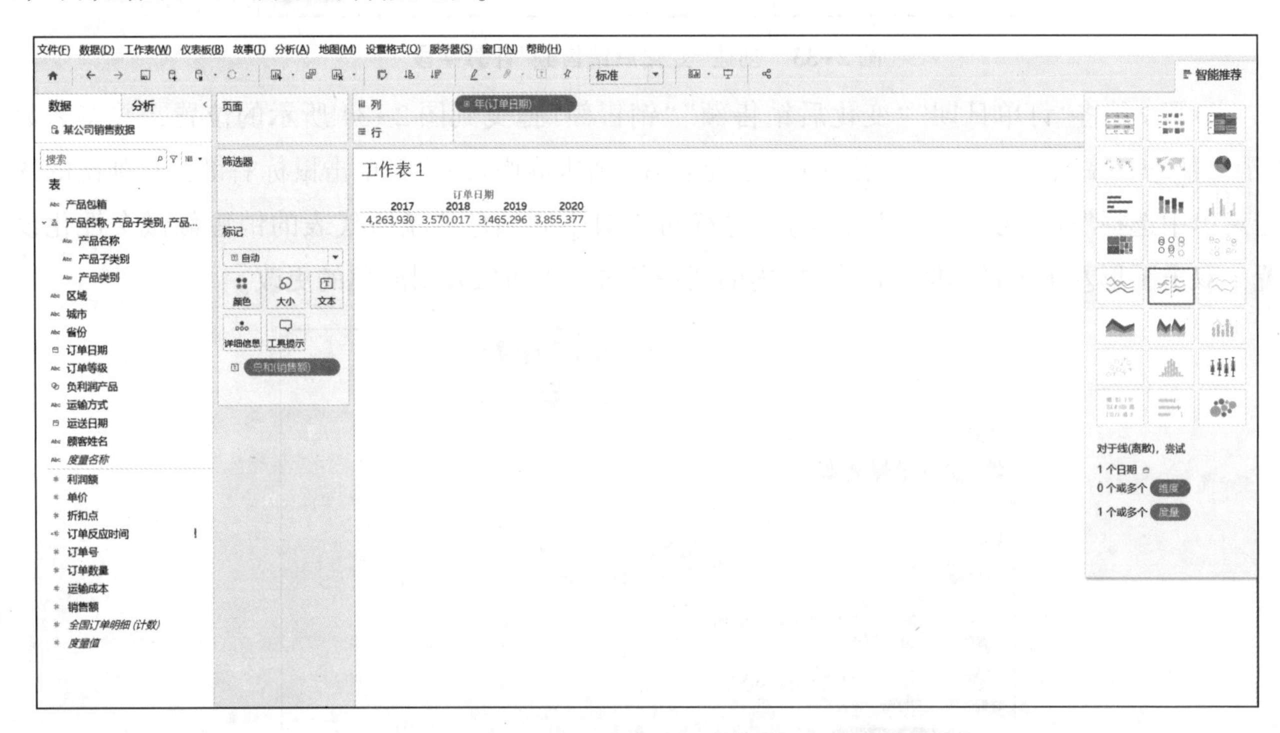

图 2-35 智能图形推荐

步骤 2： 图 2-36 中只展示了销售额随时间变化的序列图，如果想看到每年累计销售额或者年增长率，那该怎么办呢？在公式编辑框中用各种函数构造一个新字段吗？这将大大增加工作量。在 Tableau 中，只需右击“行”上的“销售额”，弹出下拉菜单，然后将鼠标指针移至“快速表计算”，弹出子菜单(或者单击“添加表计算”弹出对话框)，其中有很多种计算方式可供选择，如图 2-37 所示。如果想观察年累计销售额，只需单击“汇总”，则图 2-36 立即变为图 2-38 所示，这时如果仔细看，可以发现“行”上的“销售额”右侧有一个“△”符号，即表示原有计算方式被改变了；如果想观察年销售额的增长率情况，那只需在上一步中单击“年同比增长”，则结果如图 2-39 所示，一眼就可看出 2014 年、2015 年的增长率都为负。另外，在图右下角显示有一个空缺值，这是因为 2013 年并没有对比值。

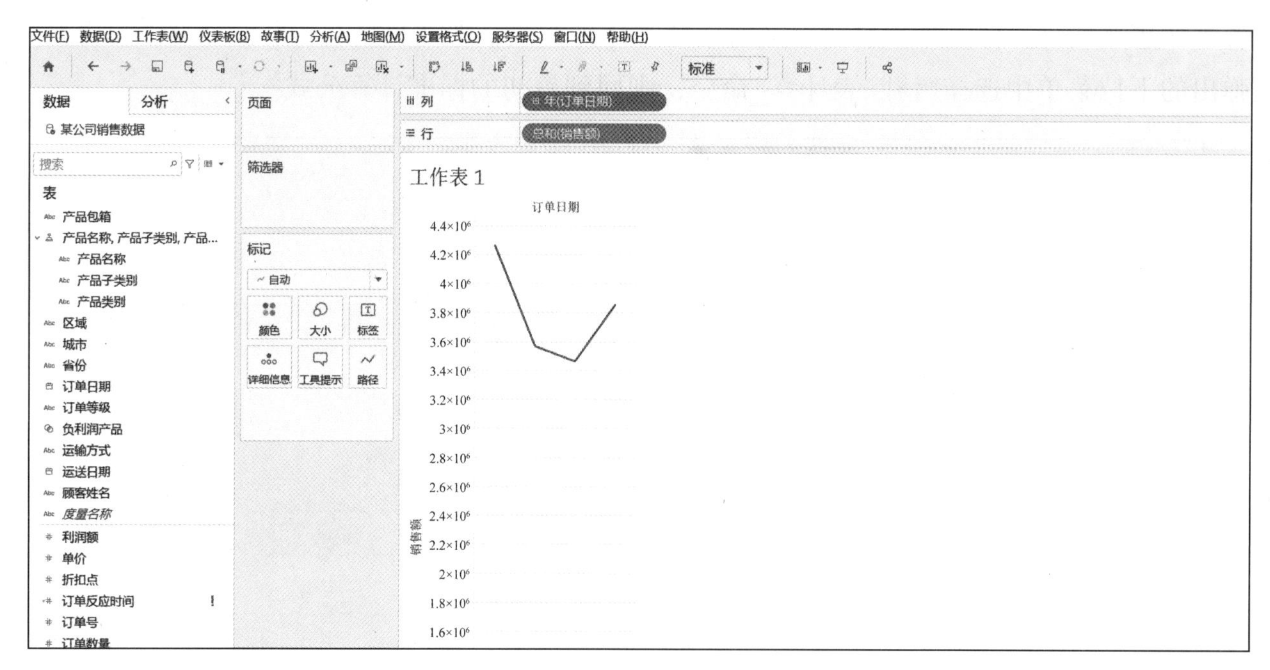

图 2-36　得到的智能图形

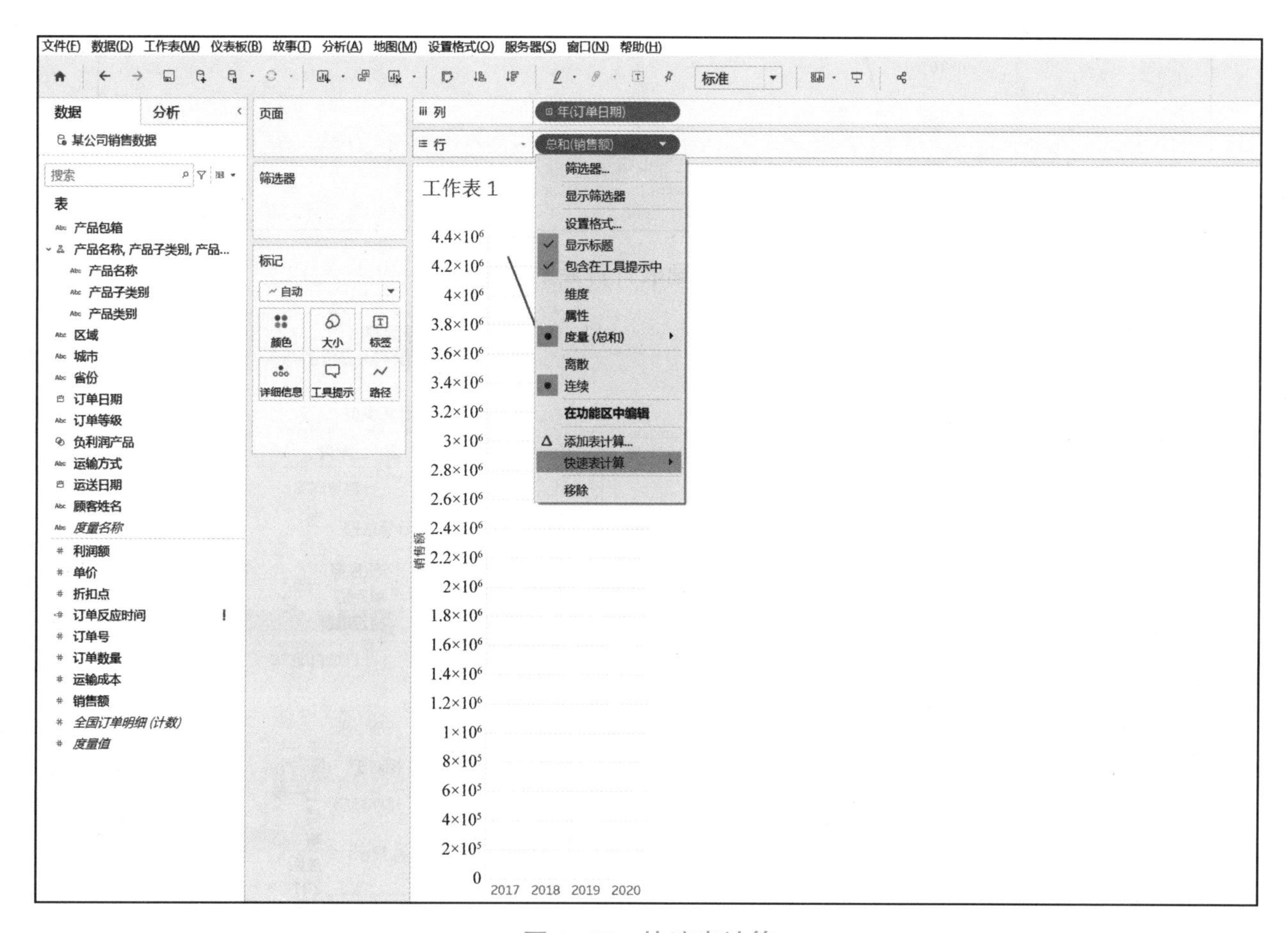

图 2-37　快速表计算

步骤 3：在图 2-39 中，观察的是销售额年增长率情况，如果想看各年相对于 2013 年的增长情况该怎么办呢？同样，只需单击“行”上的“销售额”，在弹出的下拉菜单中选择“编辑表计算”命令，弹出图 2-40 所示对话框，将“相对于”设为“第一个”即可。在该对话框中，可以编辑各种所想要的计算值。如果想清除之前选择的计算方式，那么只需右击“行”上的“销售额”，在弹出的下拉菜单中选择“清除表计算”命令，则回到最初的标准计算公式。

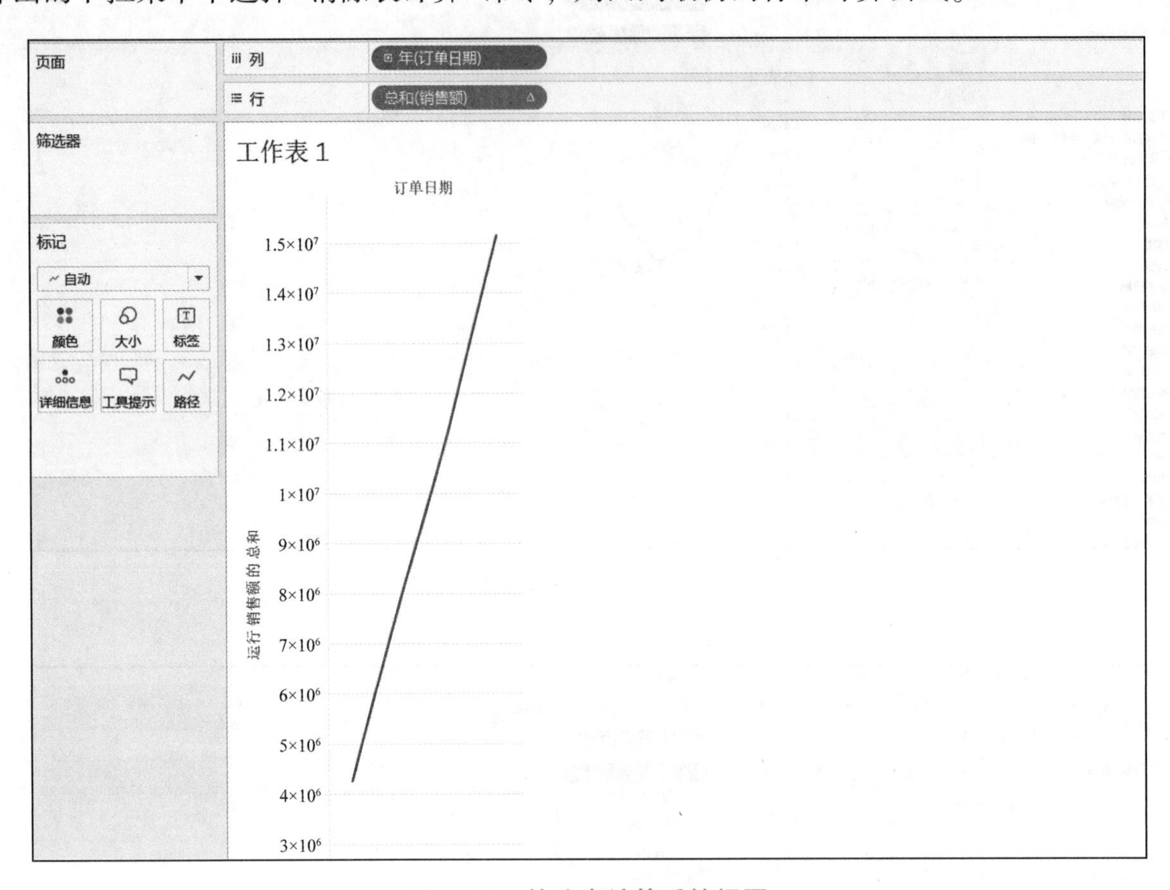

图 2-38　快速表计算后的视图

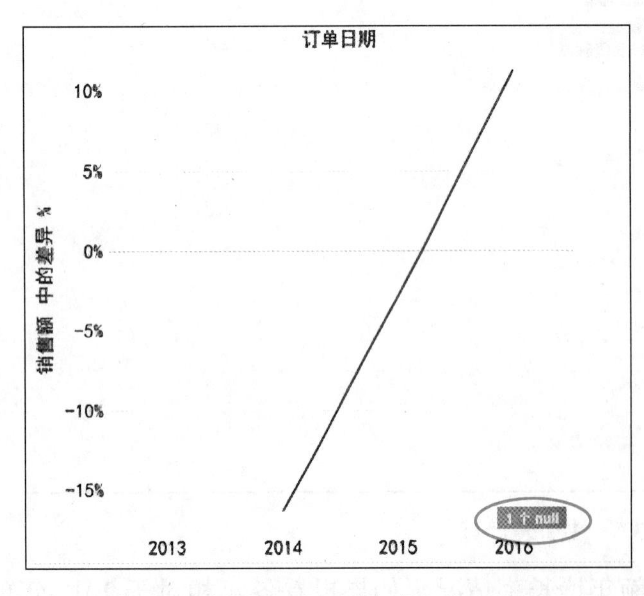

图 2-39　销售额年同比增长差异视图

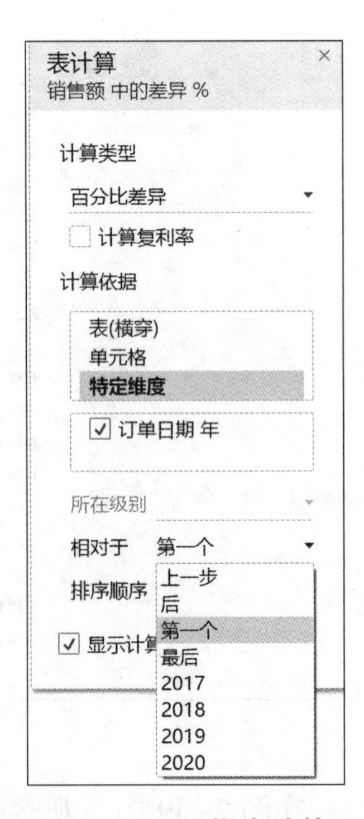

图 2-40　编辑表计算

步骤4：在右击“行”上的“销售额”后，弹出的下拉菜单中还有一个选项“度量”，在“度量”菜单下还有很多计算方式可供选择，如均值、计数和最大值、最小值等，如图 2-41 所示。如果想观察年销售额的均值、计数、最大值、最小值等，那么只需在此单击相应的选项。

Tableau 中的快速表计算是非常实用的。如想观察某个字段的某种值，可以先右击它，然后在快速表计算中看能否找到相应的计算方式。掌握快速表计算，可以大大提高工作效率。在做一般描述性统计分析时，多尝试几种表计算，多数情况下就可以获得想要的数据视图。

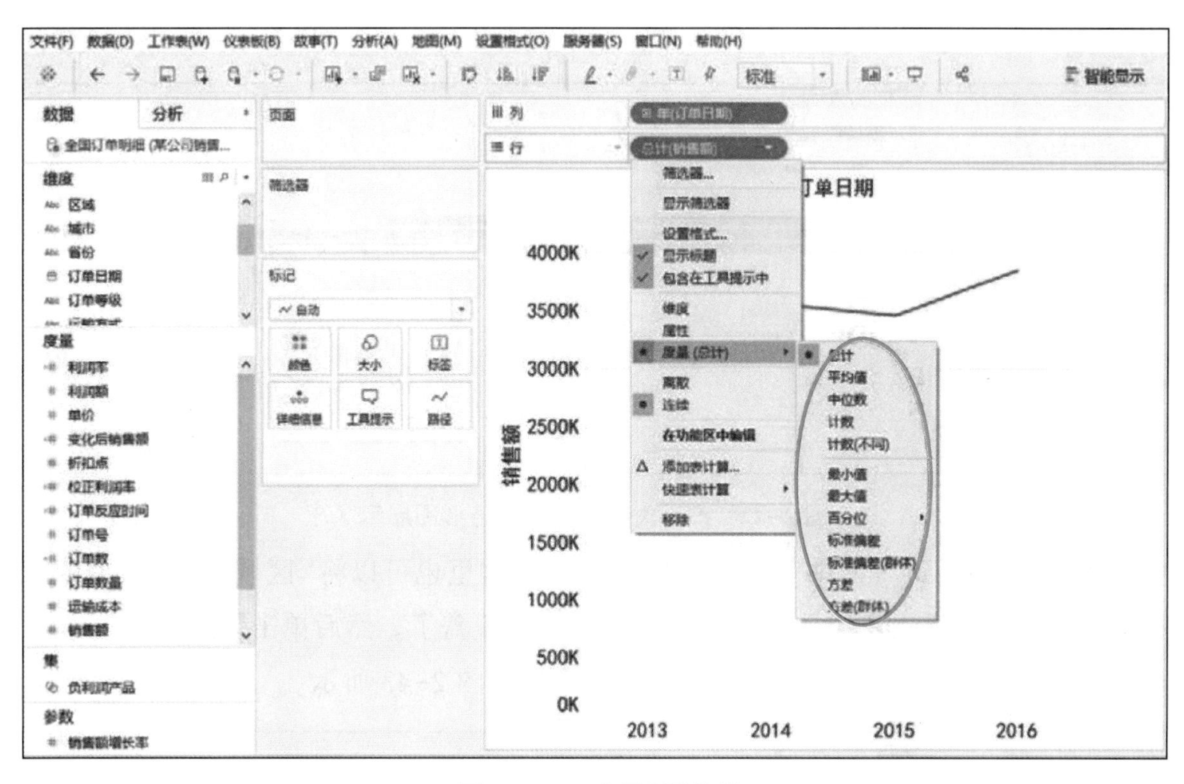

图 2-41 “度量”子菜单

任务 2.6 基本可视化图形

前面几个任务介绍了如何排序、分组、创建分层结构、设置参数、利用各种函数构造新字段。在学习了这些基本数据操作后，下面我们将学习如何用 Tableau 简单、快速地做出具有针对性、交互性、美观性的图表了，并将这些图表合并到一个或几个仪表板中，最后发布到服务器上。现实商业场景中，有权限的相关人员可以在第一时间掌握公司的经营情况。数据的可视化展示，能让用户迅速发掘隐藏在数据中的信息。那么，针对不同的数据，用什么样的图形来展示才更合适呢？下面我们就来学习如何用 Tableau 通过简单的双击、拖曳动作创建出既美观又直观的各种交互图。

步骤 1：条形图——产品销售额和利润额比较。

条形图是最常用的统计图表之一。通过条形图我们可以快速地对比各指标值的高低，尤其是当数据分为几个类别时，使用条形图会很有效，很容易发现各类别数据间的差异情况。

为了分析某公司各类产品的销量与利润情况，我们可以用条形图来展示其数据，然后做一个排序，最后将区域字段也添加到图中来。具体操作顺序如下。

① 连接到数据源，将“产品类别”和“销售额”分别拖曳至“行”、“列”轴上，然后单击工具栏中的【降序】按钮，结果如图 2-42 所示。

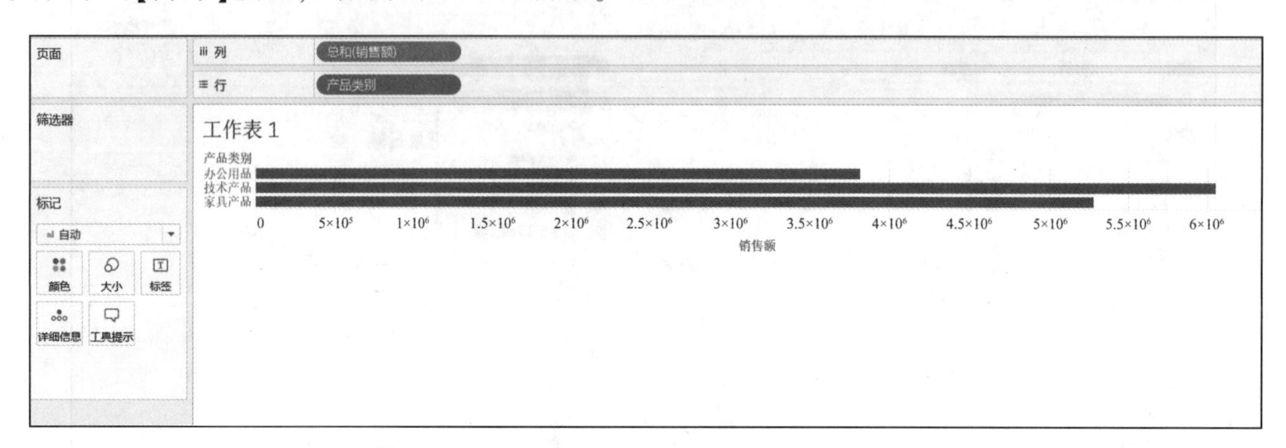

图 2-42　产品类别销售额的条形图展示

② 将“区域”拖曳到“行”中“产品类别”的右边。这里也可以将“区域”直接拖曳到图中纵轴产品的右边，不过要注意的是，不能把“产品类别”覆盖了。然后单击【降序】按钮，对各区域销售额也做一个排序。将视图改为全屏视图，结果如图 2-43 所示。

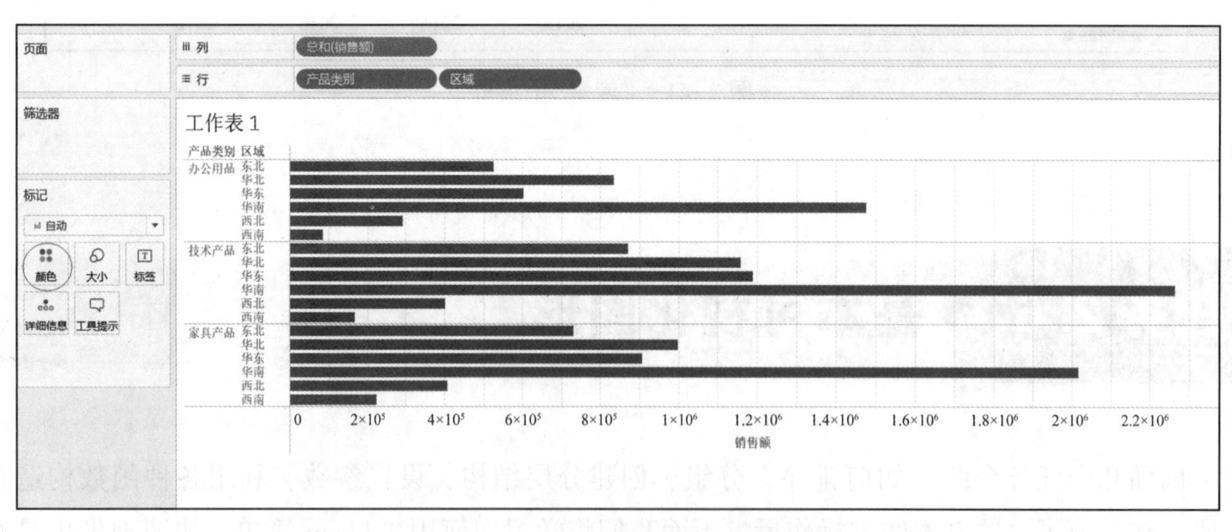

图 2-43　产品类别销售额的区域展示

③ 将“利润”直接拖曳至视图区，会发现 Tableau 自动将“利润”放到了颜色框中，双击“详细级别”下方的颜色图例框，将颜色设置为“橙色-蓝色发散”，并勾选“使用完整颜色范围”，也可以把“产品类别”“区域”筛选器显示出来，然后将工作表命名为“条形图”，结果如图 2-44 所示。我们可以发现，西南、东北区域销售的家具产品的销售额和利润上都不高，需要进一

步分析是什么原因导致的。

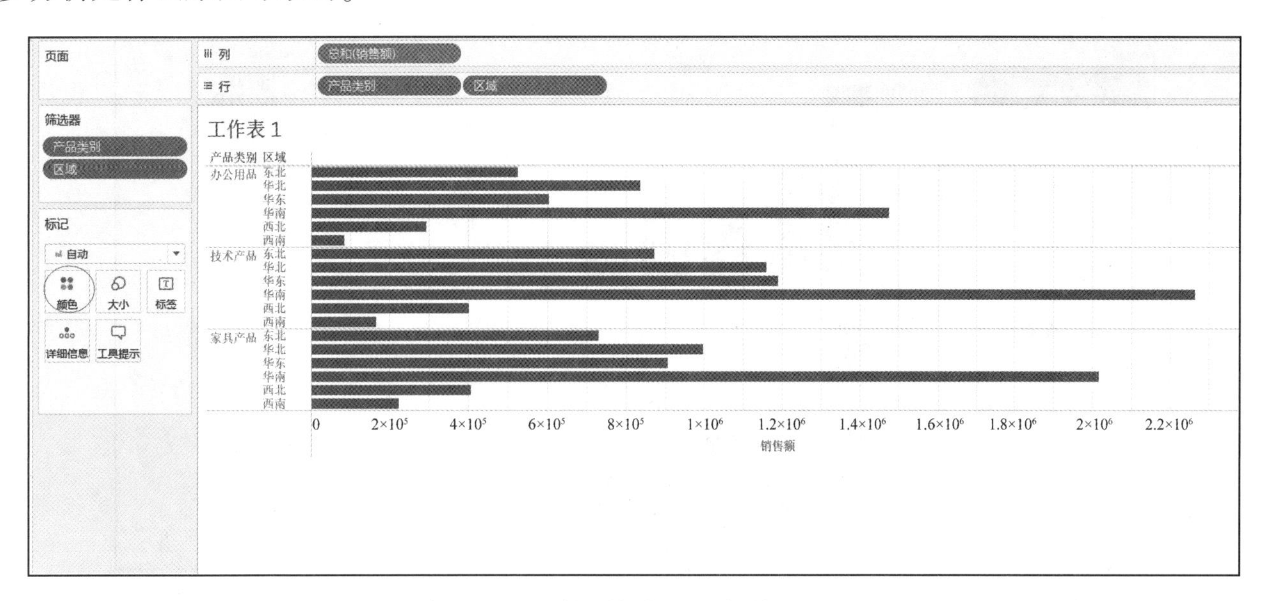

图 2-44　销售额与利润额的展示

④ 条形图并不一定要水平放置，若想让图 2-44 所示的条形图变成竖直的，只需单击工具栏上的【转置】按钮，则条形图立即转换为图 2-45 所示。

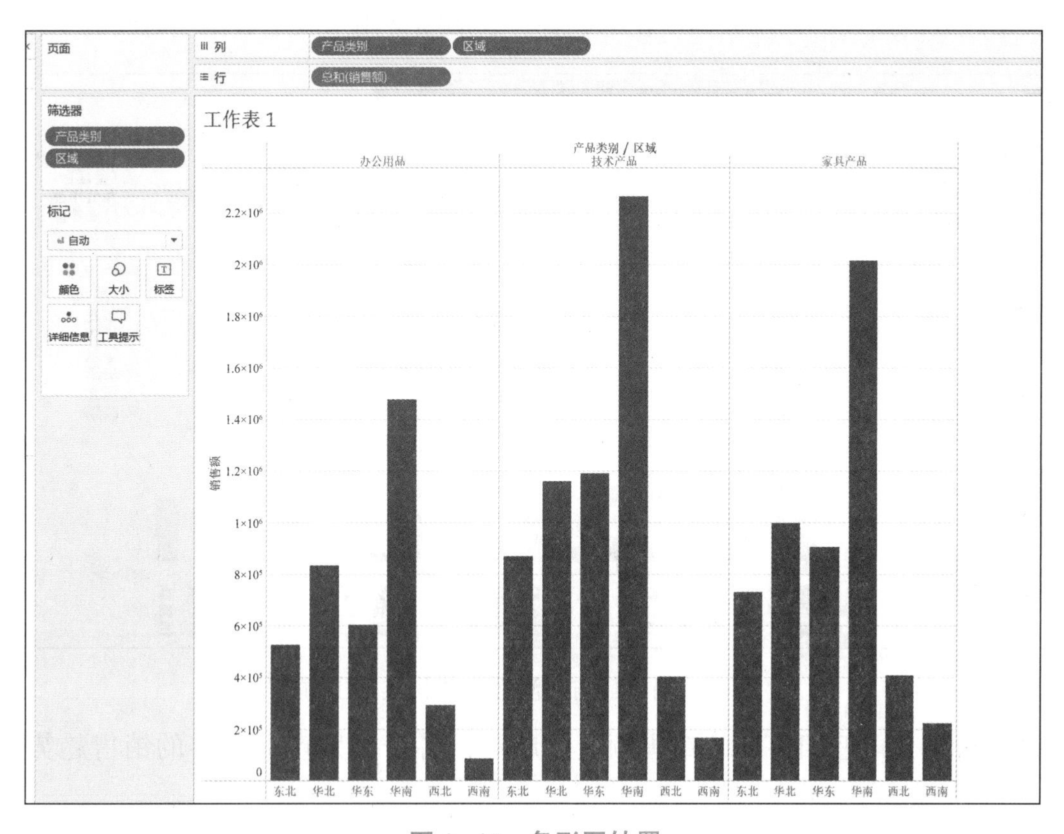

图 2-45　条形图转置

⑤ 条形图还有堆叠条形图和并排条形图这两种形式。单击【智能显示】按钮，在下拉菜单中可以看到这两种形式的图形。直接单击这两种图形，可以将图 2-44 所示条形图转换成相应形式，例如，单击“堆叠条”，则立即转换为图 2-46 所示，单击“并排条”则转换为图 2-47 所示。

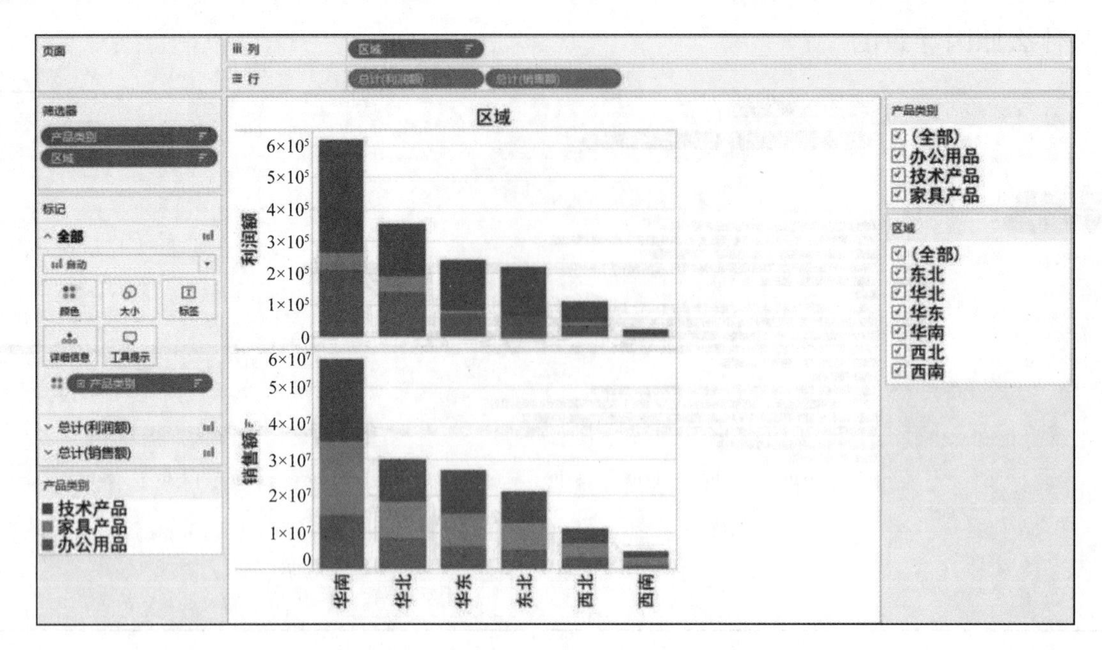

图 2-46　销售额与利润额的堆叠条形图展示

步骤 2：线形图——产品销售趋势观察。

线形图也是一种常用的统计图表。线形图可以将独立的数据点连接起来，通过线形图，我们可以在大量连续的点之中发现数据变化的趋势。线形图常用来展示数据随时间的变化趋势。

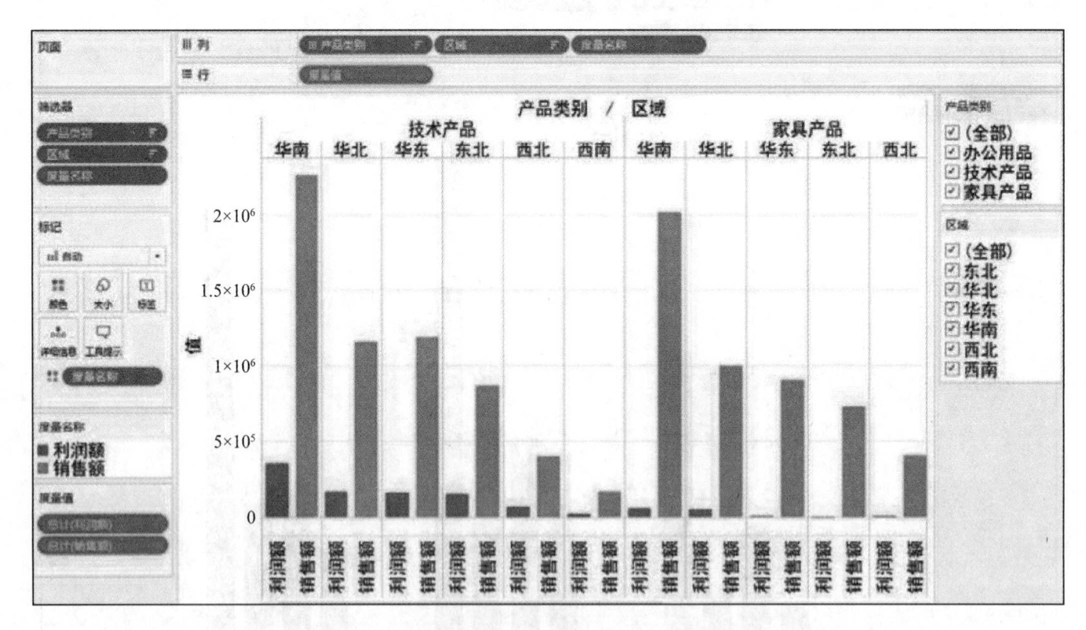

图 2-47　销售额与利润额的并排条形图展示

现在来分析某公司近四年来的销售额变化趋势，各个类别产品各年的销售趋势。操作顺序如下。

① 连接到数据源，按【Ctrl】键分别选中"订单日期"和"销售额"，单击【智能推荐】按钮，选择 Tableau 所推荐的线形图(图形边框为蓝色即是)。

② 选择列上的"订单日期"字段，单击鼠标右键选择连续的"月"(2015 年 5 月)。

③ 将"产品类别"拖曳至行上，并置于"销售额"左方。

④ 将"利润额"直接拖曳到视图中，然后将颜色调整为"橙色-蓝色发散"，并勾选"使用完

整颜色范围”，单击【确定】按钮。

⑤ 将工作表命名为“线形图”，并将“产品类别”筛选器显示出来，销售额与利润额随时间的变化情况线形图如图 2-48 所示。由图中可以看到，家具产品的利润不是很好，有好几个月都是负值，而且技术产品的销售额波动是比较大的。

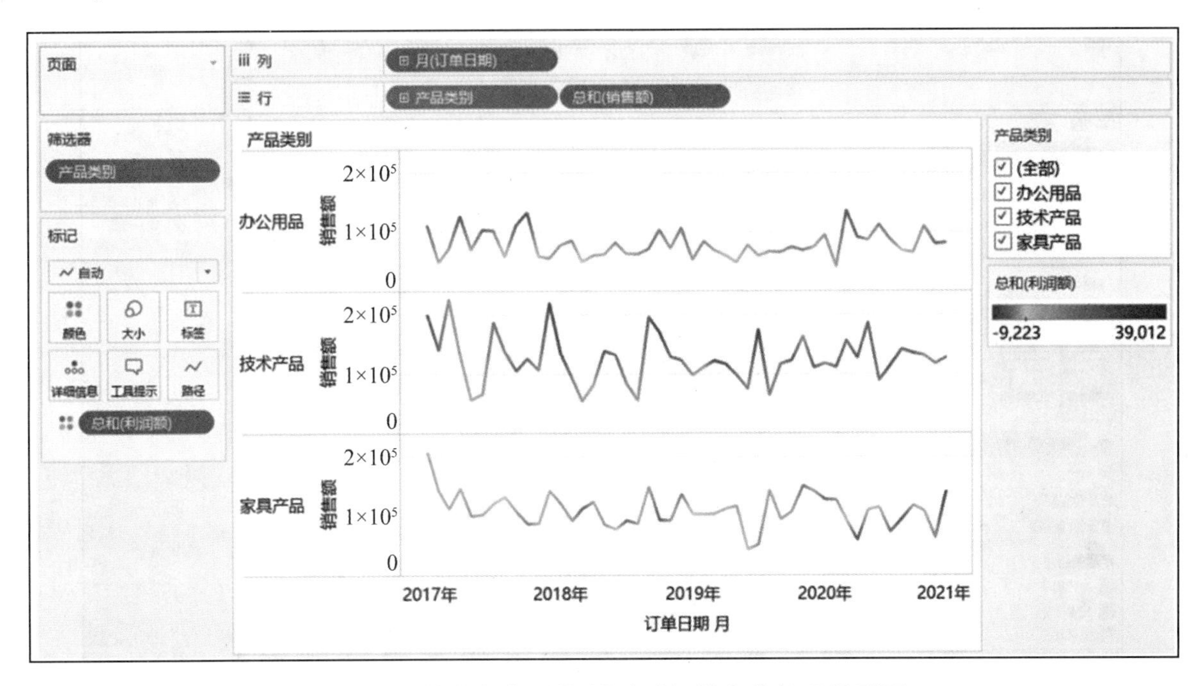

图 2-48　销售额与利润额随时间的变化情况线形图

在图 2-48 中有 3 条线，或许用面积图来对比 3 种产品的销售额与利润情况会更直观一些。面积图是线形图的一种表现形式，当视图中有两条及以上线条时，则可以考虑用面积图来表示了。单击【智能显示】按钮，在下拉菜单中找到“面积图”，可以看到 Tableau 提供了两种基本的面积图，一种是连续的，一种是离散的。单击其中的连续面积图，则图 2-48 转换为图 2-49 所示。

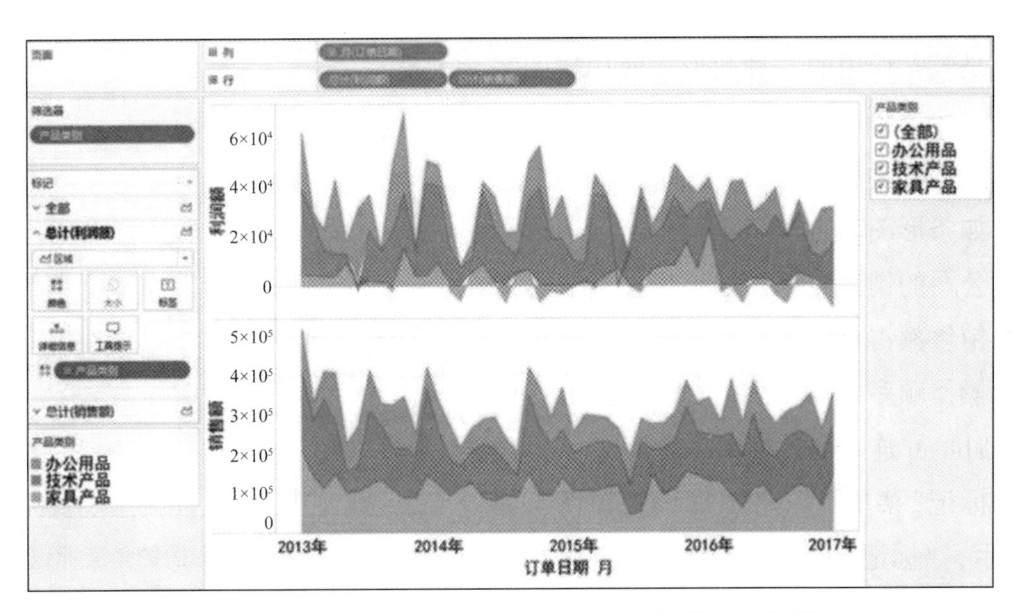

图 2-49　销售额与利润额随时间的变化情况面积图

从图 2-49 中可以看到，在利润上，家具产品是最少的，而且很多月份是负值。技术产品无论销售额还是利润都较高。如果单击“离散的区域图”，并将视图调整为全屏视图，则图 2-48 立即转换为图 2-50 所示。不同的地方是，图 2-50 中“列”在日期上的多了一个“季度”，因为刚才选择的是离散面积图，所以 Tableau 就自动把“季度”钻取出来了。

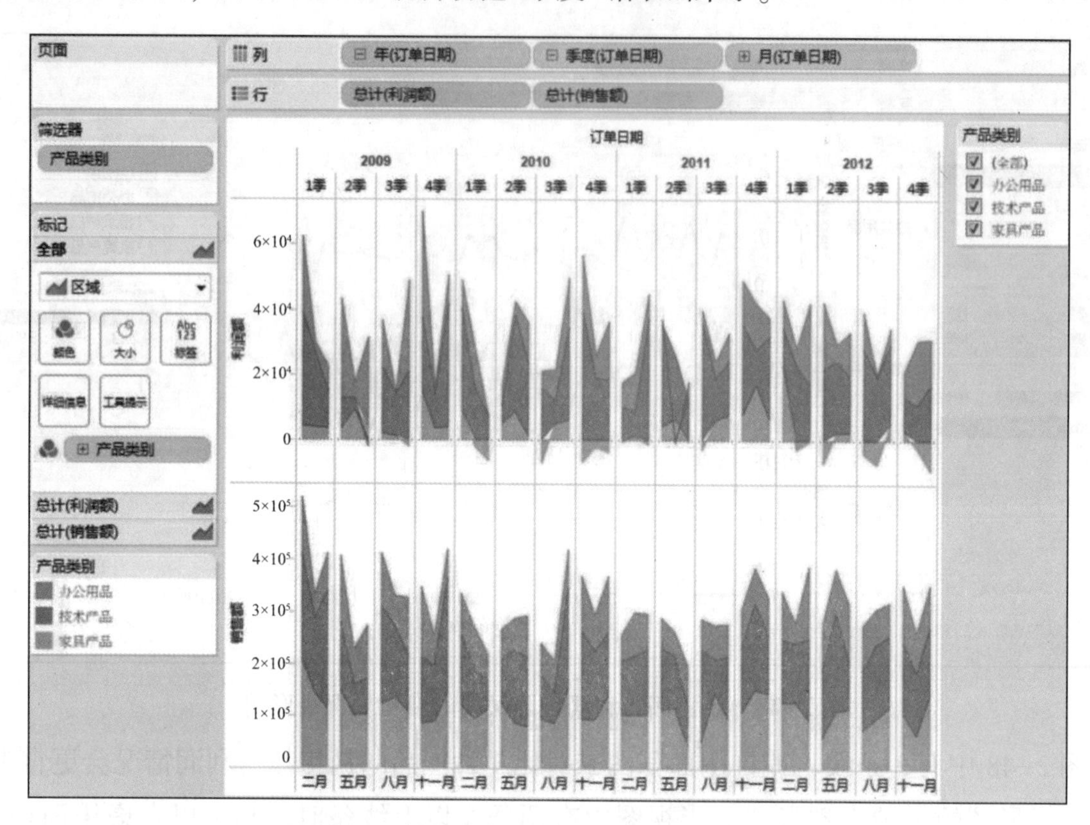

图 2-50　销售额与利润额随时间的变化情况

步骤 3：饼图——产品销售额类别结构。

饼图也是一种常用的统计图表，一般用来展示相对比例或百分比情况，但它却被很多人错误地使用了，是较常误用的一种图形。使用饼图需要注意的是，分类最多不要超过 6 类。如果超过 6 类，整体看起来会非常拥挤，这时就需要考虑其他图形，如条形图。

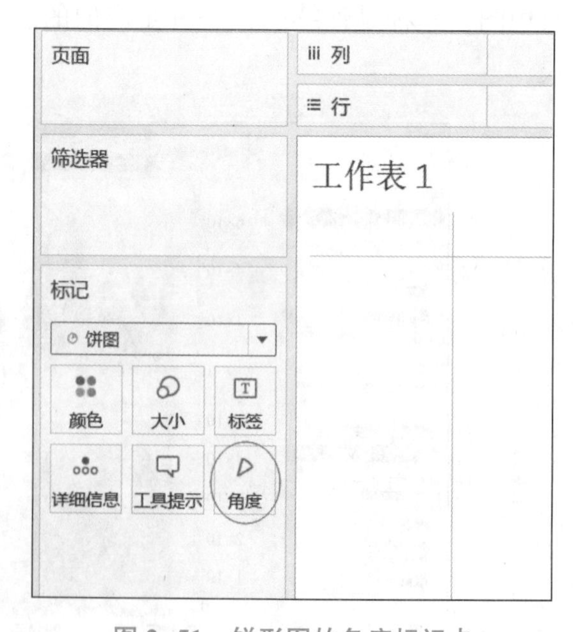

图 2-51　饼形图的角度标记卡

对于某公司的销售数据，如果想大致观察每种类别产品销售额占总体的百分比情况，则可以选择饼图。操作顺序如下。

① 将 Tableau 连接到数据源。

② 在“标记”菜单下，将图形设为饼图，如图 2-51 所示，“标记”下多了一个“角度”框。

③ 将“产品类别”拖曳至“颜色”菜单框内。

④ 将“销售额”拖曳至“角度”菜单框内。

⑤ 单击工具栏中的“Abc”以显示数据标签。

⑥ 将视图调整为“整个视图”，最后结果如图 2-52 所示。

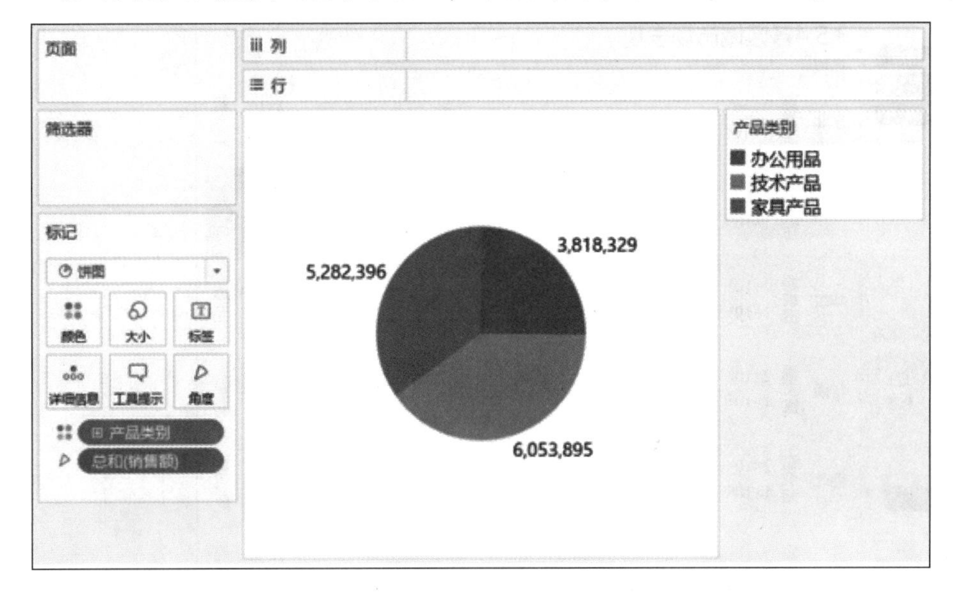

如何在 Tableau 中制作饼图

图 2-52 产品类别销售额的饼图视图

步骤 4：复合图——对比销售额和净利润。

复合图的意思是，在一张视图里用几种不同的图形来展示数据。比如，在分析某公司近几年各个区域的销售情况时，销售额用线条来表示，而利润额用条形图来表示。具体操作顺序如下。

① 连接到数据源后，将“订单日期”拖曳至列上，并将日期格式设置为连续的“月”。

② 将“销售额”拖曳至行。

③ 将“利润额”拖曳至行，并置于“销售额”右侧，在“利润”上单击鼠标右键，在弹出的快捷菜单中选择“双轴”命令，或者直接将“利润额”拖曳至视图中最右边。

④ 在“利润额”轴单击鼠标右键，弹出快捷菜单，将鼠标指针移至“标记类型”，在显示的子菜单中选择“条形图”。

⑤ 在“利润额”轴单击鼠标右键，弹出快捷菜单，选择“将标记移至底层”，并将条形图的宽度调至适当大小，选择全屏视图。

⑥ 在“销售额”轴单击鼠标右键，弹出快捷菜单，将鼠标指针移至“标记类型”，在显示的子菜单中选择“线”。

⑦ 将“区域”拖曳至行，并置于“销售额”左边。

复合图结果如图 2-53 所示。可以发现，相对来说，西北、西南两个区域的销售额和利润几年来都处于低位，需要进一步分析到底是什么原因导致的。

对于在一个视图中同时使用两种或两种以上的图形来展示数据的情形，这里不再做过多介绍，原理都是一样的。

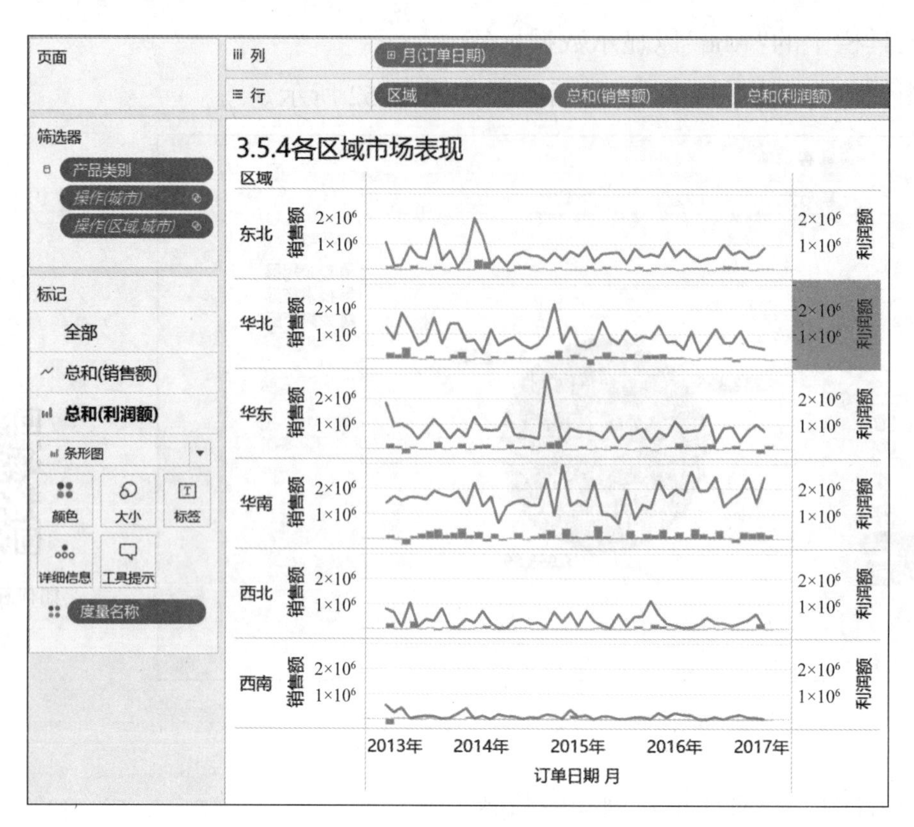

图 2-53　复合图

步骤 5：嵌套条形图——比较各类产品不同年度销售额。

当评价某个维度需要用另外一个维度时，或者要用两个度量来衡量一个维度，并且两个度量使用相同的刻度，同时又不希望用堆叠条形图，那么嵌套条形图就是一个非常好的选择。比如要观察 2013 年、2014 年各个产品子类别的销售情况，但不想用堆叠条形图，则就可以按下面的顺序操作。

① 连接到数据源后，利用公式编辑器构造两个新的字段，分别如下。

[2013 年销量]：IF YEAR([订单日期])= 2013 THEN[销售额]END。

[2014 年销量]：IF YEAR([订单日期])= 2014 THEN[销售额]END。

② 将“2013 年销量”拖曳至“行”上，“产品子类别”拖曳至“列”上。

③ 将“2014 年销量”直接拖曳至“2013 年销量”所在的纵轴上，这时会出现“度量名称”和“度量值”，无须处理。

④ 将列上的“度量名称”拖曳至“颜色”框中，这时即变成了堆叠条形图，如图 2-54 所示，但不是你想看到的。

⑤ 为了不让条形图重叠，需要把代表 2013 年和 2014 年的两个条形柱大小区分开。按【Ctrl】键，选中“度量名称”，将其拖曳至“大小”框内，这时图形变为图 2-55 所示嵌套条形图。

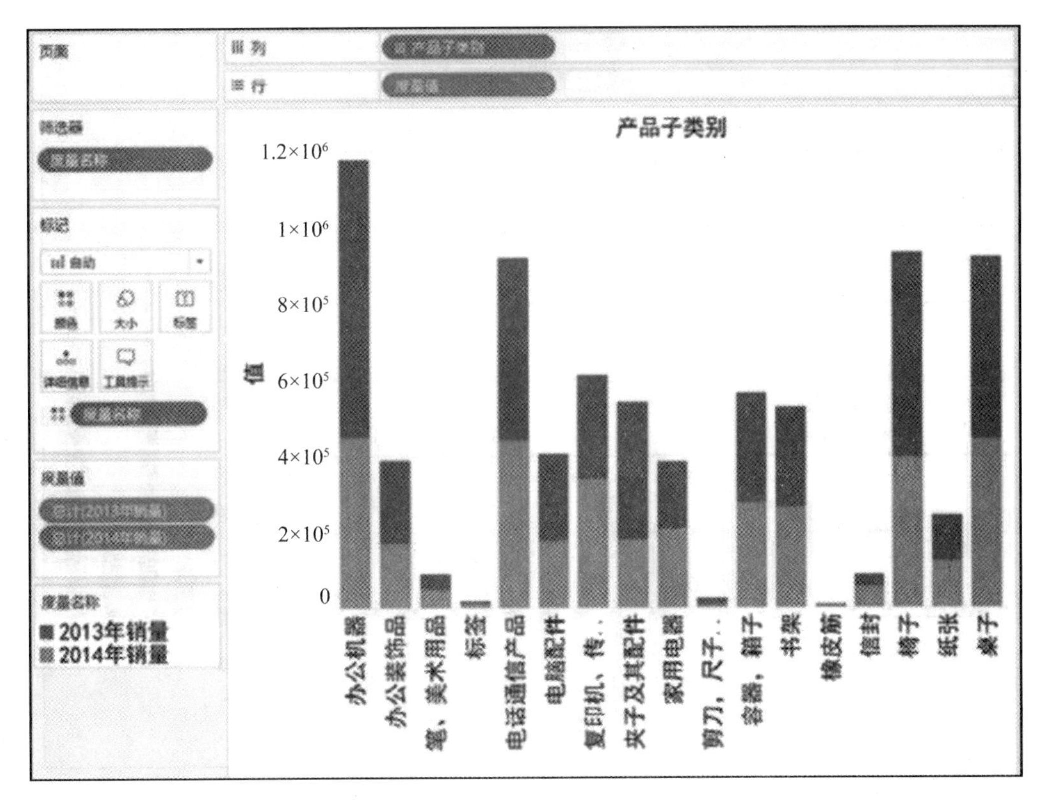

图 2-54　堆叠条形图

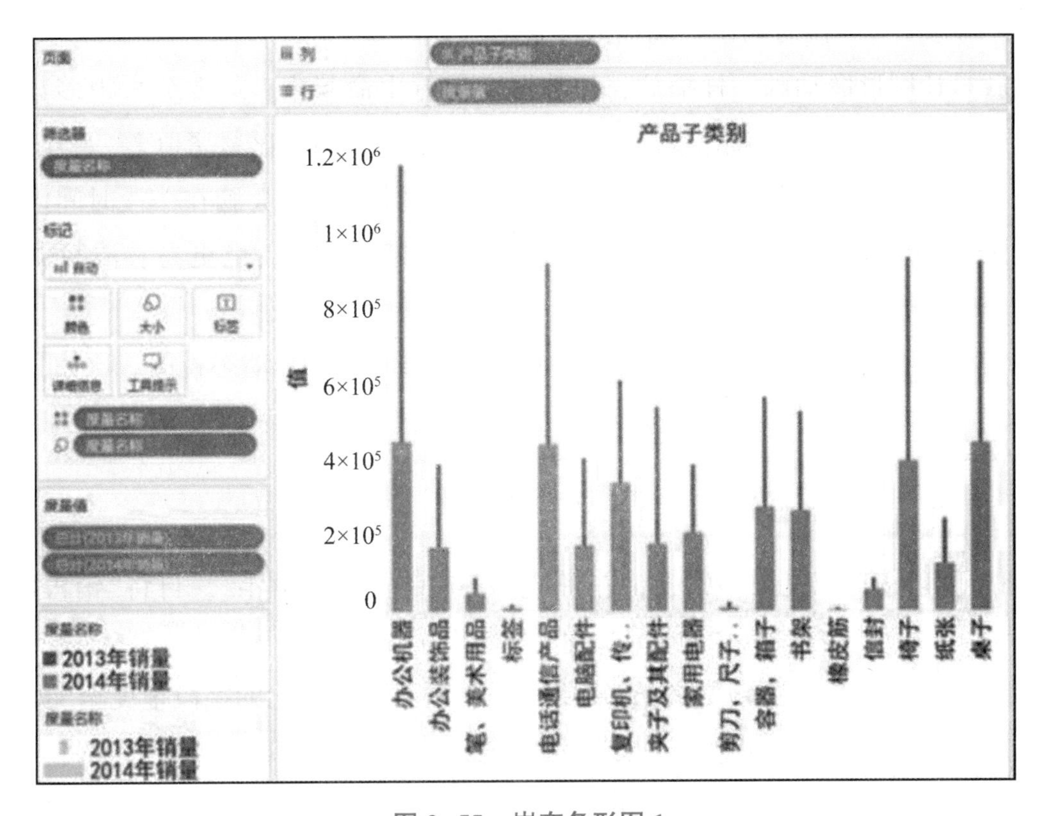

图 2-55　嵌套条形图 1

⑥ 在菜单栏中单击“分析”，弹出下拉菜单，将“堆叠标记”设置为“关”。

结果如图 2-56 所示。将工作表命名为“嵌套条形图 2”，保存工作簿。从图中可以发现，2013 年各产品子类别的销量基本都比 2014 年好。

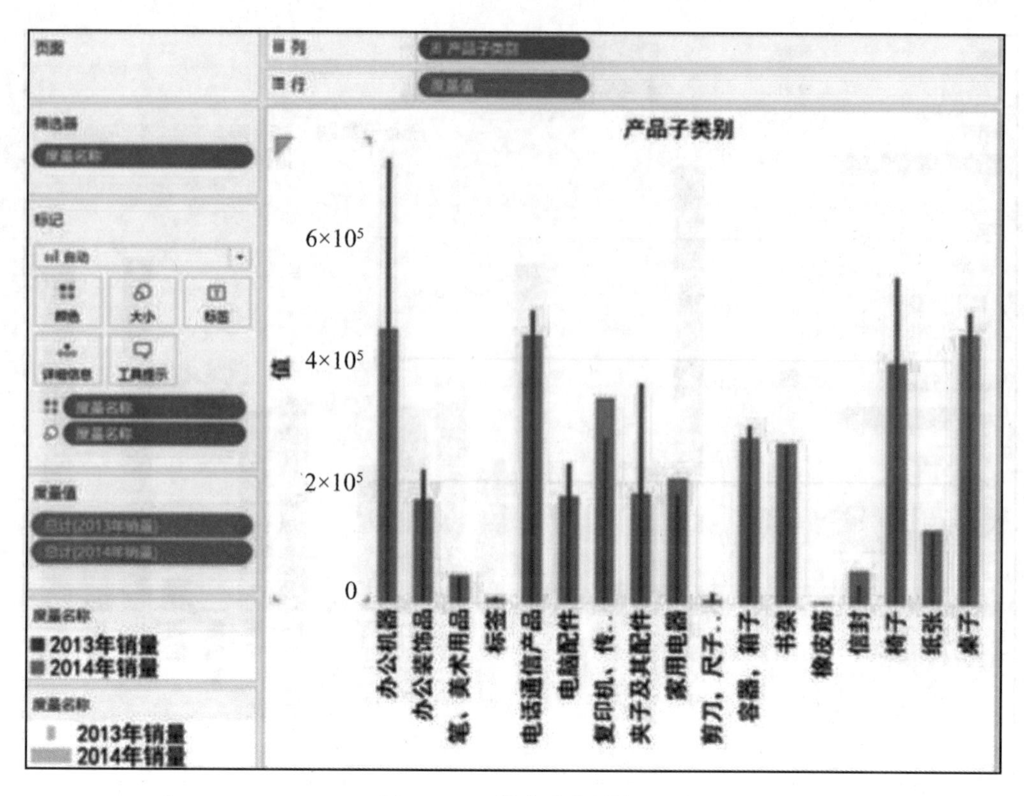

图 2-56　嵌套条形图 2

步骤 6：动态图——按时间动态观察销售变化。

动态图就是让图形像动画一样播放，让数据变得有生命起来。如要分析很多数据点之间的相关性，则使用动态图功能来观察一系列视图的连续变化，会比紧紧盯着一整幅视图去分析更有效。当把一个视图分解成"一页一页"时，可以让读图者的大脑在一段时间内连续吸收"一小段一小段"的信息，这样就提高了识别模式与趋势的能力，也更易看清数据点之间的关联。

下面我们将学习如何使用"分页"框(即分页功能)来创建一个动态视图。比如，想动态地观察某公司这几年内的销量和利润的变化情况，并对比销量和利润的变化趋势，具体操作顺序如下。

① 连接到数据源。

② 先将"订单日期"拖曳至"列"上，并将日期格式设置为"月/年"。再将"销售额"拖曳至"行"。接着将"利润额"也拖曳至"行"，并置于"销售额"右侧。

③ 在 Tableau 中使用动态播放功能，需要将视图基于某个变化的字段拖曳至"页面"框中。将一个维度放至"页面"框中，相当于为这个维度里的每个成员新增添了一行；将一个度量放进"页面"框中，则这个度量变为一个离散型的度量。

④ 按住【Ctrl】键，将列上的"月(订单日期)"拖曳至"页面"框中。这时"页面"下方就多出一个播放菜单，原来视图区的曲线图也只在初始日期处显示一个点，如图 2-57 所示。对于 Tableau 中的"页面"(即分页功能)的播放操作，有以下 3 种方式。第一种方式：直接跳到某一特定的"页"。这里相当于直接跳到某个日期。如图 2-57 所示，单击"月(订单日期)"下拉菜

单按钮，可以直接选择某个时间，则立即跳至该日期的视图。第二种方式：手动调整播放进度。在图 2-58 中，可以看到下拉菜单按钮两边有“后退”和“前进”按钮，单击它们，即相当于向后或向前翻一页；还可以用日期下方的滑动条，手动将视图滑至某一页；此外，还可以使用功能键或组合键来进行“翻页”，其翻页功能如下。

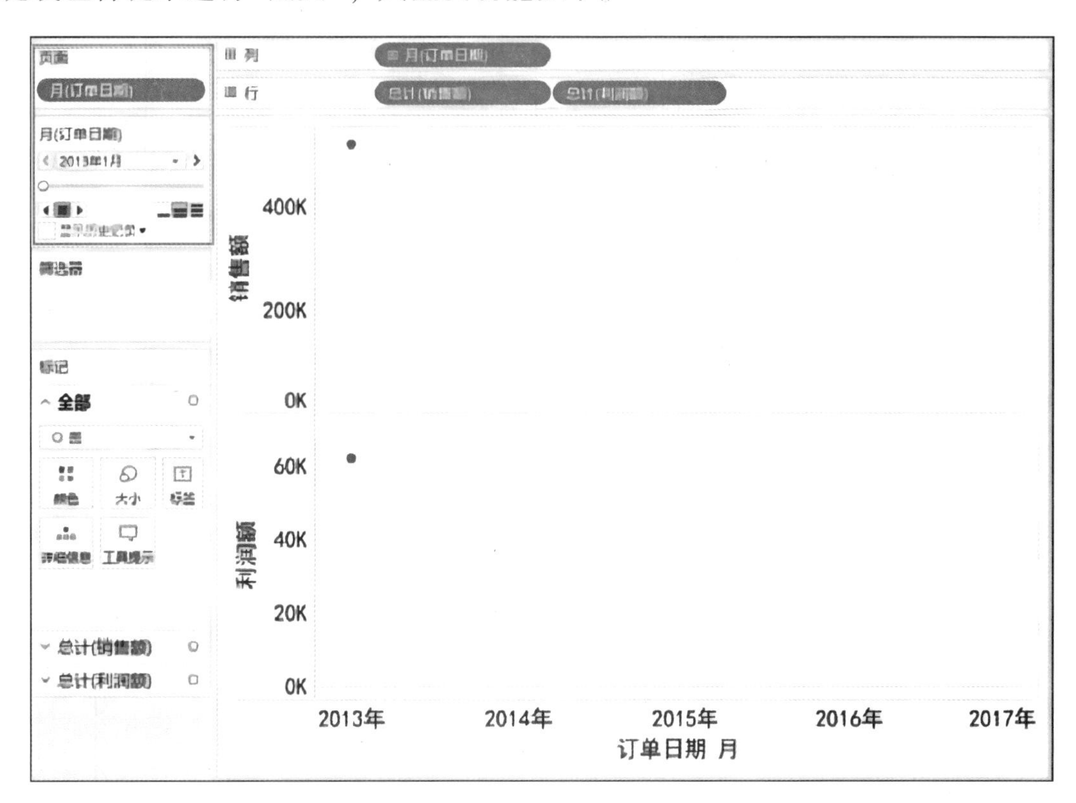

图 2-57　页面功能区

- 【F4】：停止/开始向前翻页。
- 【Shift+F4】：停止/开始向后翻页。
- 【Ctrl+. 】：向前翻一页。
- 【Ctrl+, 】：向后翻一页。

第三种方式：自动翻页。在图 2-57 中可以看到一组按钮，左边第一个和第三个按钮翻页按钮，分别为向前翻页和向后翻页，单击其中某个即可实现向前或向后翻页，第二个按钮是暂停按钮。右边按钮则是用来调节翻页速度的。

在播放按钮下方，还有一个“显示历史记录”的复选框及下拉菜单。勾选“显示历史记录”，则在翻页时会显示历史记录；单击其下拉菜单，出现如图 2-59 所示子菜单，在其中可以对如何展示历史记录进行设置。这里不对这个子菜单做详细介绍。

⑤ 将“标记”处的图标改为“圆圈”，这样可以更好地显示历史记录变化踪迹。

⑥ 单击“显示历史记录”，在子菜单中，将“标记以显示以下内容的历史记录”设为“全部”，将“长度”也设为“全部”，将“显示”设为“轨迹”。将工作表命名为“动态图”，保存工作簿。

⑦ 单击“向前播放”按钮，观察销售额和利润的动态变化趋势。

由播放过程可以看到，利润额和销售额的变化步调几乎是一样的，如图 2-60 所示。

图 2-58　选择时间

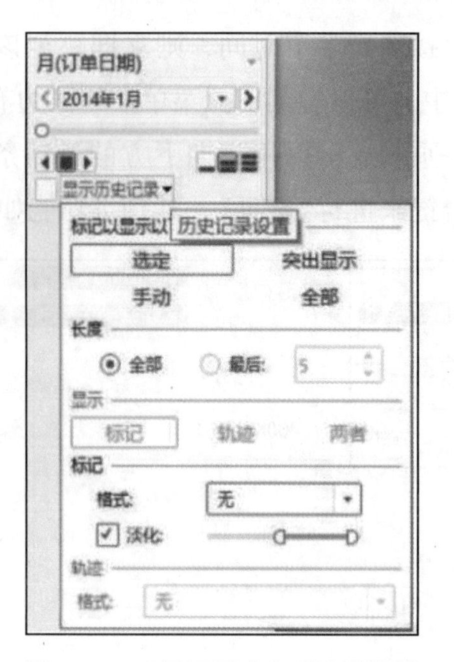

图 2-59　“显示历史记录”的设置

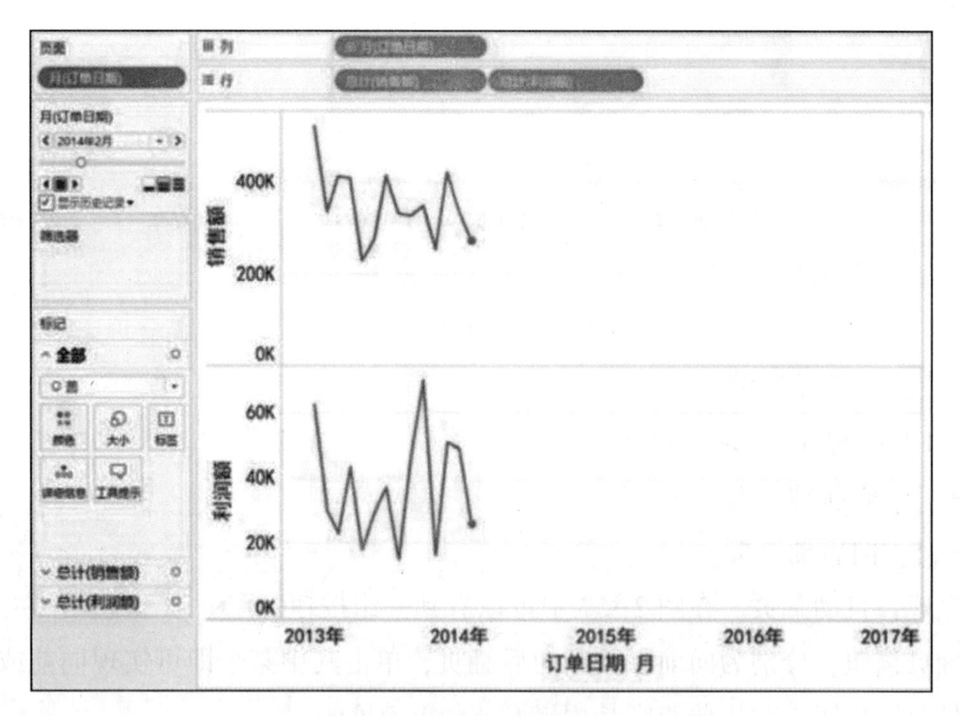

图 2-60　动态播放截图

至此，动态图的制作和播放操作就介绍完了，这里只是简单地表现了销售额和利润随时间的动态变化。我们可以根据数据和业务性质，做出更具针对性的动态图，以发现数据中隐藏的信息。

步骤 7：热图——从颜色观察销售状况。

热图可以迅速地将纷繁的数据交叉表转变为生动、直观的可视图。通常，靠浏览各行各列的数据来发现表中某些信息(如最大值、最小值)会非常的吃力，因为这要求浏览者记住所有浏览过的数据，并将其做对比。而使用热图，将数据用颜色或者形状的大小来表示，则极大地简化了上述过程。以某公司销售数据为例，分析该公司三大产品中哪类产品在全国哪个省的销售额或利润最大。若要从一般的数据交叉表(图 2-61)中快速找出来，这几乎是不可能的，因为人的大脑只能同时集中在一小部分数据上。即使用条形图来展示，要迅速找出目标也相当费力。然而，若使用热图来展示数据交叉表，就可以迅速发现哪类产品在哪个省的销售额最大、哪类产品利润最大。在 Tableau 中，将数据交叉表转化为热图的操作顺序如下。

	产品类别					
	办公用品		技术产品		家具产品	
省份	利润额	销售额	利润额	销售额	利润额	销售额
安徽	19,127	114,610	24,741	240,291	903	156,808
北京	42,559	181,312	27,856	256,406	17,595	193,882
福建	8,500	64,670	9,442	50,092	1,670	40,621
甘肃	21,932	128,469	32,945	200,319	5,248	196,637
广东	71,490	593,736	174,056	1,106,759	25,477	761,842
广西	54,589	391,379	84,438	510,676	16,302	501,376
贵州	2,390	25,916	-4,809	32,776	-13,989	73,764
海南	42,009	205,065	46,642	241,688	-3,381	277,978
河北	22,813	117,348	16,636	99,763	-259	106,128
河南	20,205	163,244	16,935	197,699	17,609	234,289
黑龙江	18,202	141,515	17,055	162,101	-5,825	185,899
湖北	12,456	69,585	26,304	137,895	284	173,441
湖南	6,967	53,423	4,987	70,145	-299	67,485
吉林	8,297	96,033	37,620	245,917	-5,878	176,326
江西	3,575	37,439	-3,554	63,024	2,182	42,788
辽宁	40,855	287,520	95,855	462,686	3,556	367,954
内蒙古	34,668	212,015	65,867	419,612	3,426	269,610
宁夏	-123	53,526	5,561	40,985	6,137	78,175
青海	-32	2,059	8,310	20,008	149	5,177
山东	-681	38,299	20,638	150,679	8,775	127,262
山西	16,894	169,650	36,794	251,304	24,664	284,810
陕西	13,019	84,856	5,936	68,119	-1,523	89,901
上海	-633	38,545	17,298	62,983	-670	49,331
四川	441	16,261	4,403	56,774	1,057	52,850
天津	23,580	154,677	15,983	132,712	3,861	144,592
西藏	275	8,868	4,177	18,708	1,468	12,369
新疆	-474	24,690	12,337	72,606	166	37,514

图 2-61　数据交叉表

① 分别双击“产品类别”“省份”“销售额”。

② 单击【智能显示】按钮，从中选择“压力图”，这时“销售额”从“文本”框内转到“大小”框内了，将其拖曳至“颜色”框内。

③ 将“颜色图例”设置为“橙色-蓝色发散”。这时，形成的“压力图”视图如图 2-62 所示。

④ 单击工具栏中的【转置】按钮将轴转置一下，并将视图从“普通”调为“适应高度”。从生成的热图中马上可以看出，广东、广西、辽宁的技术产品、办公用品的销售额相对较大。

⑤ 将“利润额”拖曳至“大小”框内，结果如图 2-63 所示。将工作表命名为“热图”，保存

工作簿。

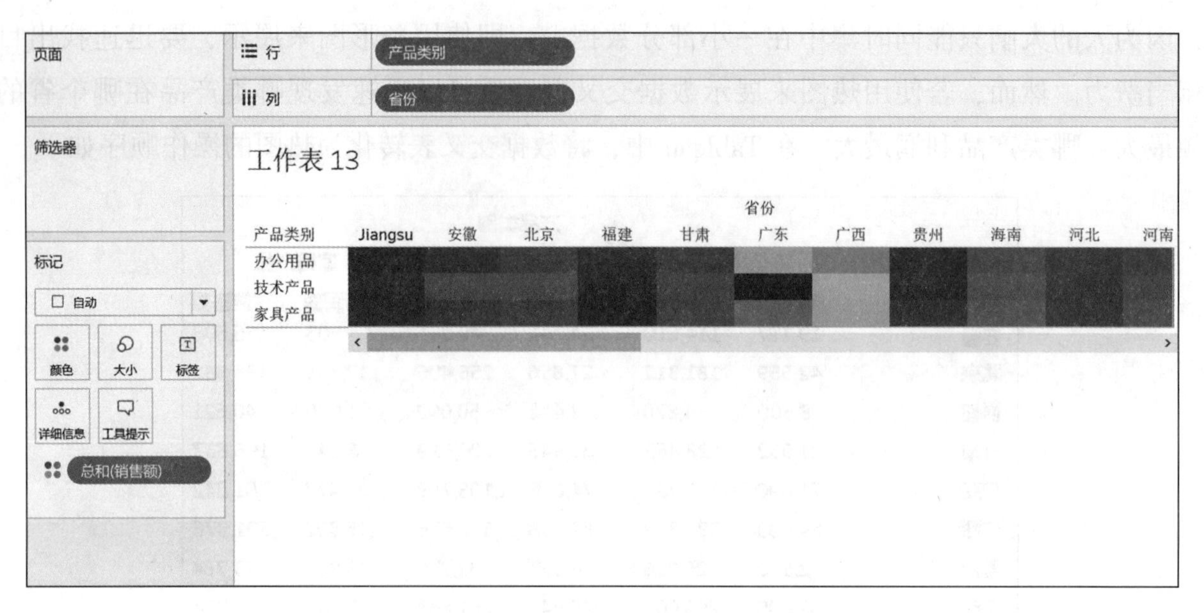

图 2-62 压力图

从图 2-63 中可以发现，销售额高且利润最好的是在广东销售的技术产品。这就是热图的作用，让人们得以迅速从拥挤的数据交叉表中发现信息。如果这里对销售额进行排序，那么我们可以更容易辨别哪类产品在哪个省的销售额最高。另外，我们还可以钻取产品类别到产品子类别甚至产品名称，以详细观察每款产品在每个省的销量和利润情况。

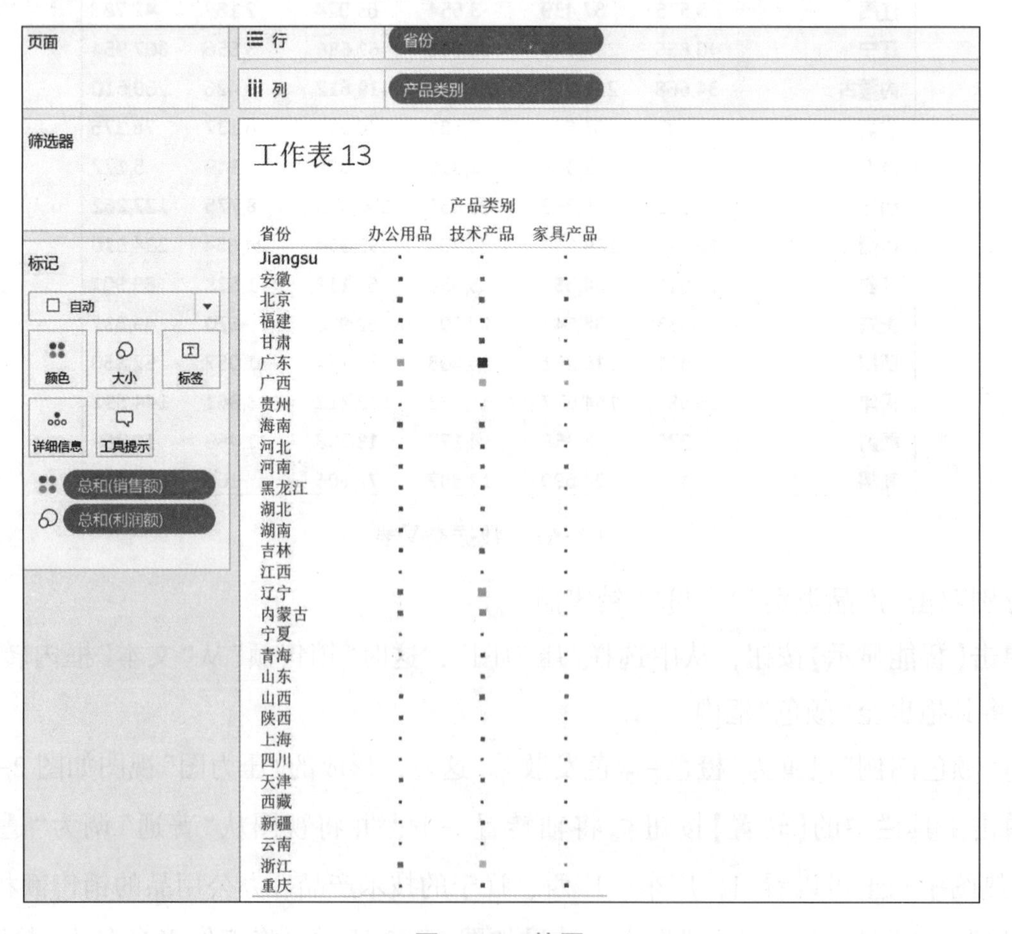

图 2-63 热图

总之，如果需要对比多组数据在一个或两个度量上的值，那么使用热图无疑是很好的选择。在上面的热图案例中，除了使用不同的颜色，还使用四方形的大小来区分利润的大小。在热图中，用户还可以尝试使用除四方形以外的图标，这样或许会让数据更生动有力。

步骤 8：突显表——从颜色和数值同时观察地区销售模式。

突出显示表(简称突显表)是热图的延伸。突显表除了用颜色来区分数据外，还在每个色块上添加了数据，以提供更详细的信息。以热图案例为例，我们来看一下如果使用突显表来展示三种大的产品类别在各个省份的销售额是怎样的。具体操作顺序如下。

① 分别双击“产品类别”“省份”“销售额”。

② 单击【智能显示】按钮，从中选择“突出显示表”。

结果如图 2-64 所示，将图形转置一下，并将颜色设置为“橙色-蓝色发散”，命名工作表为“突显表”，保存工作簿，结果如图 2-65 所示。从图中很容易发现，在广东销售的技术产品的销售额最高，为 1,106,759 元。

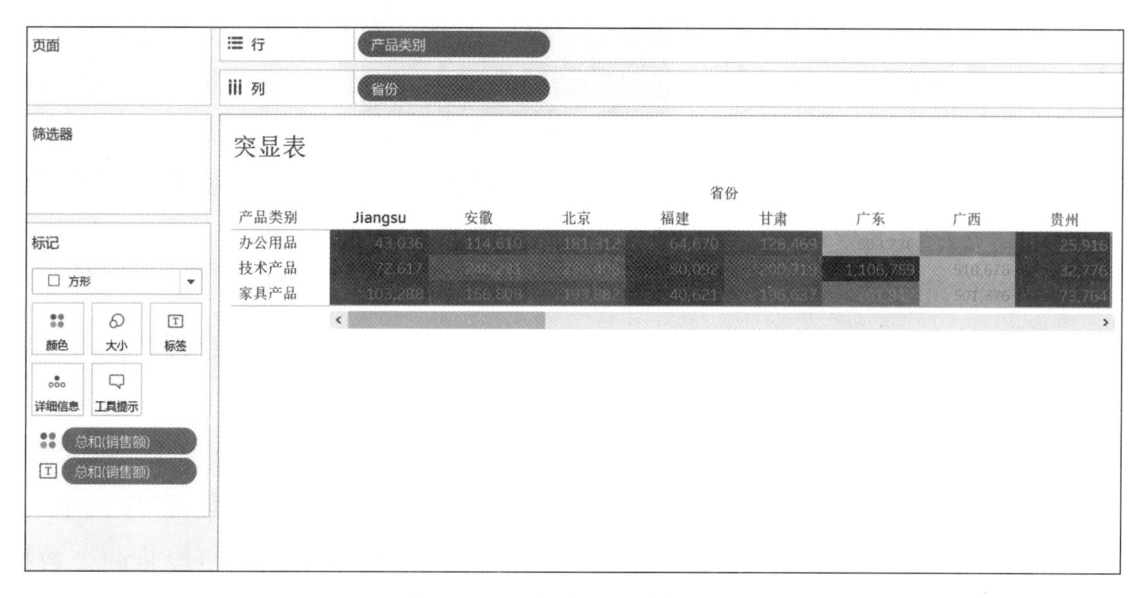

图 2-64 突出显示表视图 1

突显表是在热图的基础上添加了原始数据的值，这样使得信息更详细。通过突显表，用户不仅可以迅速发现多组数据在某个维度上的关键点，而且可以立即知道该关键点的值。可以将“利润额”拖曳至“标签”处，将“销售额”覆盖，使得热图中显示的标签值为利润额，但这样做没有多大的意义。因为突显表需要图中的每个颜色框大小都相等，所以不宜再将某个度量放至“大小”框内。因此，选择用热图还是突显表，应视具体情况而定。

步骤 9：散点图——观察销售额和运输费用对应情况。

散点图通常用在需要分析不同字段间是否存在某种关系时，例分析各类产品的销售额和运送到目的地的费用情况。通过散点图，我们可以有效地发现数据的某种趋势、集中度及其中的异常值，进而确定下一步应重点分析哪方面的数据或情况。

现在我们来分析一下，各类产品的销售额与运输费之间是否存在某种关系。这里要用到两个不同的数据源，操作顺序如下。

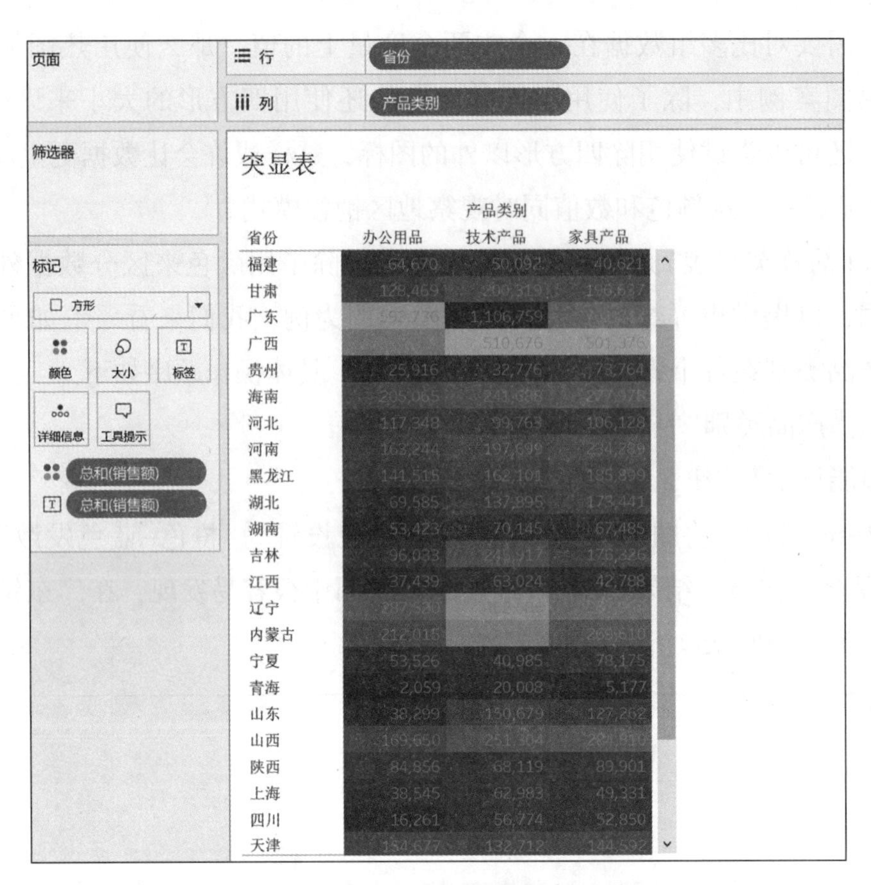

图 2-65　突出显示表视图 2

① 连接到某公司的销售数据，分别双击“顾客姓名”和“销售额”。

这时看到的是每位顾客的购买金额。为了分析销售额与运输费之间的关系，需要用到另外一张物流订单的数据。

② 连接到数据源“物流订单数据”。要将数据源切换到“物流订单数据”，只需在“数据”列表框内用鼠标选中“物流订单数据”。仔细看一下，我们会发现“物流订单数据”字段中“顾客姓名”右侧有个【 】图标，这表明 Tableau 已通过“顾客姓名”这个相同的字段将两个数据源融合了。因为第一个数据源中的“顾客姓名”已用到视图中了，这时就可以在同一张视图中使用“物流订单数据”中的字段。

③ 双击“运输费用”，在【智能显示】按钮下拉菜单中选择“散点图”。

将工作表命名为“散点图”，保存工作簿，结果如图 2-66 所示。我们很容易发现，销售额和运输费之间有较明显的线性关系。另外，也可以看到有一些比较突出的点，如右上角和右下角。

④ 为了验证销售额与运输费之间是否有线性关系，我们可以添加一条趋势线。在视图区单击鼠标右键，在弹出的快捷菜单中选择“趋势线”—“编辑趋势线”命令，在弹出的对话框中取消“显示置信区间”复选框的选中状态，结果如图 2-67 所示。将鼠标指针移至图 2-67 的趋势线时，会显示其线性方程及 P 值①，可以看到线性关系很明显。选中视图中的“趋势线”，单击鼠标右键，在弹出的快捷菜单中选择“描述趋势线”或“描述趋势模型”命令，可以看该线性

① P，统计学概念，一般通过观察 P 值与 0.05 的大小判断原假设的正确性。

方程的模型。

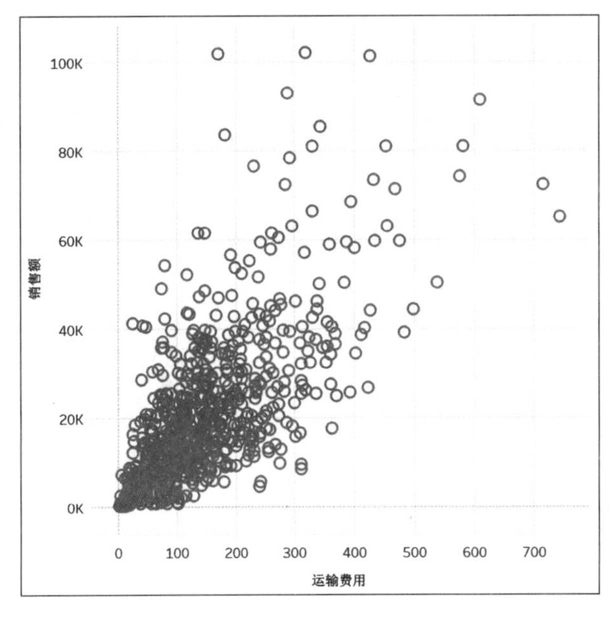

图 2-66　散点图

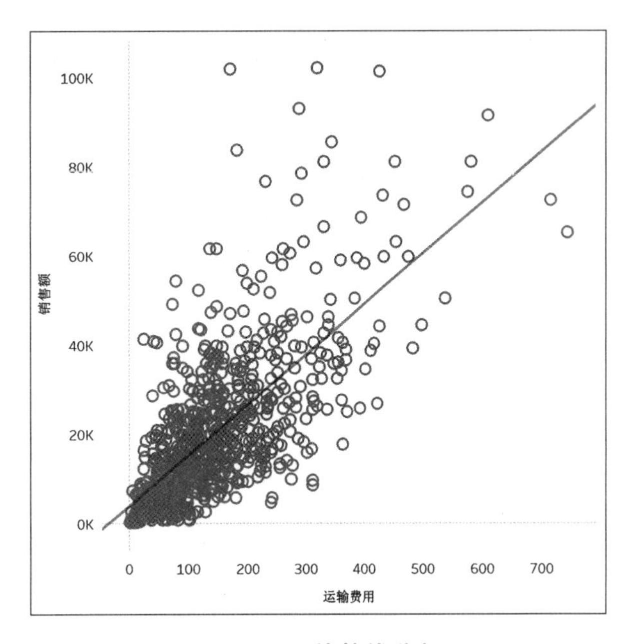

图 2-67　趋势线分析

⑤ 为了能够着重分析某些点，我们可以对该点进行注释。选中该点，单击鼠标右键，在弹出的快捷菜单中选择“添加注释”—“点”命令，弹出对话框，输入注释文字，结果如图 2-68 所示。我们查看该顾客的详细订单钻取到的底层详细数据会发现，该顾客的订单多为技术产品和办公用品，只有一个订单是家具产品，而家具产品的运费才是最高的。

⑥ 我们还可以查看每种类别的产品其销售额和运费之间的线性关系。切换到“某公司销售数据”，将“产品类别”拖曳至“颜色”框内，则图中出现了 3 条趋势线，如图 2-69 所示。无须再为每种产品类别手动添加一条趋势线，因为之前添加过一条趋势线，这里 Tableau 会自动为另外两种产品添加趋势线。

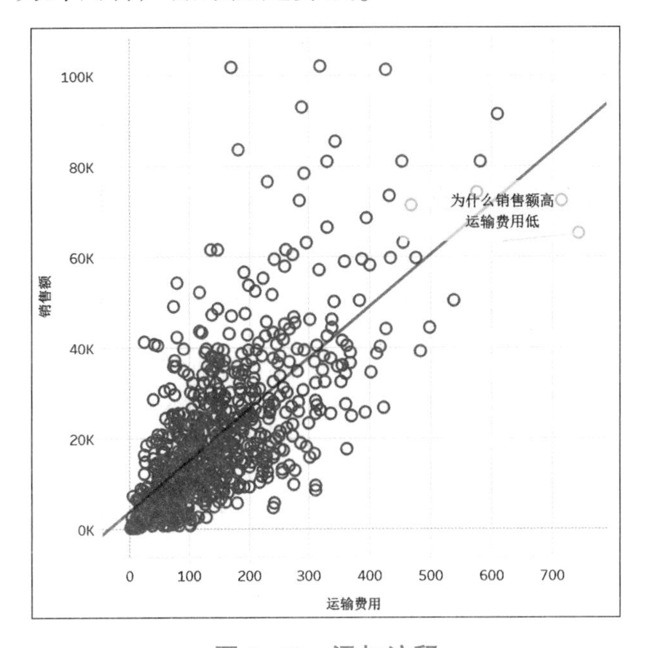

图 2-68　添加注释

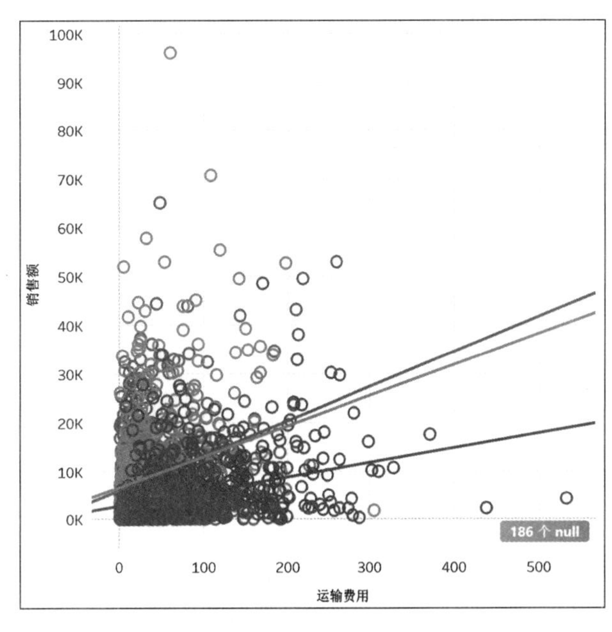

图 2-69　各产品类别的趋势线

⑦ 如果想为图中的点添加标签值，只需单击工具栏中的【标签】按钮，结果如图 2-70 所示。可以发现，Tableau 并不会立即替所有的点都添加标签值，因为这样会导致重叠，从而影响观察。如果想为所有点都添加标签值，只需单击“标签”，在下拉菜单中勾选“允许标签覆盖其他标签”。

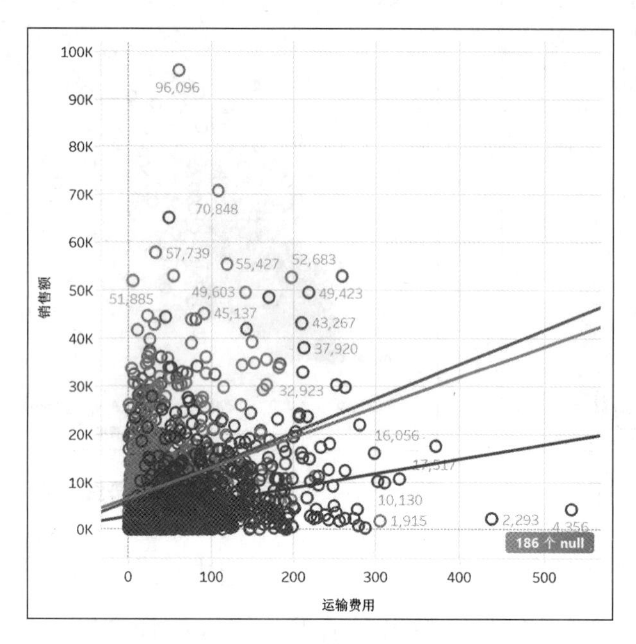

图 2-70　标签显示

如何在 Tableau 中制作散点图

步骤 10：气泡图。

气泡图本质上来说并不是一种图形类别，而是一种图标，多用在散点图或地图中，以突显数字。其实，在前面介绍的散点图中已经用到了气泡，因此，这里不再对气泡图做过多案例介绍。

步骤 11：数据地图——观察不同城市销售。

当数据中有“地理位置数据”时，不管这些数据是邮政编码、区号、城市名，还是公司内部的地理区域划分，用地图来展示业务数据无疑是一种很好的选择。从地图上，我们可以直观地分析每个地理位置数据指标所反映的情况。为了分析某公司在全国各城市的销售额和利润情况，可以采用地图形式来展示这些数据。使用 Tabluau 完成销售额、利润额在全国各城市的数据地图展示，只需双击 3 次即可，具体操作顺序如下。

① 将 Tableau 连接到数据源，在“城市”字段上单击鼠标右键，在弹出的快捷菜单中选择“地理角色”—“城市”命令，然后双击“省份”字段，则视图区域自动生成了一张地图，这就是 Tableau 的智能推荐的功能，因刚才双击的是地理字段，所以 Tableau 自动推荐用地图的形式来展示。

②依次双击“销售额”和“利润额”，自动生成地图上的点，双击 3 次即完成了该张图的制作，简单迅速。图中圆圈越大，则表明销售额越高；颜色越深，则表明利润越高。这里需要注意：首先，Tableau 可以识别中文地名，连接数据后，先在“维度”列表框中地理信息字段上单击鼠标右键，在弹出的快捷菜单中选择“地理角色”命令，并将其设置为对应等级；其次，

对于省份名，10.2 版本之前(含 10.2 版本)原始数据中的地名后面不用加“省”字，若地名中含有“省”或“市”字，则 Tableau 不会自动识别。若出现这种情况，可单击菜单栏中的“地图”，选择“编辑位置”，在弹出的对话框中，单击“无法识别”项目右侧下拉菜单，选择对应的地名即可。10.3 版本之后，Tableau 对于带“省”的地名可以自动识别，但是对于直辖市或者自治区，如果添加“省”字则不能识别，用户可以通过“编辑位置”来选择对应的地名。

如果不想用地图来展示刚才的数据，用户可单击【智能显示】按钮，在弹出的下拉列表中有很多种图形可供选择，随意单击一种可选的图形即可。

如果不想用“圆圈”来表示销量，则可单击“标记”下方的【自动】下拉按钮，在弹出的下拉列表中选择所想要的形状。

③ 如选择“地图”，则原图会转换为常见的填充地图。但需要注意，省以下地理区域，由于没有公开的多边形边界数据，所以软件自带的默认公开地图无法生成填充地图。如有专业软件提供的地图多边形数据读入，则可以生成填充地图。

④ 其他项目的调整，如颜色映射、图形大小等，和别的图形操作类似。当然，使用自己定制的地图，或者使用网络地图服务，也可以导入背景图，在地图上使用个性化的图标来代表某指标。鉴于此小节制图的后期修饰步骤说明已很详细，在后面的图形制作过程中，对于已完成的图形修饰将不再做详细论述，只说明简单的操作步骤。

任务 2.7 新型可视化图形

1. 甘特图——观察订单送货时间

对任何一家公司或组织来说，把握项目的进度，知道什么时候该完成什么，并在截止日期前完成工作都是异常重要的。甘特图可以用来展示和分析某个项目的开始、截止日期。

甘特图多用在对项目日期的管理上，也可用在其他方面。比如，为了观察分析某个群体的人，研究公司的固定资产等随时间的变化等，我们也可以使用甘特图。为了分析在顾客下单后，公司经过多长时间才将订单货物发送出去，我们可以用甘特图来展示相关数据。不妨将从下单到发货这段时间称为“订单反应时间”，通过甘特图，我们很容易发现哪个订单的反应时间最长、该订单涉及的是哪个类别的产品。具体操作顺序如下。

步骤 1：连接到数据源。原数据中只有“订单日期”和“运送日期”，为了知道订单的反应时间，需构造一个新字段“订单反应时间”。字段的构造，这里只简单写出其公式：[订单反应时间]=DATEDIFF('day'，[订单日期]，[运送日期])。

步骤 2：按住【Ctrl】键，分别选中“订单日期”“顾客姓名”“订单反应时间”，单击【智能推

荐】按钮，选择“甘特图”。

步骤 3：将列上的时间日期设置为“精确日期”的格式。

还需要在菜单栏中单击“分析”，取消勾选“聚合度量”。因为某些天某个顾客可能会有多个订单，如果勾选“聚合度量”，则 Tableau 会将当天顾客的各个订单分开计算“订单反应时间”并求和。

步骤 4：将“产品类别”拖曳至“颜色”框内，单击工具栏中的【降序】按钮，结果如图 2-71 所示。将工作簿命名为“甘特图”，保存工作簿。

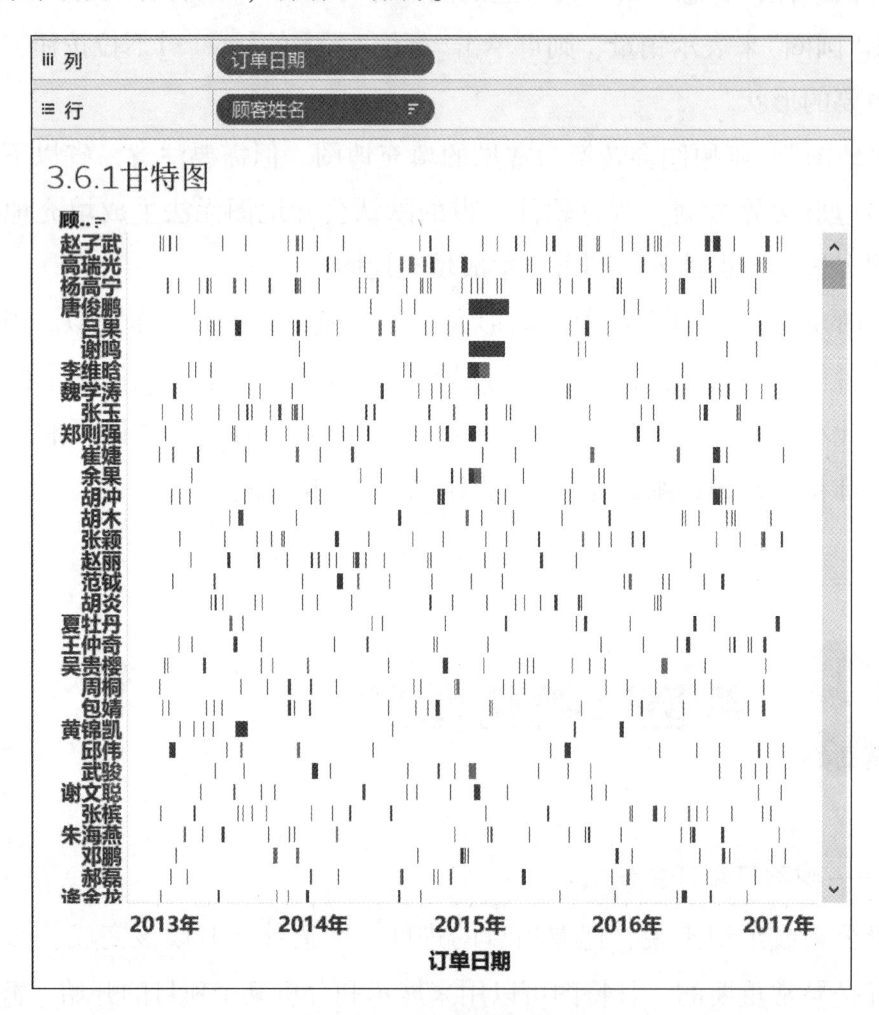

图 2-71　甘特图视图 1

我们从图 2-72 中发现，有 3 个办公用品的订单反应时间超过了 25 天，其中一个超过了 90 天，这有些不正常。对于这 3 个订单，我们应该做进一步分析，得出造成异常的原因。因为如此长的订单反应时间，如果不是顾客方面的原因，则很可能导致顾客的不满。

如何制作甘特图

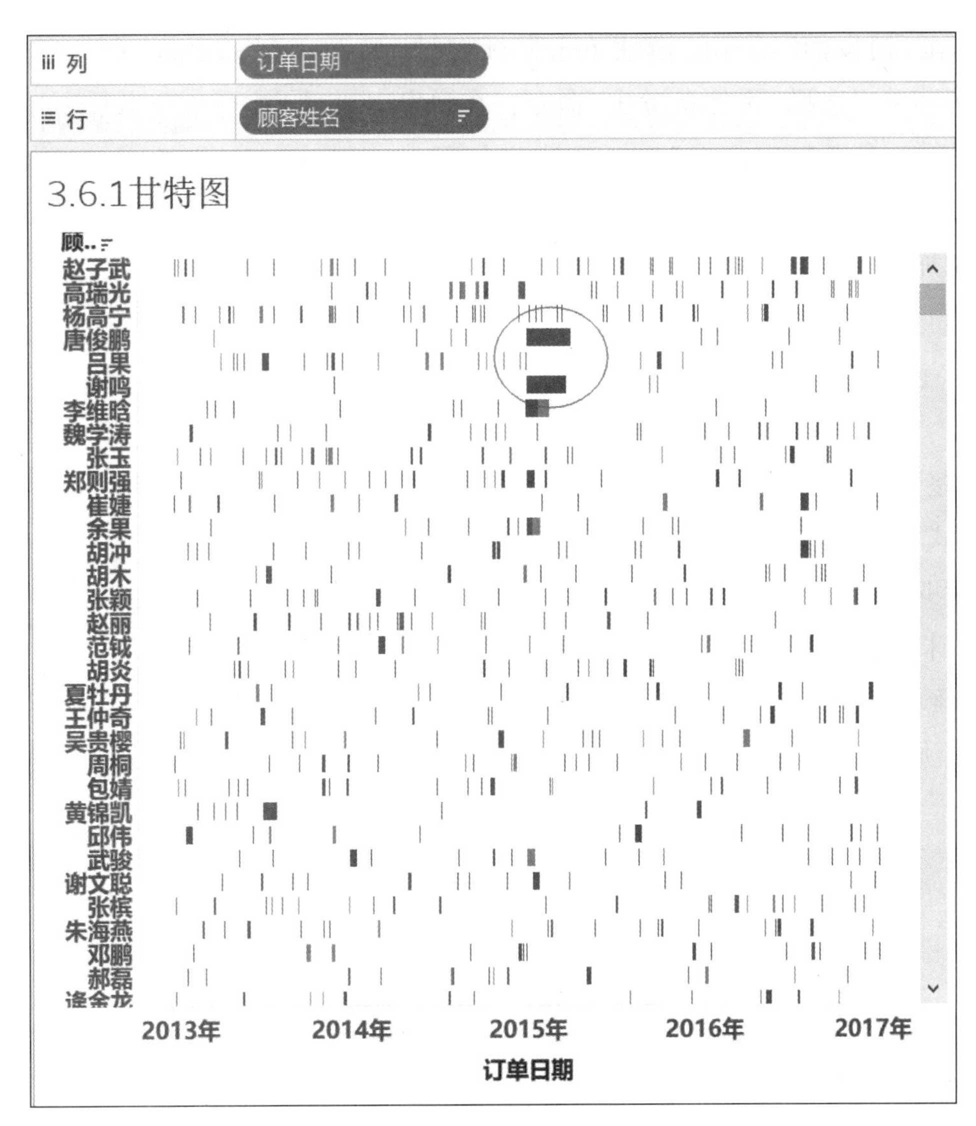

图 2-72　甘特图视图 2

2. 标靶图——绘制实际销售和对应计划

标靶图又称为子弹图。从本质上讲，标靶图是条形图的一种变形，主要用来显示任务的实际执行情况与预设目标的对比。标靶图可以弥补用一张表、一个度量计实现不了的功能，适用于用某一张表不能显示足够的信息以达到分析的目的的情况。

下面将 Tableau 连接到“某咖啡公司销售数据 . xls”—“咖啡销售订单 . sheet”，分析各类咖啡及其他饮品的实际销售额是否达到了预定目标，即实际销售额和预计销售额之间的差异。具体操作步骤如下。

步骤 1：分别双击“产品类别”“产品名称”“销售额”，然后单击【智能显示】按钮，选择“条形图”。

步骤 2：将“预计销售额”拖曳至“详细信息”。

需注意的是，这里不能直接从智能推荐的图形中选择标靶图，因为后面要将“预计销售额”设置为参考线，这也是将“预计销售额”拖曳至“详细信息”而不是直接拖曳至图中的原因。后面会介绍从智能推荐的图形中直接选择标靶图的案例。

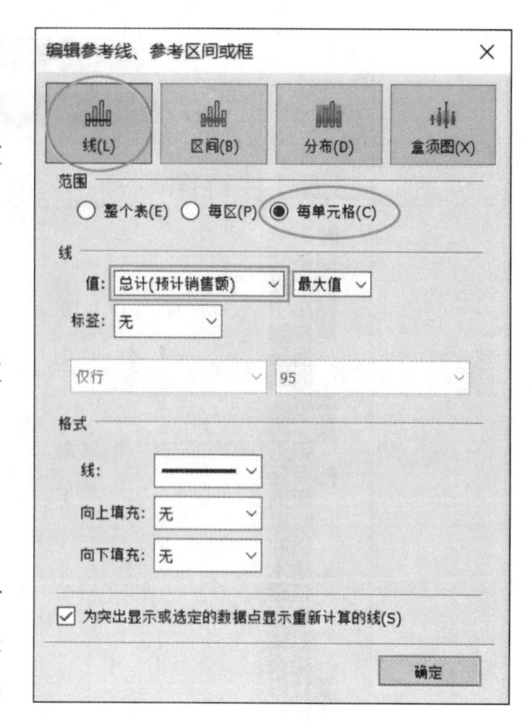

图 2-73　添加参考线 1

步骤 3：在“销售额”所在的横轴单击鼠标右键，在弹出的快捷菜单中选择“添加参考线”命令，在弹出的“编辑参考线、参考区间或框”对话框中做如下设置，如图 2-73 所示。

- 选择添加一条“线”。
- 选中“每单元格”单选按钮。
- 将“值”设置为“总计(预计销售额)”和“最大值”。
- 将“标签”设置为“无”。
- 在“格式”栏下选择一条粗黑线。

执行上述步骤后，结果如图 2-74 所示。在图 2-74 中，若条形图未与黑色线条相交，即说明实际销售额未达到预计销售额。从图中很容易发现，一般咖啡的 3 种产品都未达到预定目标。

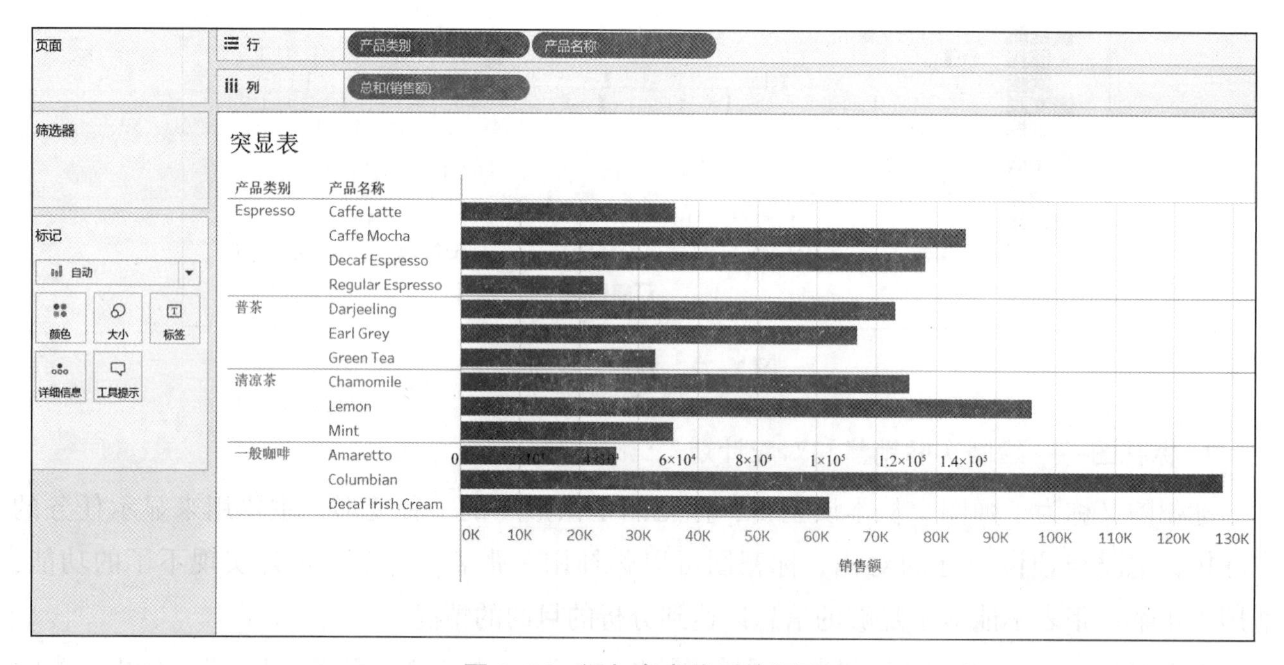

图 2-74　添加参考线后的视图

至此，我们其实已经达到目的了。我们还可以进行后续操作，让图形更加美观。

步骤 4：再次在“销售额”所在的横轴单击鼠标右键，在弹出的快捷菜单中选择“添加参考线”命令，在弹出的“编辑参考线、参考区间或框”对话框中做如下设置，如图 2-75 所示。

- 选择添加一条“分布”带。
- 选中“每单元格”单选按钮。
- 将“值”设为“60%，80%，100%/平均值预计销售额”。
- 将“标签”设为“无”。
- 将“格式”栏中的“线”设为“无”，勾选“向上填充”和“向下填充”复选框，并将“填充”

设为“停止指示灯”。

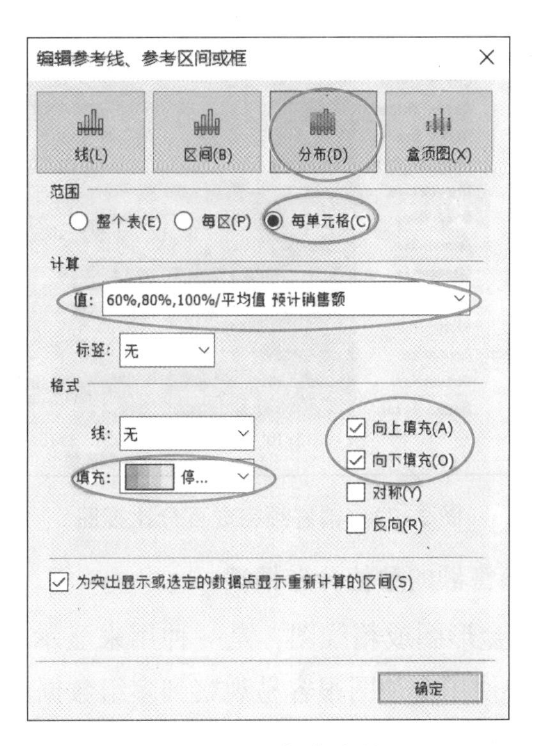

图 2–75 添加参考线 2

完成上述步骤，美化后的视图如图 2–76 所示。

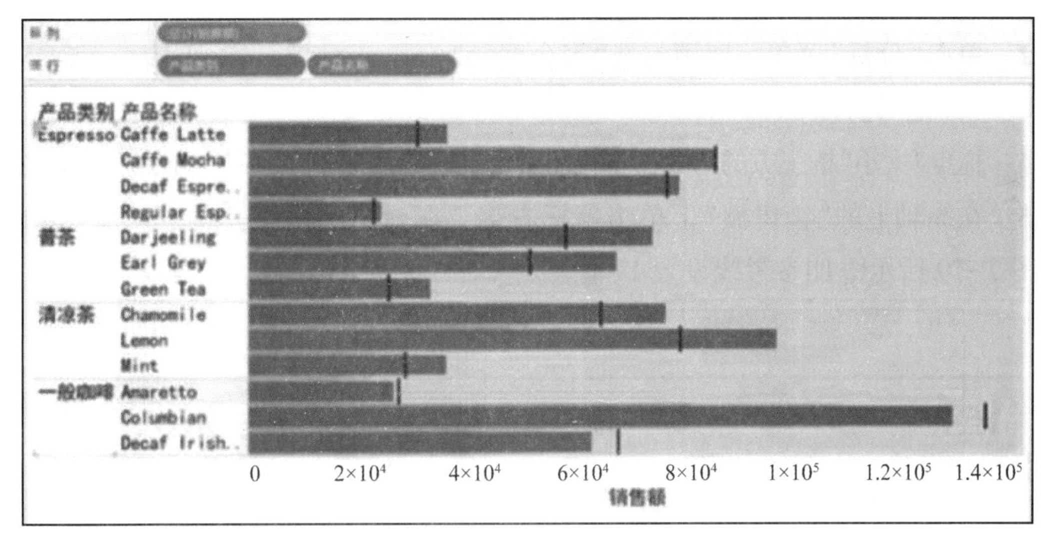

图 2–76 美化后的视图

另外，我们还可以构造一个判断字段，使销售额没有达到预定目标的产品自动用另一种颜色来显示。

步骤 5：右击维度或度量中的空白处，在弹出的快捷菜单中选择“创建计算字段”命令，在公式编辑框中构造公式：[销售完成与否]=SUM([销售额])>SUM([预计销售额])。

步骤 6：将“销售完成与否”拖曳至颜色框内。

拖曳“大小”滑条，将条形图宽度调小一些，结果如图 2–77 所示。设置完成后，对于没有完成预计销售额的产品，我们可以看出其大概完成的预计额百分比。

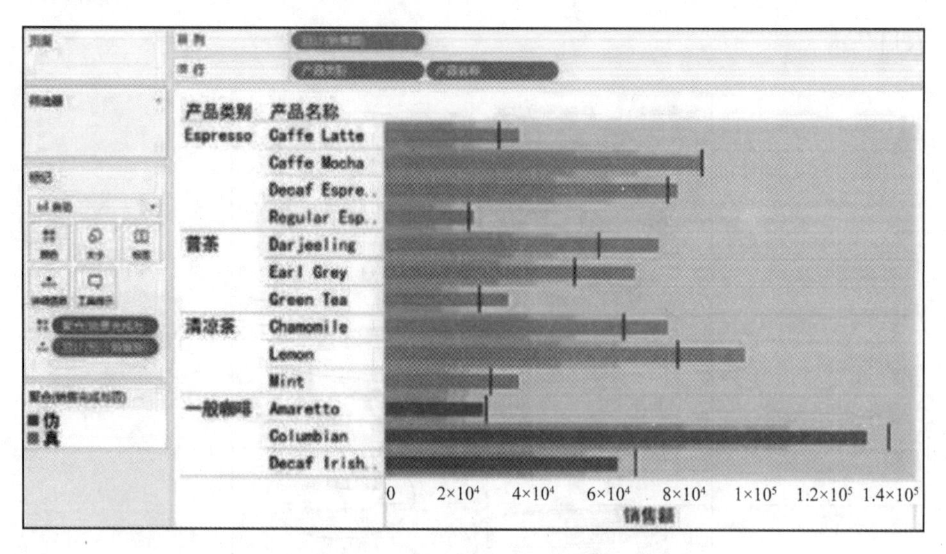

图 2-77　销售额完成百分比视图

3. 盒须图——观察各类销售额的数值分布情况

盒须图(Box-plot)又称为盒形图或箱线图，是一种用来显示一组数据分散情况的统计图，因其形状如箱子而得名。用户使用盒须图很容易观察到多组数据集的分布情况。

下面用盒须图来分析各类产品的销售额是怎样分布的。通过盒须图，我们可以迅速发现每类产品有多少个订单，以及它们是分布在哪一个销售额度内的。具体操作步骤如下。

步骤 1：连接到数据源后，将“产品类别”和“销售额”分别拖曳至列、行上。

步骤 2：单击“分析”菜单，取消勾选“聚合度量”。

步骤 3：“标记”选择“圆”。

步骤 4：拖曳“大小”框下方的滑条，将视图中“圆圈”调至适当大小，此时结果如图 2-78 所示。

步骤 5：在纵轴上的“销售额”上单击鼠标右键，在弹出的快捷菜单中选择“添加参考线”命令，按图 2-79 所示添加参考线设置 1。

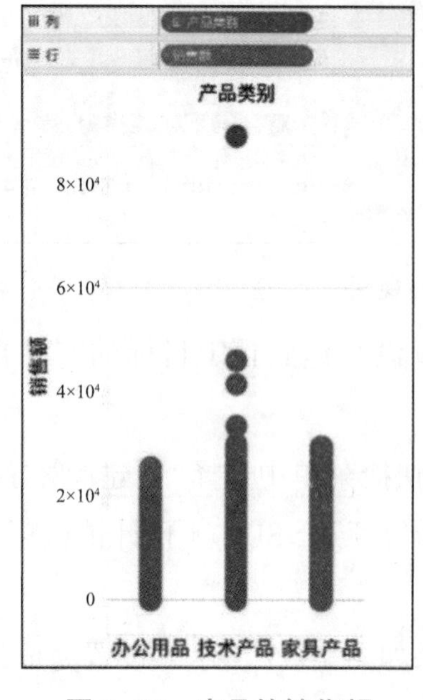

图 2-78　产品的销售额

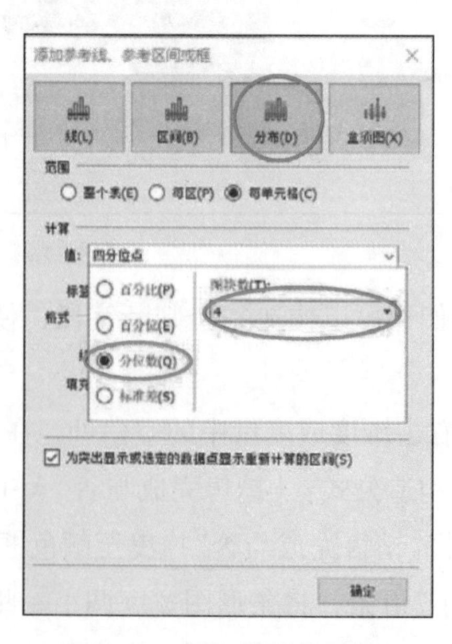

图 2-79　添加参考线设置 1

- 选择“分布”选项。
- 选择“每单元格”单选按钮。
- “值”选择“分位数”单选按钮，“图块数”设为“4”。
- “标签”设为“无”。
- 在“格式”处选择一条黑色线，“填充”设为“灰色”，单击【确定】按钮。

至此，用四分位数将每个产品类别的销售额分成了 4 个组。

步骤 6：在纵轴上的“销售额”单击鼠标右键，在弹出的快捷菜单中选择“添加参考线”命令，按图 2-80 所示添加参考线设置 2。

- 选择“区间”选项。
- 选择“每单元格”单选按钮。
- “区间开始”与“区间结束”都设置为默认值。
- “标签”都设为“无”。
- 在“格式”处选择一条黑色线条，单击【确定】按钮。

最后，盒须图结果如图 2-81 所示，将工作表命名为“箱线图”，保存工作簿。从图 2-81 中可见，技术产品中 75%的订单金额小于 3030 元。

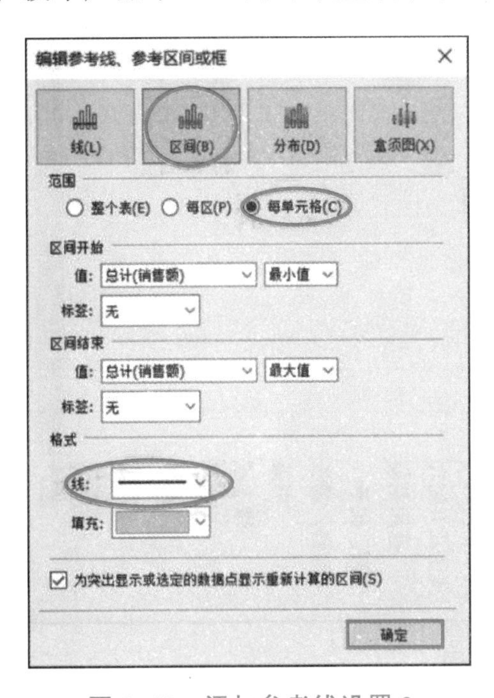

图 2-80　添加参考线设置 2

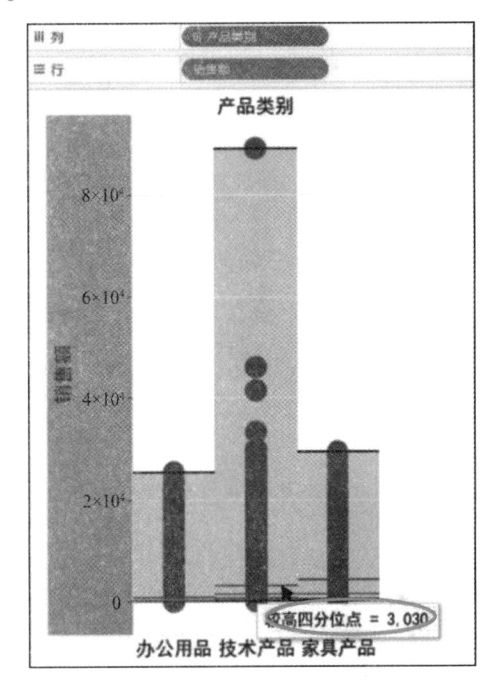

图 2-81　盒须图

4. 瀑布图——不同产品类净利润情况

瀑布图可以用来阐述多个数据元素的累计效果，可以描述一个初始值在受到一系列正值或负值的影响后是怎么变化的。创建瀑布图时，需要将“标记”类型选择为“甘特图”以表示某个维度变化的测量值，图中每个长方形条都是一个度量值，该度量值放置在行上，而在列上放置某个维度以反映维度值的一系列变化。

为了观察某公司各个产品子类别的利润累计情况，可以用瀑布图来展示其数据。连接到数据源后，步骤如下。

步骤 1：将“利润额”和“产品子类别”分别拖曳至行和列上。

步骤 2：将行上的“利润额”设置为累计利润额，只需在“利润额”上单击鼠标右键，在弹出的快捷菜单中选择“快速表计算”命令，单击“汇总”。

步骤 3：在“标记”框内，将图标类型改为“甘特条形图”。

步骤 4：构造一个新字段：[负利润额]=-[利润额]。此字段用来表示利润额的负值。

步骤 5：将“负利润额”拖曳至“大小”框内。

步骤 6：将“利润额”拖曳至颜色框内，同时将颜色设置为“橙色-蓝色发散”，并勾选“使用完整颜色范围”。

步骤 7：单击菜单栏中的“分析”，在“合计”下勾选“显示行总计”。

最后结果如图 2-82 所示，将工作表命名为“瀑布图”，保存工作簿。从图 2-82 中可以清楚地看到各个产品子类别的利润累计情况。

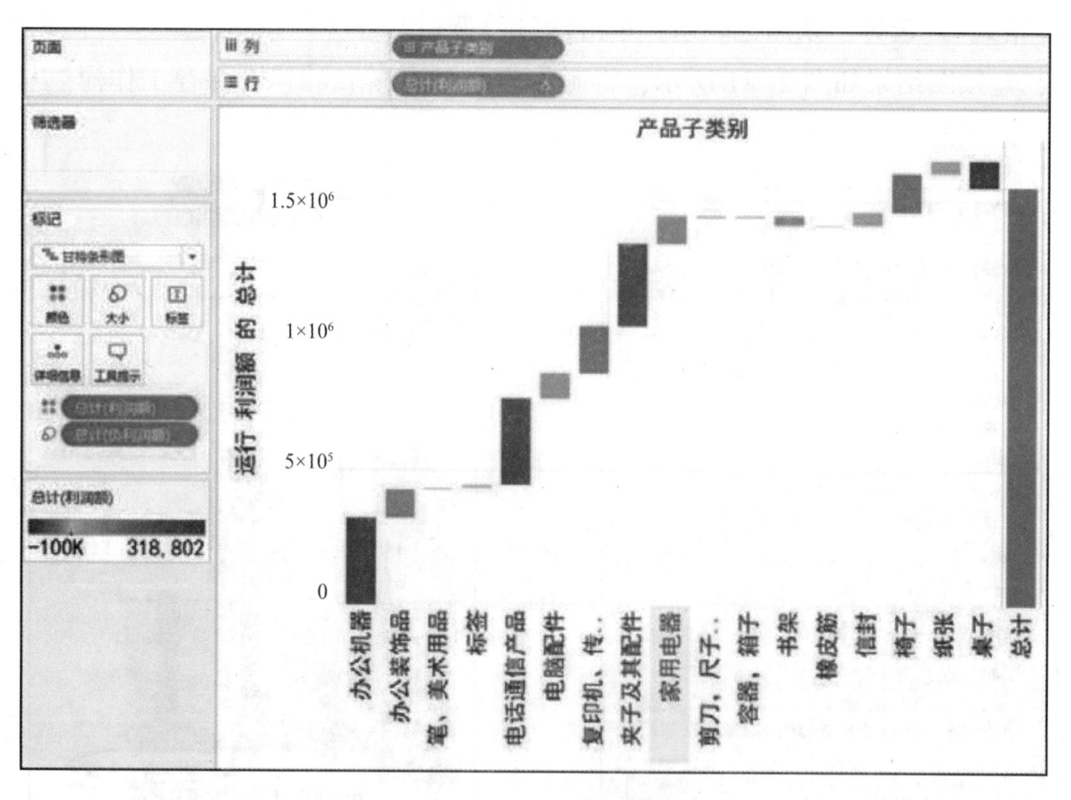

图 2-82 瀑布图

5. 直方图——研究订单的利润分布情况

直方图又称质量分布图、柱状图，是用一系列高度不等的纵向条纹或线段，表示数据分布情况的统计图。用直方图，可以直观地看出某个属性（如产品利润）的数据分布状况。比如，可以用直方图来观察一下某公司产品利润额的分布情况。具体操作步骤如下。

步骤 1：双击“利润额”。

步骤 2：单击【智能推荐】按钮，在下拉菜单中选择“直方图”。

结果如图 2-83 所示。这时在维度下方生成了一个“利润额（数据桶）”，这就是组距。从图

2-83 中看到，只有两根比较明显的条形柱，横轴显示的组距是 5000。组距的确定，一般是根据极差与组数的比值来定的。为了让图中的直方图分布更均匀，需要改变组距的大小。

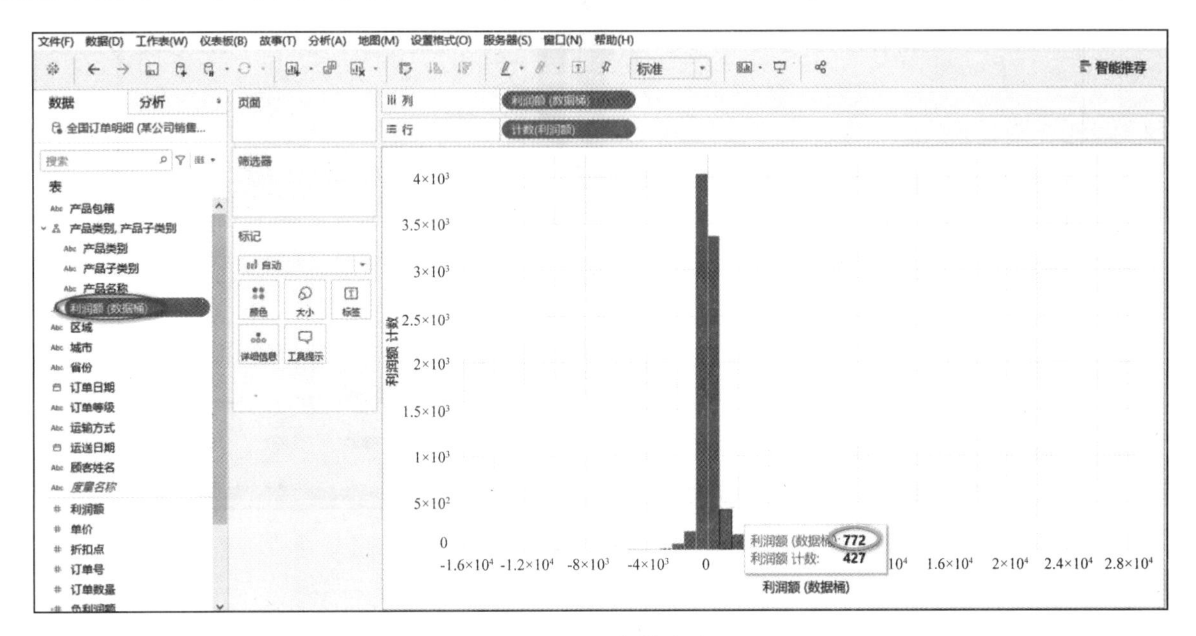

图 2-83　初步的直方图

在“维度”列表框内的“利润额(数据桶)”上单击鼠标右键，在弹出的快捷菜单中选择“编辑”命令，弹出图 2-84所示的对话框，可以对组距进行设定。根据产品利润性质，将组距设定在 300 会比较合适，单击【确定】按钮，在图中将横轴标签转置，结果如图 2-85 所示。将工作表命名为“直方图”，保存工作簿。

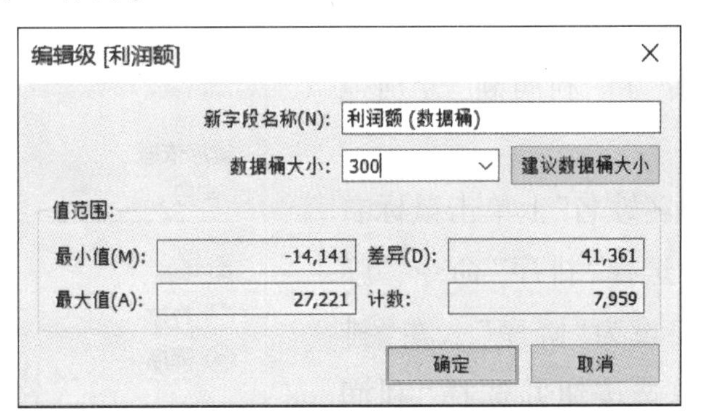

图 2-84　“编辑级[利润额]”对话框

从图 2-85 中可以发现，订单的利润额主要分布在[-1500，1500]区间。其中，利润额在[-300，0]区间的订单数最多，这需要引起注意，其次是利润在[0，300]区间的订单数。

如何在 Tableau 中制作直方图

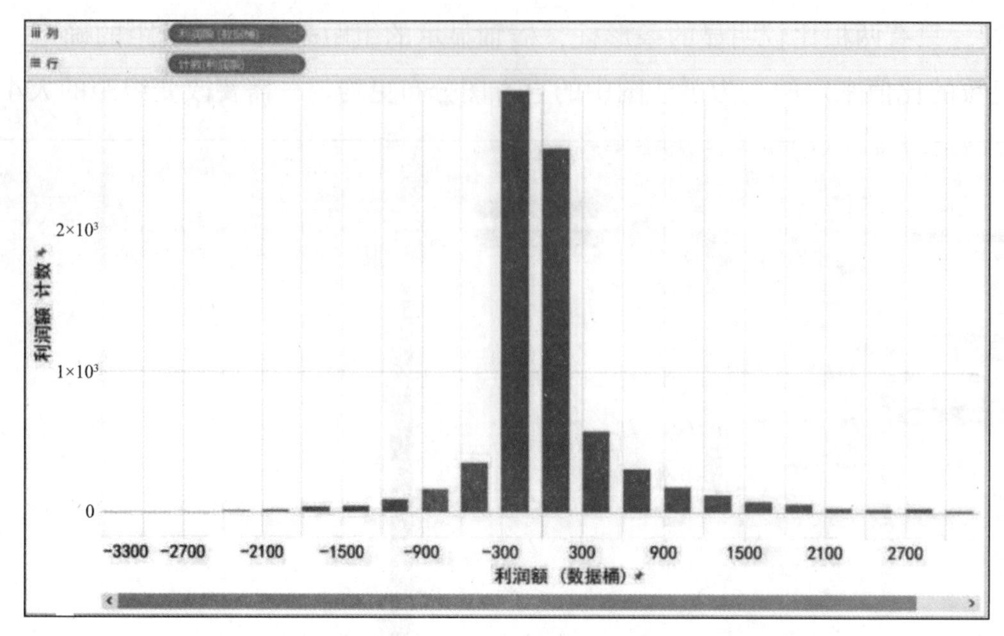

图 2-85　产品利润额分布直方图

6. 帕累托图——研究客户消费等级结构

帕累托图(Pareto Chart)是以 19 世纪意大利经济学家维弗雷多·帕累托的名字命名的。我们可以使用帕累托图分析总利润额的多少百分比来自多少比例的客户，也可分析总销售额的多少百分比来自哪几种主要的产品。下面创建一个帕累托图，来分析是否 80%的利润额来源于 20%的大客户，或者是别的情况，具体步骤如下。

步骤 1：连接到数据源。

步骤 2：将“顾客姓名”和“利润额”分别拖曳至列、行上。

步骤 3：在列上的“顾客姓名”上单击鼠标右键，在弹出的快捷菜单中选择“排序”命令，弹出对话框，将“排序顺序”设为“降序”，在“排序依据”栏选择“字段”单选按钮并选择“利润额”字段，将“聚合”设为“总计”，如图 2-86所示，单击【确定】按钮。请思考，这里为什么要将利润额作降序排列?

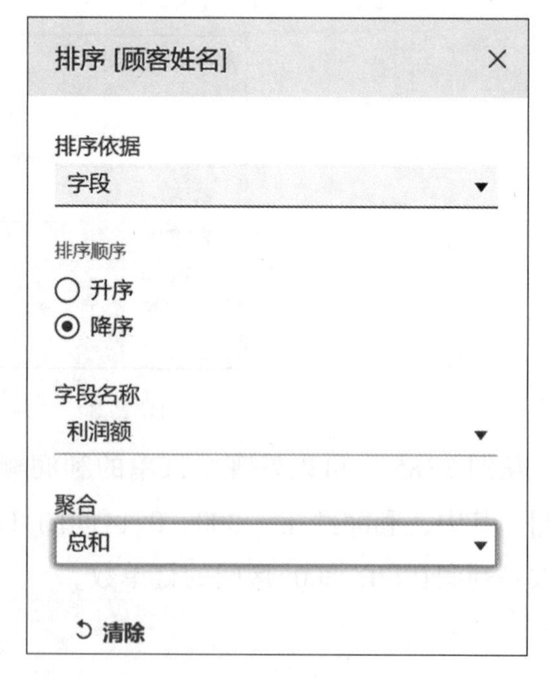

图 2-86　排序

步骤 4：将视图改为“整个视图”。

步骤 5：在“行”上的“利润额”上单击鼠标右键，在弹出的快捷菜单中选择“添加计算表”命令，并进行如下设置(见图 2-87)。

- “主要计算类型”设为“汇总”，“计算依据”处勾选“顾客姓名”复选框。
- 勾选“添加辅助计算”复选框，目的是要将利润轴上的刻度变为百分比的形式。

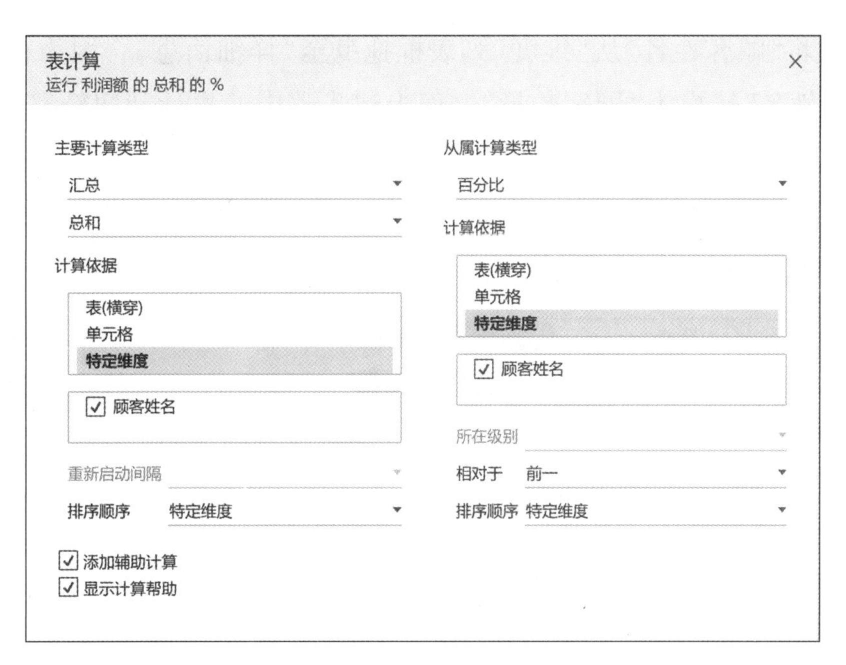

图 2-87　表计算

• 将“从属计算类型”设为“总额百分比”，“计算依据”处勾选“顾客姓名”复选框，单击【确定】按钮。此步骤的目的是说明统计的累计利润百分比是基于顾客的。

至此，结果如图 2-88 所示。从图 2-88 中可以看到，纵轴上的累计利润已变成百分比的形式了，并且发现当累计利润达到 100%时，对应的顾客数并不是最后一个。但这还不是帕累托图，还需要将横轴上的顾客姓名也转换为百分比的形式才符合要求。

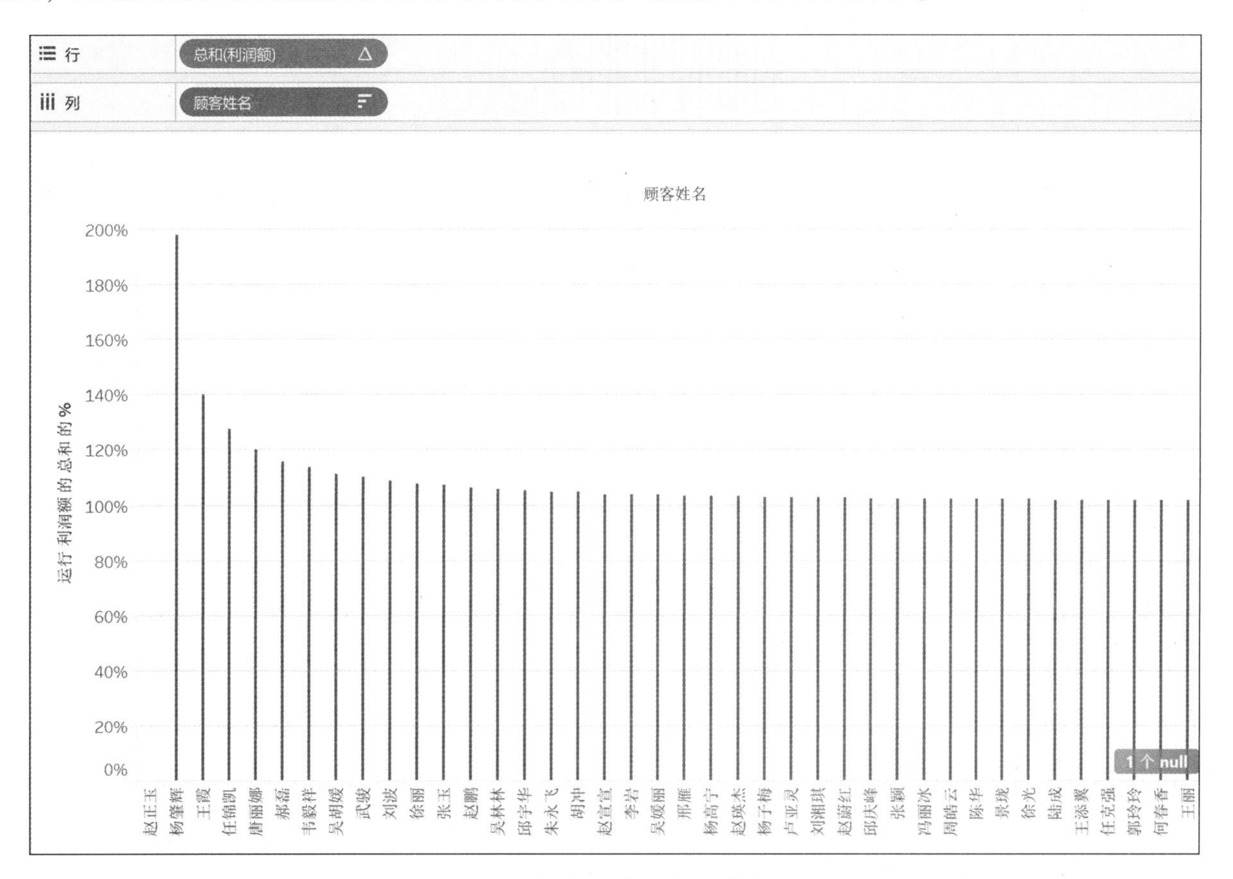

图 2-88　客户累计利润百分比视图

步骤 6：再次将“顾客姓名”从“维度”列表框拖曳至“详细信息”，因为在视图中，稍后要将横轴上的“顾客姓名”转换为“顾客数量”，而上述步骤中的累计利润额都基于“顾客姓名”，所以这里要在“详细信息”中放置“顾客姓名”。

步骤 7：在列上的“顾客姓名”上单击鼠标右键，将“度量”设为“计数”，“标记”选择“条形图”，这时图形如图 2-89 所示，继续下述步骤。

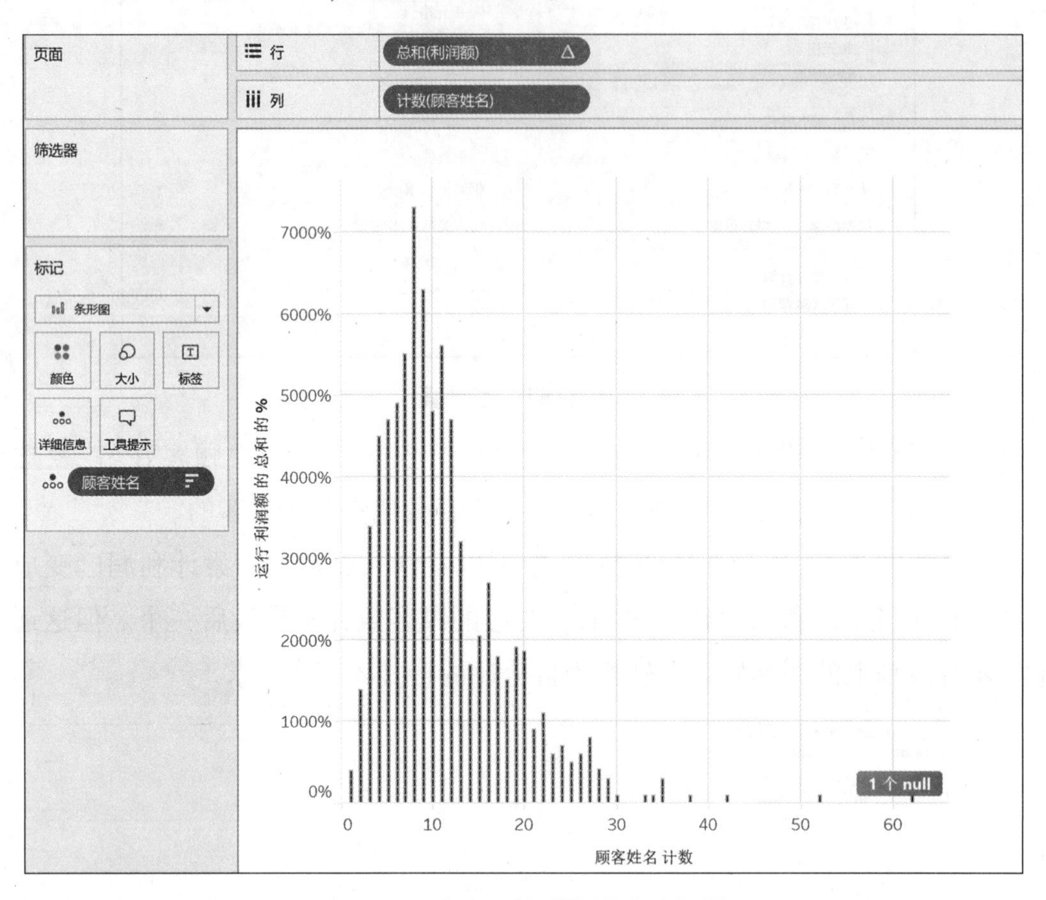

图 2-89　客户累计利润百分比视图

步骤 8：在列上的“计数(顾客姓名)”上单击鼠标右键，在弹出的快捷菜单中选择“添加表计算”命令，并进行以下设置。

- 将“计算类型”设为“汇总”，“计算依据”处勾选“顾客姓名”复选框。
- 勾选“添加辅助计算”，目的是要将横轴上的刻度变为百分比的形式。
- 将“从属计算类型”设为“总额百分比”，“计算依据”处勾选“顾客姓名”复选框，单击【确定】按钮。

此时，结果如图 2-90 所示，可以看到横轴上已显示的是顾客百分比了。这就是帕累托图了，纵轴是利润额累计百分比，横轴是顾客数百分比。从图 2-90 中可以看到，当累计利润达到 80%时，顾客数目差不多在 20%左右。对于图 2-90，还可以更改图标类别，如在“标记”内将图标设为“线”，则结果如图 2-91 所示。

步骤 9：对图 2-90 再做以下设置，使帕累托图更加直观。

- 在纵轴上单击鼠标右键，添加一条参考线，设为常数值 0. 8。

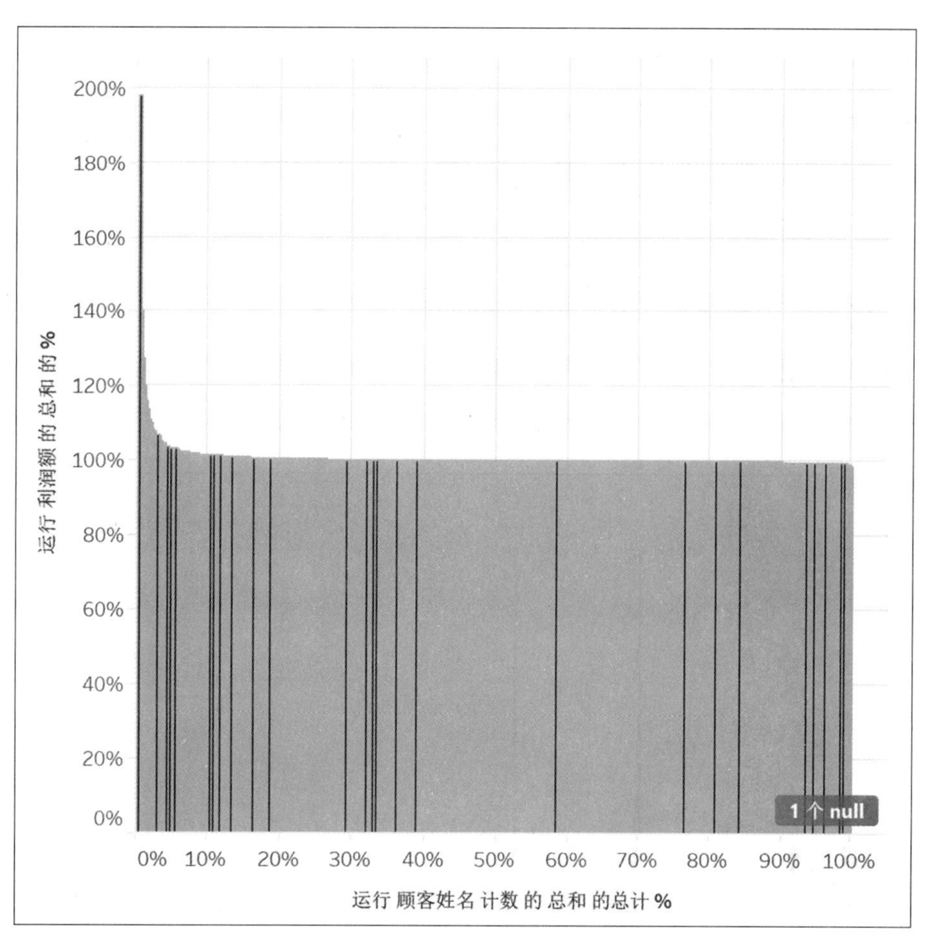

图 2-90　初步形成的帕累托图

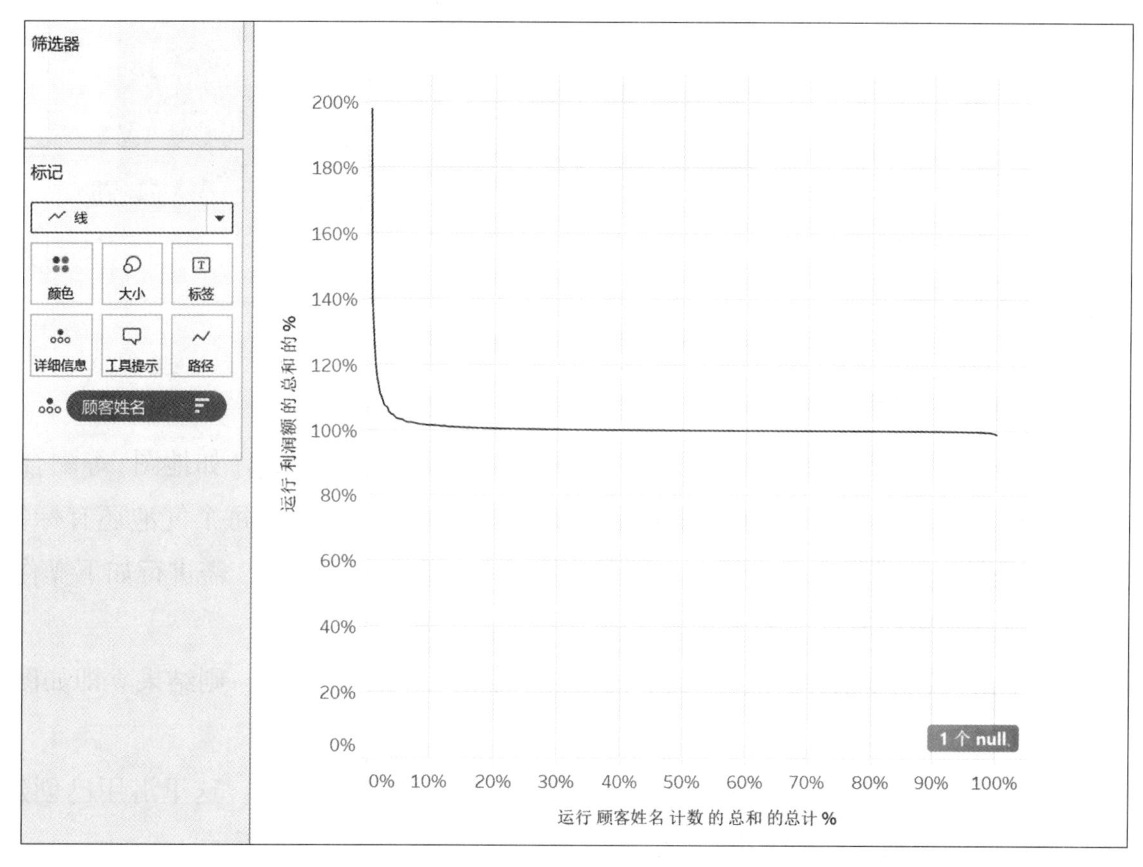

图 2-91　“标记”改为“线”后的帕累托图

• 再次在纵轴上单击鼠标右键，在弹出的快捷菜单中选择“编辑轴”命令，将轴标题改为“%of 利润额”。

• 在横轴上单击鼠标右键，添加一条参考线，设为常数值 0.2。

• 再次在横轴上单击鼠标右键，在弹出的快捷菜单中选择“编辑轴”命令，将轴标题改为“%of 顾客”。

• 从“度量”列表框中拖曳“利润额”至颜色框内。

最后结果如图 2-92 所示，将工作表命名为帕累托图，保存工作簿。从图 2-92 中不难看出，20%以上的顾客贡献了 80%的利润额。

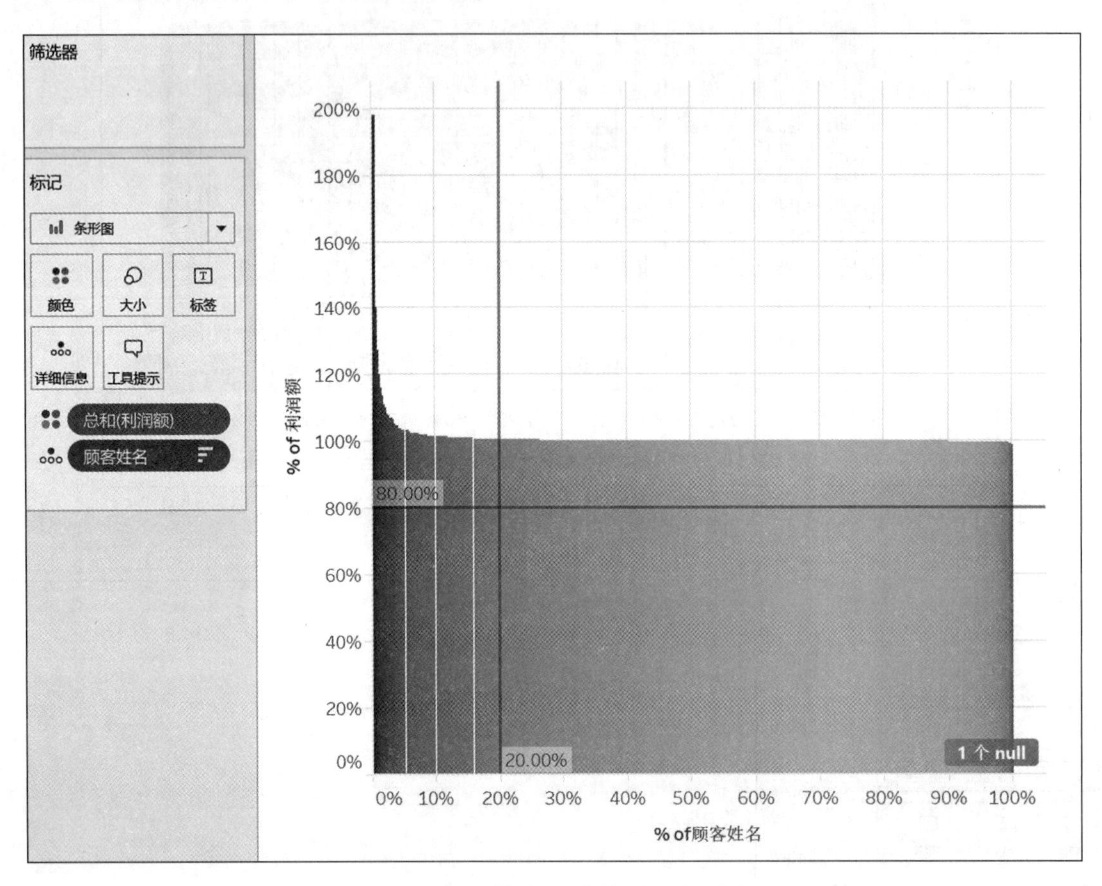

图 2-92　最终形成的帕累托图

7. 填充气泡图——用气泡大小观察品类销售

气泡图只是一种图标，用来离散地展示多个数值，可以和其他图形(如地图)等配合使用。填充气泡图(见图 2-93)，除用气泡大小表示某个维度数值的大小外，每个气泡还有标签，而且这些气泡不是依次地排在一条直线上。要制作图 2-93 所示的气泡图，需进行如下操作。

步骤 1：连接到数据源后，依次双击字段“产品类别”和“销售额”。

步骤 2：单击【智能显示】按钮，在其下拉菜单中单击“填充气泡图”，则结果立即如图 2-93 所示。

步骤 3：单击“产品类别”左侧的【+】号，下钻到“产品子类别”(注：这里沿用已创建好的层级结构，即“产品类别—产品子类别—产品名称”)，结果如图 2-94 所示。

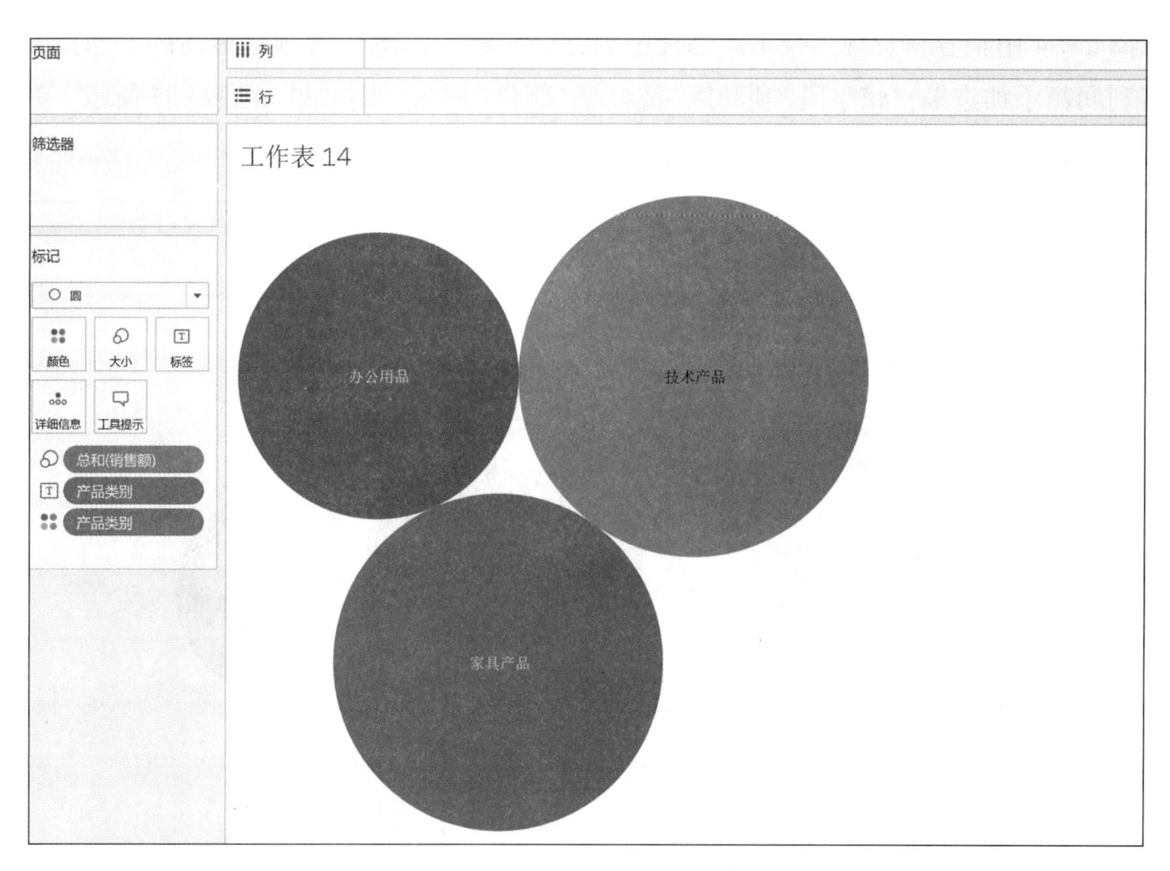

图 2-93　产品类别销售额的填充气泡图

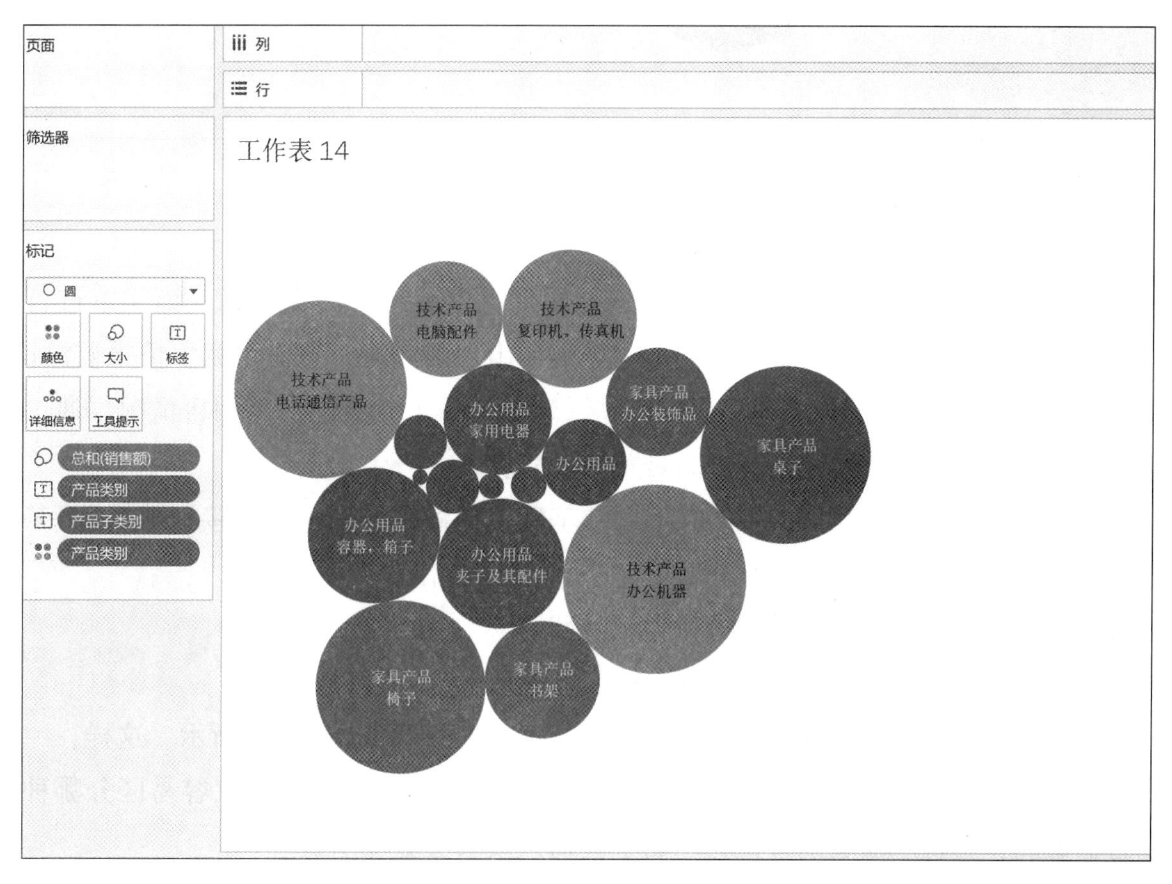

图 2-94　产品子类别销售额的填充气泡图

这样，填充气泡图就完成了。

从图 2-94 中很容易发现，技术产品类中的办公机器产品的销售额是最高的。当然，我们也可将利润额添加进来，将字段“利润额”拖曳至“颜色”框内，则结果如图 2-95 所示。我们发现，家具产品中的桌子虽然销售额较高，但利润却不理想。

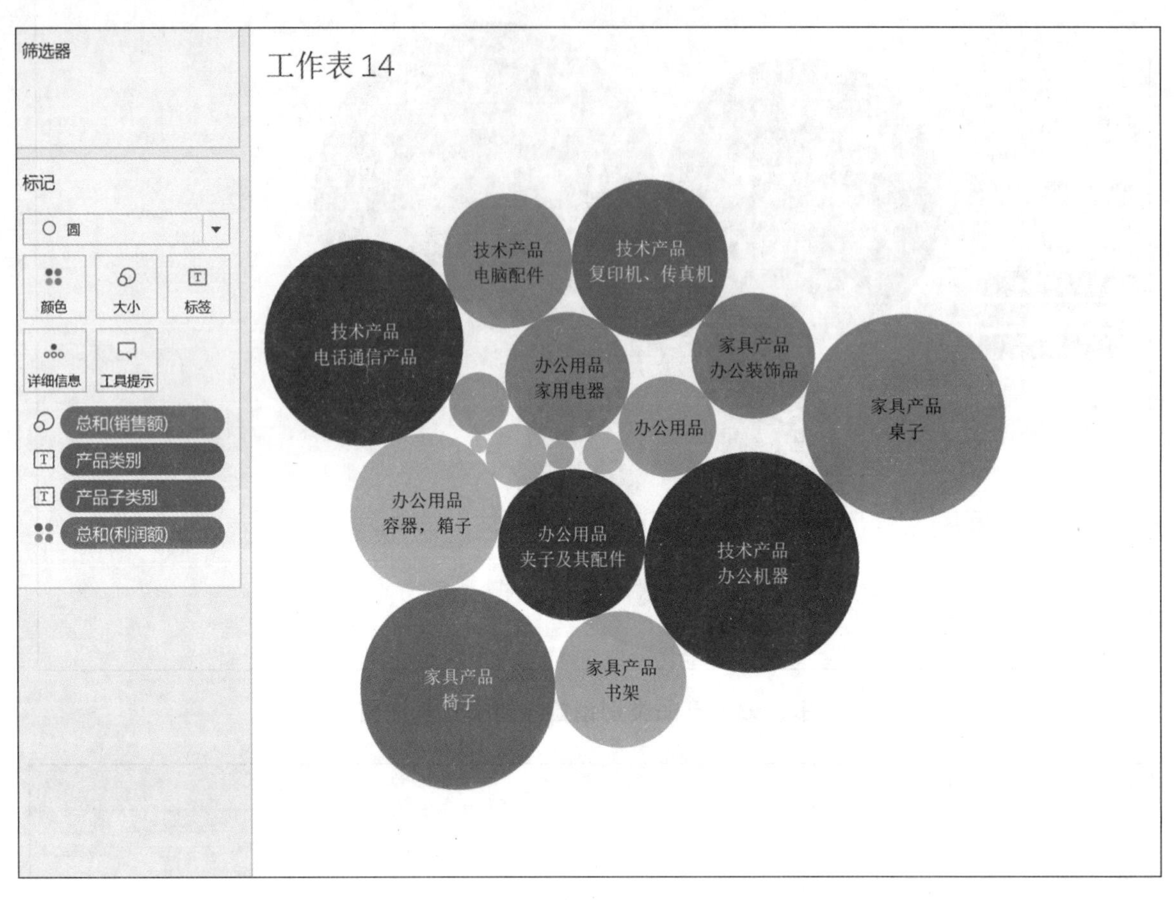

图 2-95　产品子类别的销售额及利润额的填充气泡图

8. 文字云——分析哪些产品是关键产品

文字云是一种非常好的图形展现方式，这种图形可以对一个网页或者一篇文章进行语义分析，也就是分析同一篇文章或者同一网页中关键词出现的频率，这对于竞争情报监测(尤其是声望监测)十分有帮助。这里，我们仅用文字云来分析一下各类产品的销售情况。通过文字云视图，我们一眼就可看出哪些销售产品是关键产品。

制作文字云非常简单，只需在填充气泡图的基础上稍做修改即可。连接到数据源“某公司销售数据 . xls”—“全国订单明细 . sheet”后，按下面步骤操作。

步骤 1： 依次双击字段“产品类别”和“销售额”。

步骤 2： 单击【智能显示】按钮，在其下拉菜单中单击“填充气泡图”。

步骤 3： 从“标记”下拉菜单选项中选择“文本”，此时结果如图 2-96 所示。这样，一张文字云视图就完成了。图 2-96 中，文字越大，则说明销售额越高。这里不太容易区分哪种产品类别销售额最高，若将产品类别替换为产品子类别，效果会更加明显。

步骤 4： 将视图中用到的“产品类别”都替换为“产品子类别”(从维度列表框中选择“产品子类别”，拖曳至“产品类别”上方并将其覆盖即可)，最后结果如图 2-97 所示。

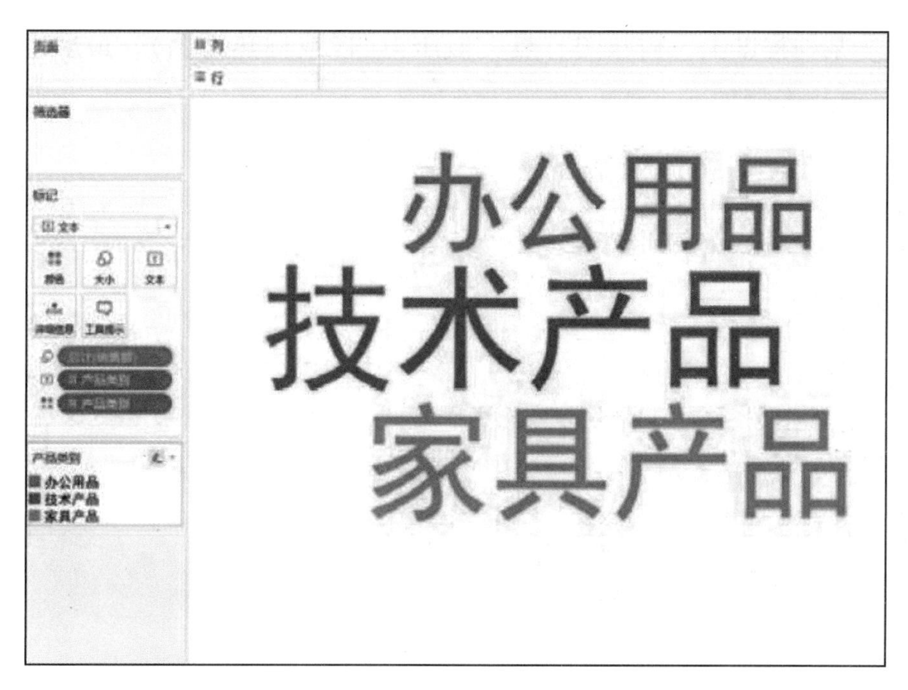

图 2-96　产品类别销售额的文字云视图

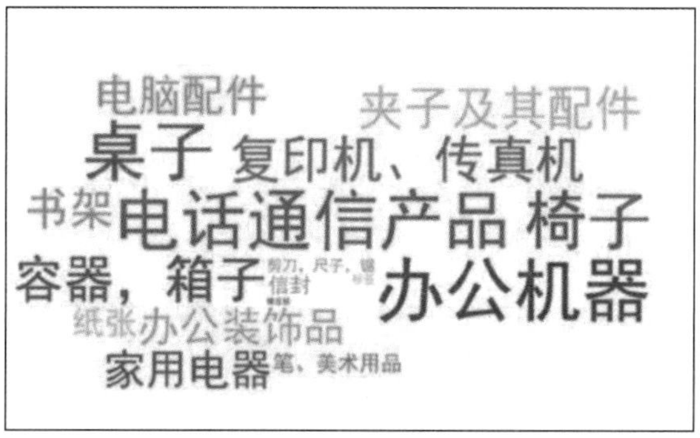

图 2-97　产品子类别销售额的文字云视图

从图 2-97 可以很容易发现，哪种产品的销售额较高、哪种较低。当然，也可将利润指标添加进来，只需将“利润额”拖曳至“颜色”框中，则结果如图 2-98 所示。对于此图这里不再过多解析，用户可根据实际业务情况，适当地采用文字云视图，或许会得到意想不到的效果。

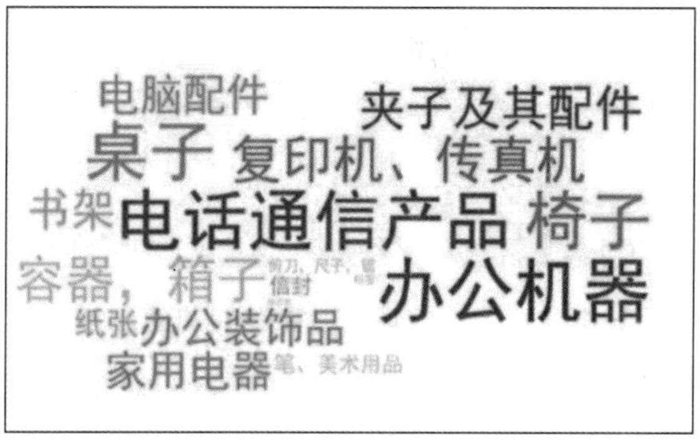

图 2-98　产品子类别的销售额及利润额的文字云视图

9. 树状图

树状图也是一种非常好的图形。如需从众多的点当中迅速发现某种重要或异常情况，采用此图会很有效。某种程度上，树状图有点类似压力图(或称热力图)。最后生成的树状图如图 2-99 所示，其制作步骤如下。

图 2-99　产品类别销售额的树状图视图

如何在 Tableau 中制作树状图

步骤 1： 连接到数据源后，依次双击字段“产品类别”和“销售额”。

步骤 2： 单击【智能显示】按钮，在其下拉菜单选项中单击“树状图”，结果如图 2-99 所示。

步骤 3： 单击“产品类别”左侧的【+】号，下钻到“产品子类别”(注：这里沿用已创建好的层级结构)，最后结果如图 2-100 所示。

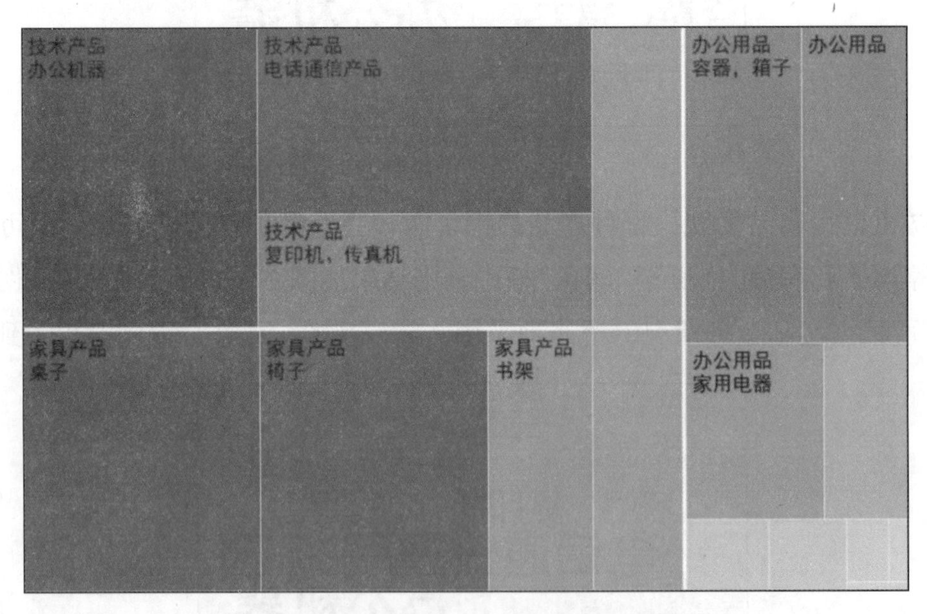

图 2-100　产品子类别销售额的树状图视图

这样，树状图也就完成了。在图 2-100 中，产品所在的方块颜色越深，则说明销售额越高。同样，还可以将利润额添加到视图中，只需将“利润额”拖曳至“颜色”框中即可。这里不作进一步解析。用户可以根据自己的实际分析需求，决定下一步骤。

用户应根据业务分析需要，可尝试某种图形或多种图形。Tableau 提供的这些图形，定能为用户的数据可视化分析带来很大的帮助。

任务 2.8 创建动态仪表板

1. 新建一个仪表板

我们可以将多张视图放到一个仪表板中，进而可以从多个角度同时分析数据，而不是单独看每张视图。我们已创建了多张视图，这里不再创建新的视图，而是延续使用。

如何在 Tableau 中构建仪表板

步骤 1：在创建仪表板之前，先对前面所创建的几张图的工作表名称做如下修改：地图——各城市销售概况，条形图——各产品市场表现，复合图——各区域市场表现，散点图——物流费用情况，后面将用到这几张图表。

步骤 2：创建一个仪表板，只需在工作表下方工作表标签栏单击鼠标右键，在弹出的快捷菜单中选择“新建仪表板”命令，左上角的“仪表板”中，列出了在本工作簿内创建的所有工作表，如图 2-101 所示。双击某个工作表或者直接拖曳，就可将某个工作表添加到右侧的仪表板空白区。仪表板下方是“布局容器”菜单，将其中的“水平”或“垂直”拖曳到右侧区域中，则产生对应的一个容器，然后就可以将某个工作表拖曳至其中，一般在调整仪表板内的工作表布局时才用到它。双击“布局容器”菜单里的其他对象或者将其拖曳至右侧区域，就可以添加相应的标题、文本和图片等，这满足了为仪表板添加标题、公司标志(Logo)等信息的要求。左上方的“大小”菜单主要用来调节仪表板的页面尺寸，在将仪表板输出为图片或 PDF 文档时可能需要用到。

图 2-101　新建仪表板

步骤 3：依次双击“仪表板”菜单下的“各城市销售概况”“各产品市场表现”“各区域市场表现”“物流费用情况”，则 4 张表自动添加到右侧仪表板里了，结果如图 2-102 所示。

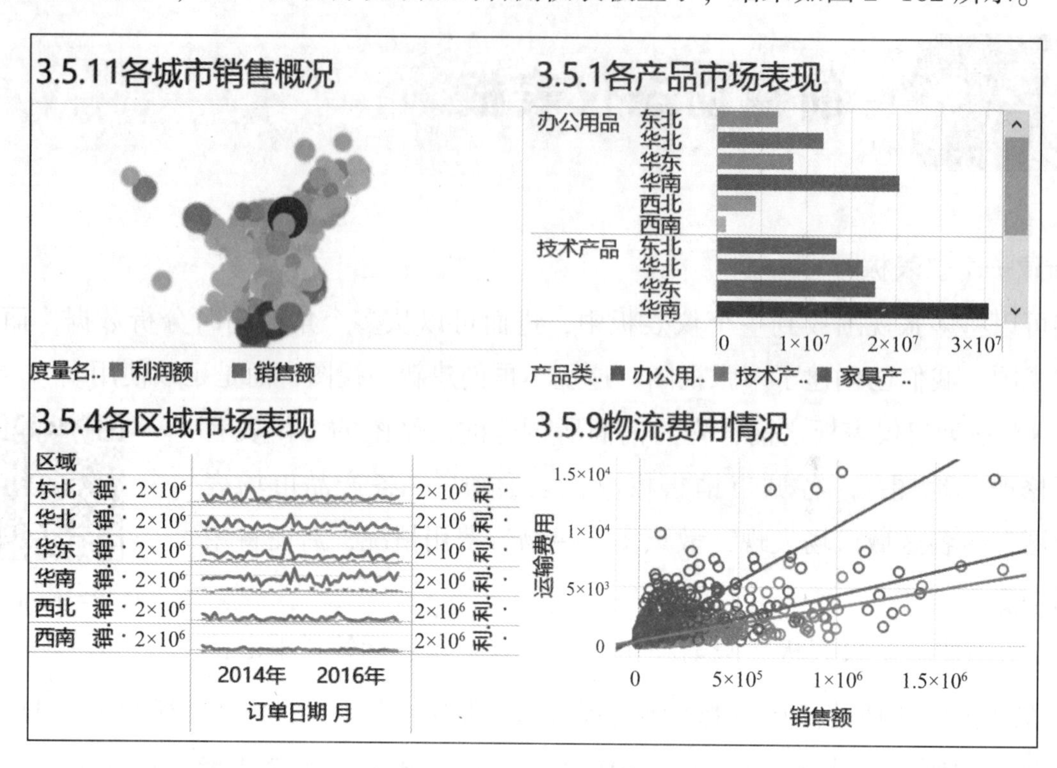

图 2-102　初步形成的仪表板视图

现在已经做好了一个仪表板。在仪表板中有 4 张工作表，最右侧一列都是筛选器或图例，这些是创建工作表时需要显示出来的，这些筛选器都是针对其原工作表的。在一张仪表板中，建议最多放 4 张工作表。如果过多，则整个仪表板会显得很拥挤。

步骤 4：目前的仪表板状态，对于非报告制作人员来说，结构不够清晰。因此，可对整个仪表板进行一些调整，使其更具可读性。调整布局的操作顺序如下。

① 将区域筛选器拖曳至“各城市销售概况”上方，调至适当大小，并在其右上角下拉按钮上单击鼠标右键，将区域筛选器设置为“单值(下拉列表)”形式，如图 2-103 所示。如此，其他人一看便知“区域”是用来筛选地图上地理位置的，可方便地选择各个区域的城市。

② 对于“利润额”颜色图例，如果查阅仪表板的人都知道“颜色越深，代表利润越高”，则可以将其隐藏，否则，保留为好。这里将其隐藏，单击“利润额”颜色图例，单击右上角【×】按钮或者在其下拉菜单中选择“从仪表板移除”即可。

③ 将产品类别移动至“产品市场表现”上方，调至适当大小，并将产品类别筛选器设置为“单值(下拉列表)”形式，如图 2-104 所示。

④ 将“度量名称”图例拖曳至“各区域市场表现”的上方，并调整大小。

执行上述步骤后，结果如图 2-105 所示。对比图 2-102，图 2-105 显得更紧凑、更具可读性。当然，如果认为图 2-102 更合适，则可不用调整仪表板布局。

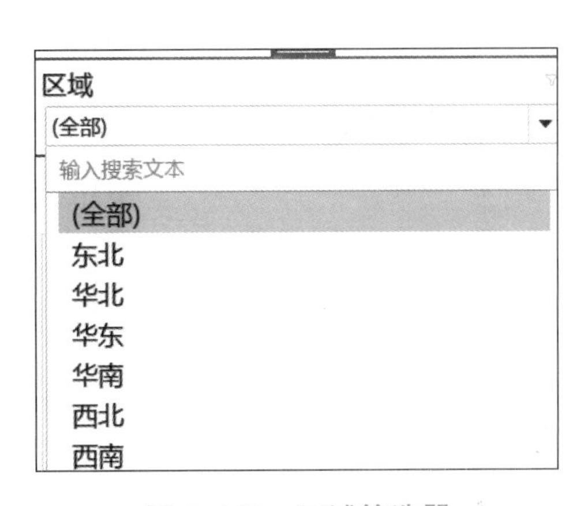

图 2-103　区域筛选器

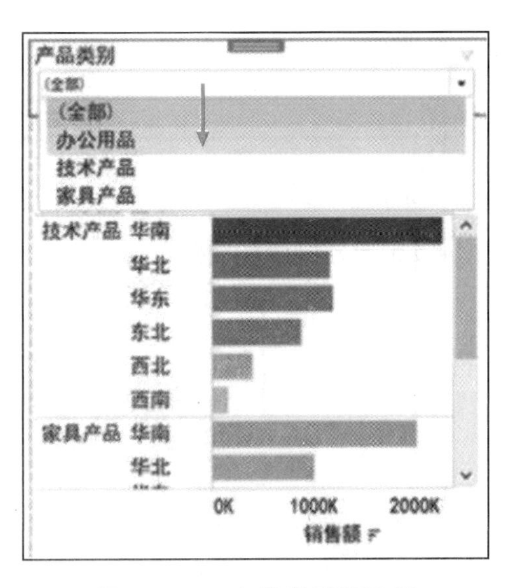

图 2-104　产品类别筛选器

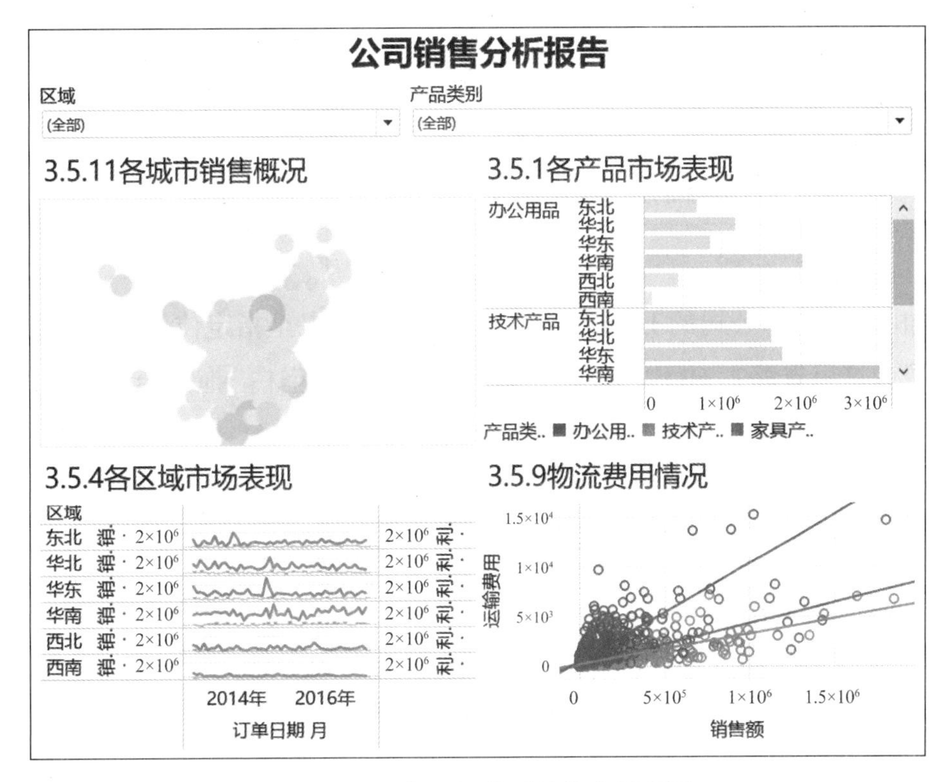

图 2-105　布局调整后的仪表板视图

上述步骤的目的是让大家了解仪表板内的工作表和注释框等都可以随意拖曳至指定位置，并可调整其边框大小。另外，还可以将“布局容器”中的“水平容器”或“垂直容器”拖曳至图中某个区域产生一个空白区，该空白区可以用来放置某个工作表。

⑤ 进一步增加仪表板的可读性。可进行如下操作。

• 勾选左下角“显示仪表板标题”，或选择菜单“仪表板”—“显示标题”命令，为仪表板添加一个标题。勾选后出现一个标题框，如图 2-106 所示。双击该标题框，将其命名为“公司销售分析报告”。

• 若要对整个仪表板或某个工作表添加文字说明，只需将“文本”拖曳至指定位置，然后

双击编辑文字即可。

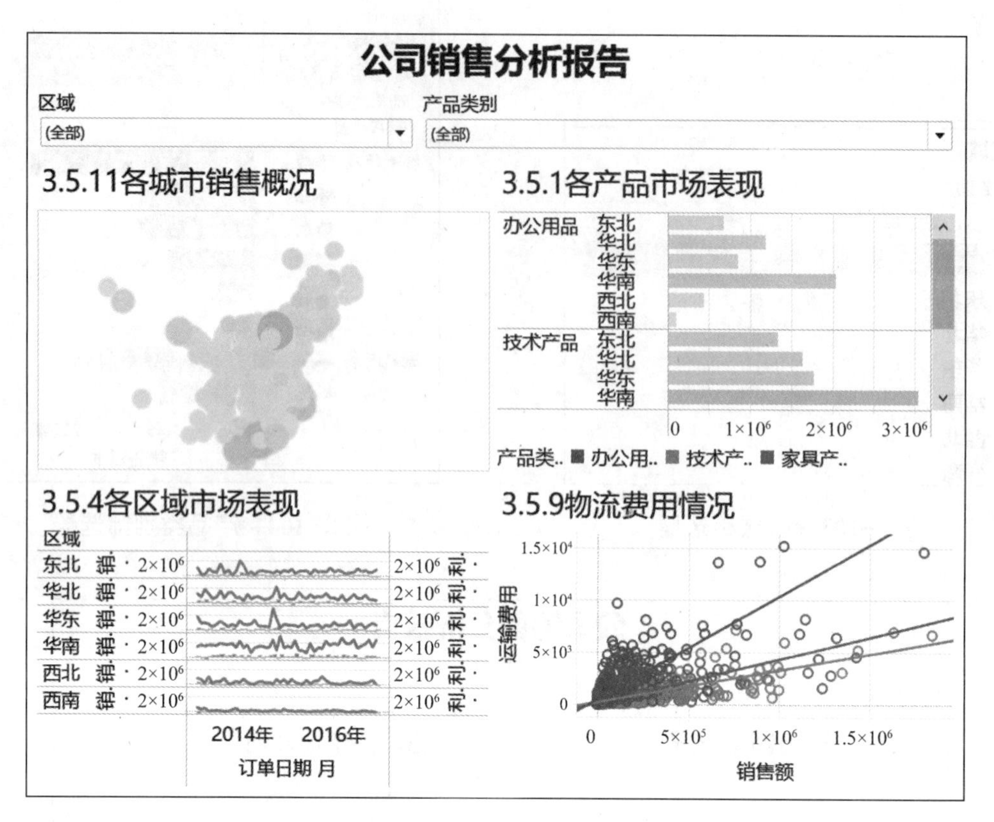

图 2-106　添加标题

• 若要添加图片(比如公司的 Logo)，只需将“图像”拖曳至指定位置，而后会弹出对话框，则可导入图片了，这里省略；对于“空白”，也是如此，将“空白”拖曳至图中，会产生一个空白区，可以用来调整其他工作表所占的区域大小。

• 还有一个“网页”选项，双击它，弹出图 2-107 所示对话框，可以输入一个统一资源定位符(Uniform Resource Locator，URL)链接，以在仪表板内显示某个网页，这里省略。

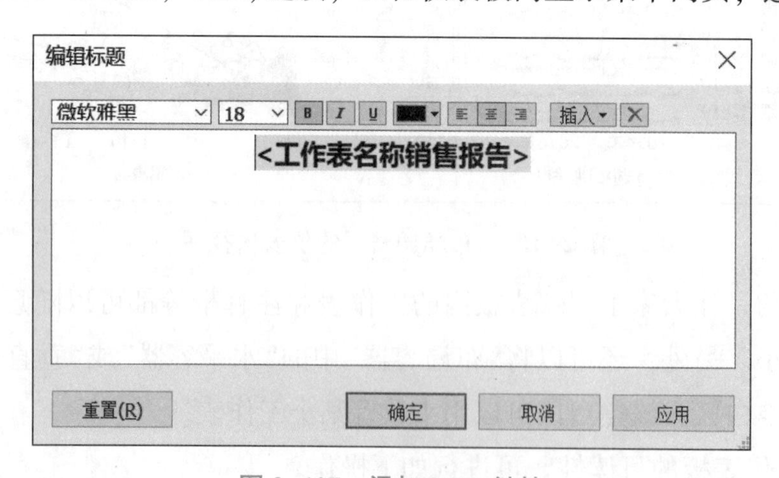

图 2-107　添加 URL 链接

至此，整个仪表板的页面布局基本设置好了。在接下来的任务中，我们学习如何在仪表板内创建“操作”，以使仪表板内各个工作表互动起来。

2. 创建操作

虽然在一个仪表板内可以同时观察分析多张工作表，从不同角度去分析公司的经营情况，但用户有时希望多表之间联动：当单击“各城市销售概况”地图上某个省份或城市时，“各产品市场表现”和“各区域市场表现”也都只显示相应省份或城市的数据。若能这样，工作效率会更高。

上述功能在 Tableau 中非常容易实现，只要在仪表板里设置相关“操作”即可。Tableau 中主要有 3 种“操作”。

步骤 1：单击菜单栏中“仪表板”，再单击“操作”，弹出“操作”编辑对话框，单击【添加操作】按钮，如图 2-108 所示，可以看到 3 种“操作”分别是“筛选器”“突出显示”和“URL”。三者的功能分别为如下。

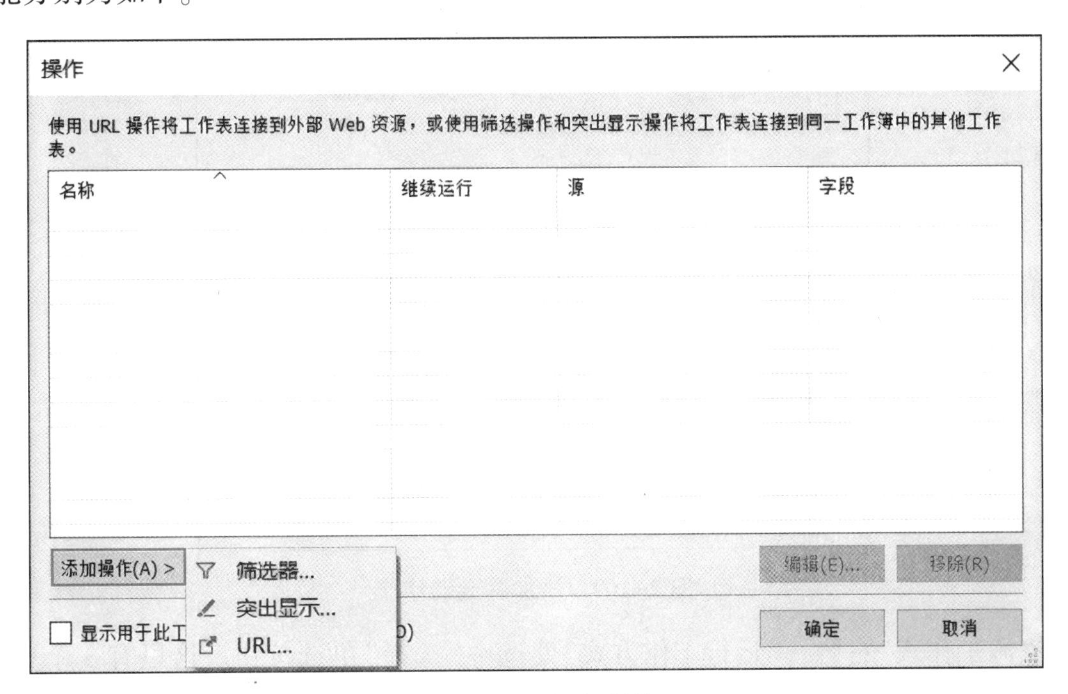

图 2-108 添加操作

• 筛选器：选择某张工作表上某个点或多个点时，相关联的工作表也只显示某个点或多个点所代表的数据。

• 突出显示：选择某张工作表上某个点或多个点时，相关联的工作表突显该点所属的数据。

• URL：选择某个 URL 时，可以跳转至该 URL 所链接的页面。

步骤 2：为了实现单击“各城市销售概况”地图上的某个城市时，“各产品市场表现”和“各区域市场表现”也都只显示相应城市的数据，请按如下顺序操作。

① 单击菜单栏中“仪表板”，单击“操作”，单击【添加操作】按钮并选择“筛选器”，弹出图 2-109 所示的对话框。

② 将该筛选器操作命名为“按城市过滤”。

③ 在“源工作表”列表框内只勾选“各城市销售概况”复选框，这里列出了本仪表板里所含

的几张工作表，此处只使用“各城市销售概况”作为过滤源。

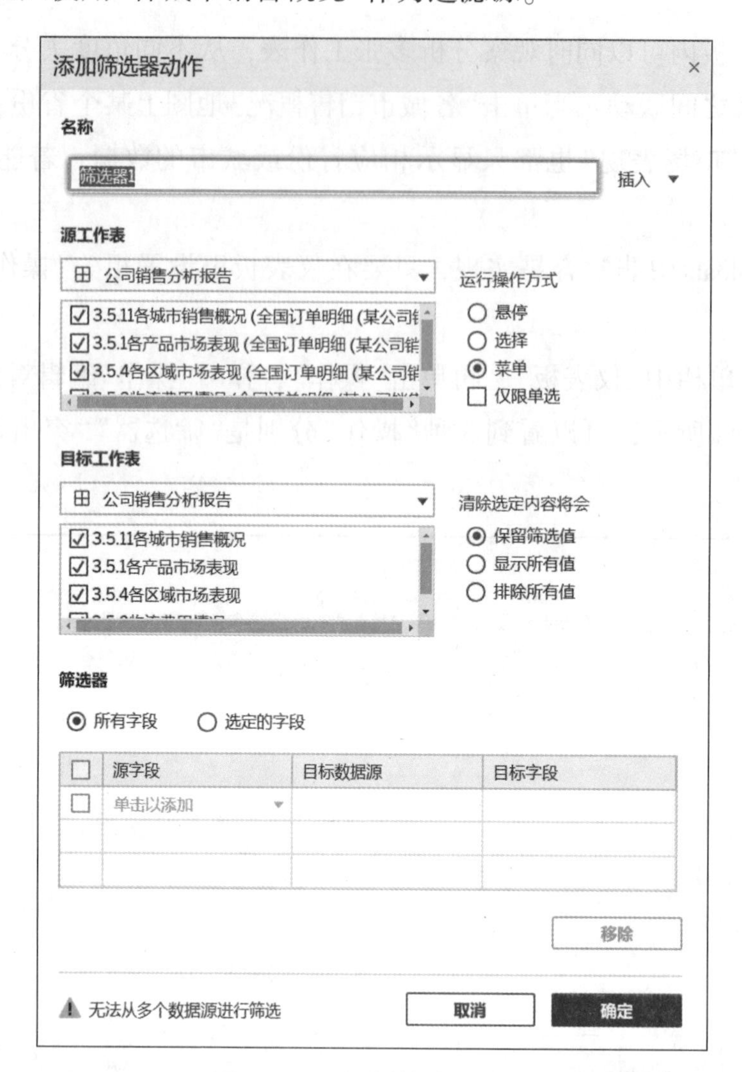

图 2-109 添加筛选器动作

④ 在“源工作表”右侧，“运行工作方式”处选中“选择”单选按钮。这里有 3 个单选按钮：“悬停”是指当光标悬浮于源工作表中某个点时就实现对某关联表的过滤；“选择”是指选中源工作表中某个点时实现对某关联表的过滤；“菜单”是指将“操作”显示在“工具提示”中，单击工具提示中的操作名时才实现对某关联表的过滤。

⑤ 在“目标工作表”列表框内勾选“各产品市场表现”和“各区域市场表现”复选框，将这两张表作为被过滤对象的表。

⑥ 在“目标工作表”右侧，“清除选定内容时将会”处选中“显示所有值”单选按钮。这里也有 3 个选项，用途是设置当取消选择源工作表某个点时，被过滤的工作表中的数据怎么来显示：“保留筛选值”是指仅离开过滤器，被过滤工作表中数据在过滤后不发生变化；“显示所有值”是指取消选择时，被过滤工作表显示原始所有数据；“排除所有值”是指取消选择时，被过滤工作表不显示任何数据。

⑦ 单击【确定】按钮，在“操作”对话框中可看到刚创建的操作，如图 2-110 所示，再单击【确定】按钮。

图 2-110　添加筛选器

⑧ 回到仪表板中，选择“各城市销售概况”图中的城市时，可以看到另外两张表中的数据也相应发生了变化，如图 2-111 所示，单击地图上任意一点，“各产品市场表现”“各区域市场表现”都发生相应变化。

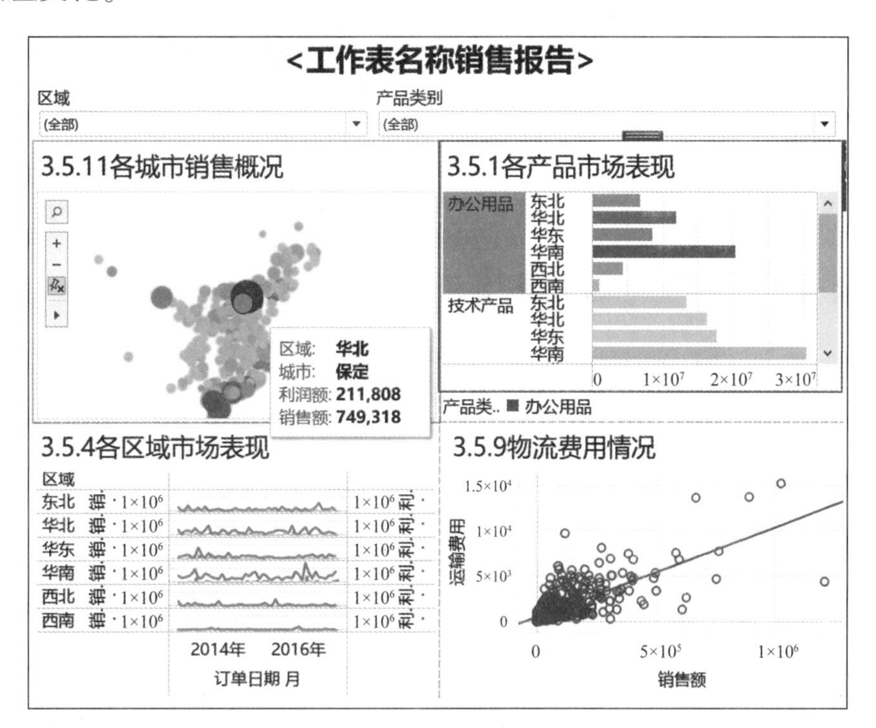

图 2-111　筛选操作演示

步骤 3：再创建一个“突出显示”操作，使得单击“各区域市场表现”图中某处时，“各城市销售概况”和“各产品市场表现”图中的数据相应突显，按照如下顺序操作。

① 单击菜单栏“仪表板”—“操作”，在“操作”对话框中单击【添加操作】按钮，选择“突出显示”命令。

② 在"源工作表"列表框内勾选"各区域市场表现"复选框。

③ 在"源工作表"右侧选中"选择"单选按钮。

④ 在"目标工作表"菜单框内勾选"各城市销售概况"和"各产品市场表现"复选框。

⑤ 单击【确定】按钮，然后在"操作"对话框中再次单击【确定】按钮。

这样就设置好了一个"突出显示"操作，单击"各区域市场表现"图中任意一点，结果如图 2-112所示，"各城市销售概况""各产品市场表现"都只突显相关数据。从图 2-113 中可知，东北区域共有三个省份，4 年来销售额变化不大，其中辽宁省较其他两省销量更大。从产品表现来看，东北区域在各产品类别上销售额排在第 4 位。最后，在工作表标签栏处将整个仪表板命名为"销售分析报告"。

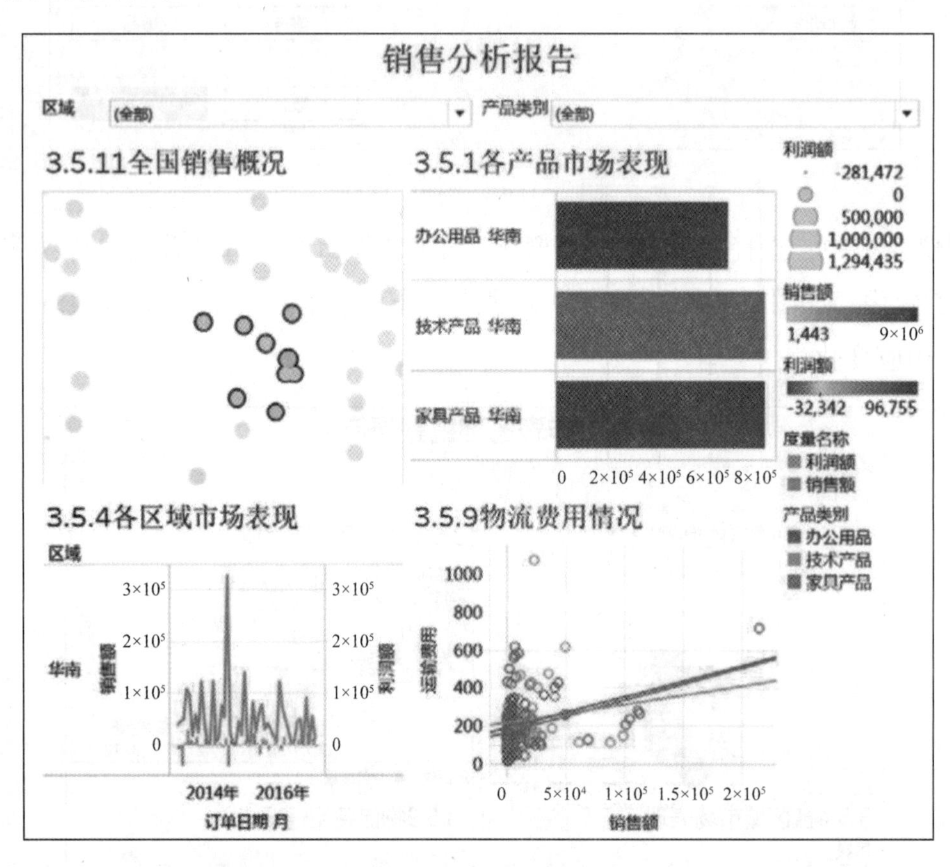

图 2-112 突出显示操作演示

⑥ 还有一种方式可以快速设置"操作"：选中仪表板中某个工作表，单击鼠标右键弹出快捷菜单，如图 2-113 所示，选择"用作筛选器"命令，即创建了一个"筛选器"操作。单击此工作表图中的某一标记，则其他 3 个工作表都只显示相关数据。单击菜单栏中的"仪表板"—"操作"，可以看到刚创建的"筛选器"操作，可以对其进行编辑。也可以选定该表后单击右上角【用作筛选器】按钮，实现快速设置。

⑦ 还可以将某个工作表附带的筛选器也设置为一种"操作"。选中某个筛选器，这里以"各城市销售概况"的"区域筛选器"为例，单击其右上角的下拉按钮，如图 2-114 所示，选择"应用于工作表"—"使用此数据源的所有项"命令，此筛选器用来筛选整个工作簿内其他所有的工作表。

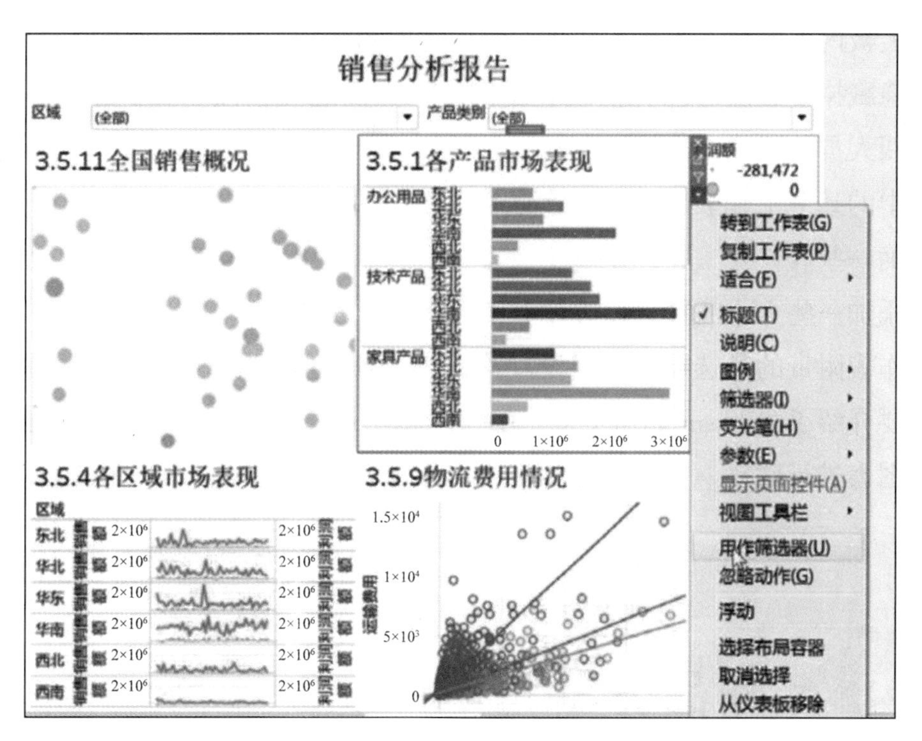

图 2-113 快速设置突出显示

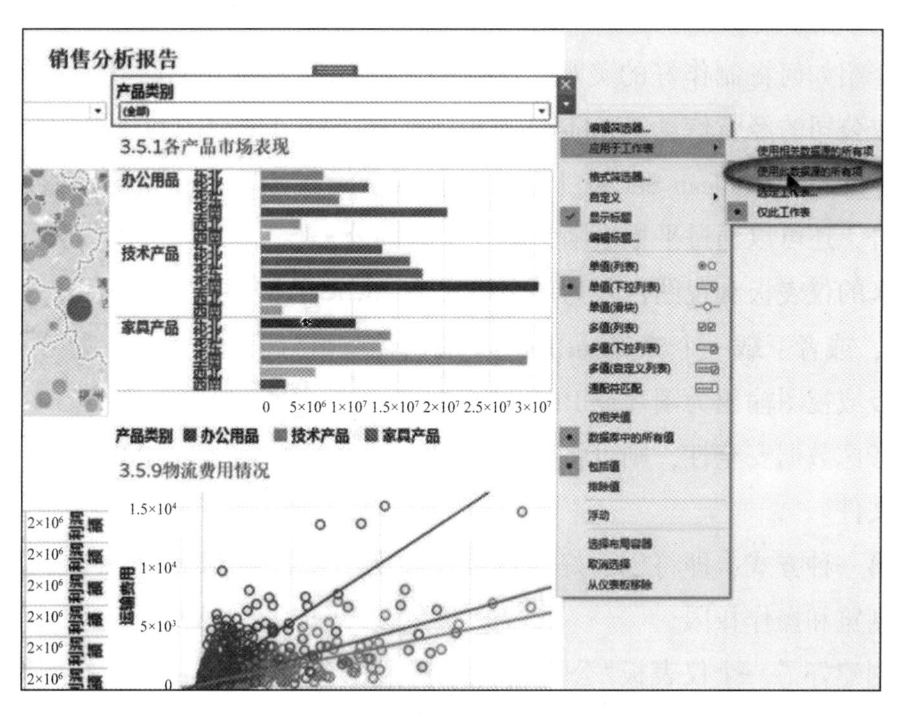

图 2-114 将筛选器应用于工作表

在制作仪表板时，我们可以根据数据的性质及分析的角度，来调整仪表板布局，并创建各种各样的“操作”，使仪表板更具交互感，让报告查看人员可以迅速发现更多的信息。关于仪表板更高级的设置，这里不做深究。此外，“URL”操作，即单击后会链接到所设置的 URL 地址，这里暂不示例。

步骤 4：了解使用仪表板的注意事项。

为了让仪表板简洁、美观、更具交互感，在设置布局仪表板时应注意以下事项。

• 一个仪表板内不要放太多张工作表，可以随时再创建一个新的仪表板。

• 去掉或隐藏掉不必要的注释框或者图例，一方面避免占用不必要的空间，另一方面避免分散报告查阅人员的视线。

• 仪表板中的某个工作表，在其轴上若含有刻度值，要注意刻度值的格式，建议将刻度值设置得更精确一些。

• 适当地添加一些文本注释，以方便查阅人员分析报告。

• 对于工作表附带的筛选器，适当设置其形式，以方便使用。

本任务主要介绍了 Tableau 如何将多张工作表转换成交互的仪表板，在仪表板中将具有相同数据源项的图表进行联动。下面学习如何将作品发布分享。

任务 2.9 作品分享

本任务将介绍如何将制作好的美观、交互的视图和仪表板分享给其他人员，让相关人员在第一时间获取公司的经营信息。Tableau 有以下多种方式可把视图和仪表板分享出去。

• 将仪表板发布到 Tableau Server 上后，其他人员通过用户名、密码，通过浏览器就可阅读制作好的报告，还可以通过平板电脑，实现实时办公。

• 将要分享的仪表板和视图打包为一个格式为 . twbx 的文件，发送出去，则其他人员通过 Tableau 桌面端，或者下载一个 Tableau Reader 阅读器就可打开此文件。

• 将仪表板或视图输出为图片或 PDF 格式文件，然后发送给其他人员。

• 若无须考虑数据安全性，则可将仪表板或视图发布到 Tableau Public 上，其他人员单击链接即可打开文件。

这里介绍第一种方式，即将创建好的仪表板和视图发布到 Tableau Server 上，并为查阅者设置好相应的浏览和操作权限。

前面已经创建好了一个仪表板“公司销售分析报告”，现在要将其发布到服务器上去，并设置相应权限。

步骤 1： 登录 Tableau 服务器。单击菜单栏“服务器”，选择“登录”（也可直接选择“发布工作簿”），弹出图 2-115 所示对话框，输入服务器地址，单击【连接】按钮。连接到服务器之后，弹出图 2-116 所示 Tableau Server 登录窗口，输入用户名和密码，单击【登录】按钮。

登录到服务器，单击菜单栏“服务器”—“发布工作簿”命令，弹出“将工作簿发布到 Tableau Server”对话框，如图 2-117所示。

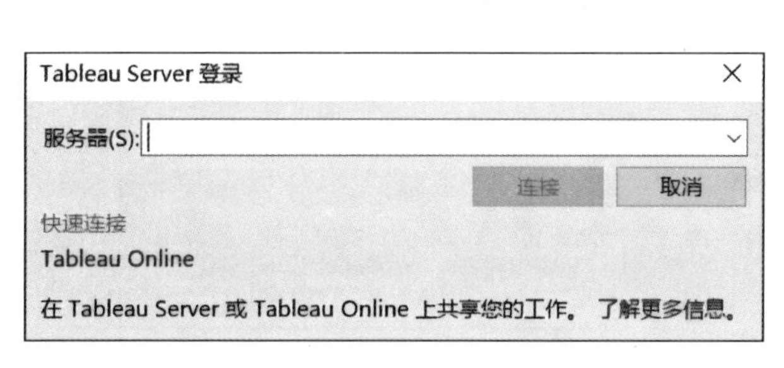

图 2-115 “Tableau Server 登录”对话框

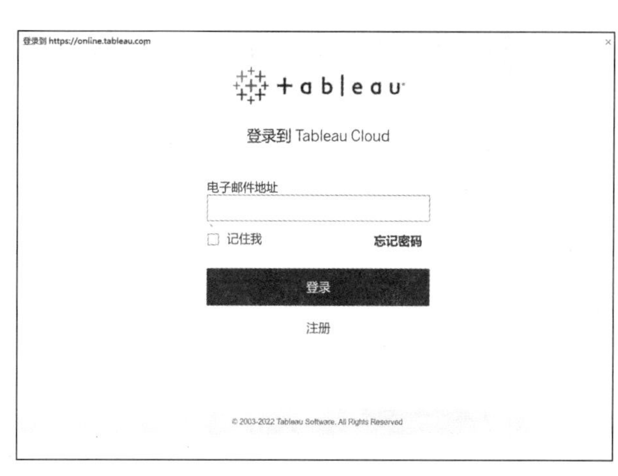

图 2-116 Tableau Server 登录窗口

在此对话框中，“项目”是指要将仪表板和视图发布到 Tableau Server 上的哪个文件夹，该文件夹是管理员事先在 Tableau Server 上创建好的，并为其设置了浏览权限，默认为“默认值”文件夹；“名称”为要发布的工作簿的名称；“标签”下面的【添加】按钮可以为要发布的工作簿添加一个标签，方便在 Tableau Server 上快速搜索和定位；单击“工作表”下方的【编辑】按钮用于选择将哪个工作表发布到服务器上，默认会将本工作簿中所有的工作表勾选；“权限”下方的【视图】按钮可以指定阅读者，默认是发布给所有人员查阅；“数据源”下方的【编辑】按钮会显示数据源的嵌入方式。最下方的红色警示表明 Tableau Desktop 10.4 版本及更高版本支持将工作簿降级发布到 Tableau Server 10.2 及更高版本。

图 2-117 “将工作簿发布到 Tableau Server”对话框

步骤 2：在继续操作之前，不妨先来看一下服务器的主页面。以系统管理员身份登录Tableau Server，进入如图 2-118 所示页面，该页面是登录后的默认页面，显示的是 Tableau Server 中的所有项目，用户可以选择工作簿所在的项目文件夹以找到要查看的报告。页面上方是管理员特有的一些管理选项。

- 用户数：单击进入后可以建立或删除用户。
- 组：单击进入后可管理用户组。
- 计划：单击进入后管理员可以创建刷新计划和订阅。
- 任务：单击进入后可以查看哪些计划正处于任务中。
- 状态：单击进入后可以查看 Tableau Server 的运行状态、最近访问用户等。

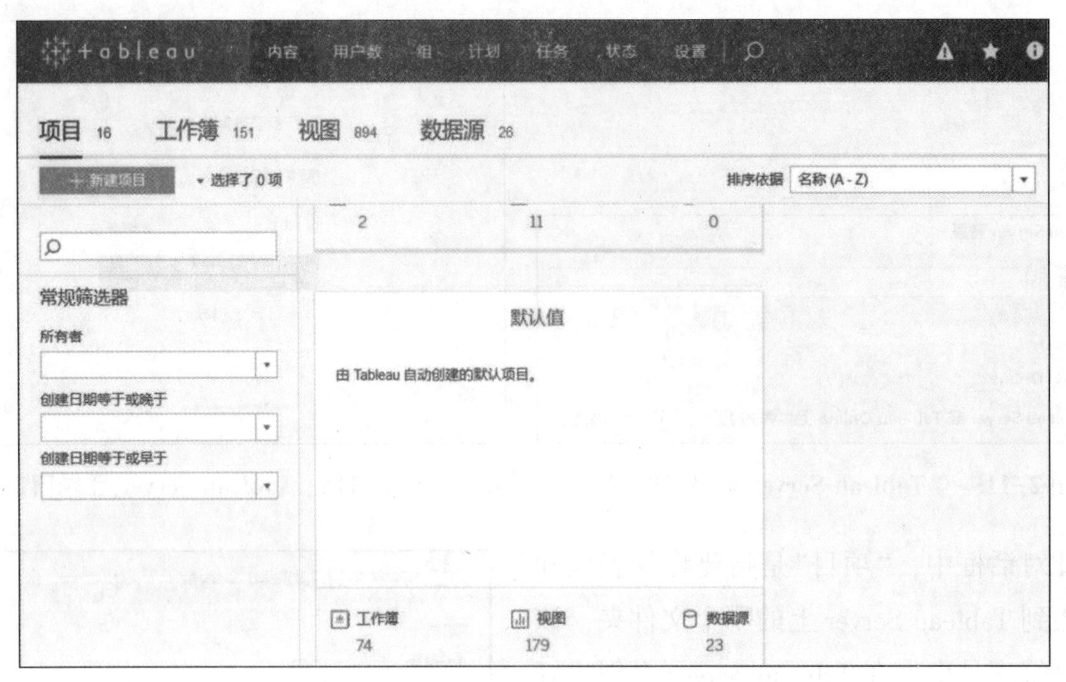

图 2-118　Tableau Server 服务器的主页面

• 设置：单击进入后管理员可以对 Tableau Server 进行相关的设置。

在图 2-117 中，若单击“用户数”，则进入图 2-119 所示页面，其中列出了已创建好的用户，可以编辑、删除和归组已有用户，也可设置其总权限，如发布者权限、管理员权限。单击左上角的【添加用户】按钮可以新建用户。单击“组”，则进入类似页面，可对用户组进行管理。

+tableau　内容　用户数　组　计划　任务　状态　设置

用户数 21

+添加用户　选择了 0 项

常规筛选器
站点角色
任何站点角色

显示名称	用户名	站点角色	组	上次登录时间
Bizinsight	bizinsight	服务器管理员	2	2018年1月5日 上午11:17
test	test	交互者	1	2017年9月7日 下午7:25
中粮	中粮	交互者	2	2017年3月17日 下午5:46
何业文	何业文	发布者	1	2017年12月26日 下午2:39
刘海雨	刘海雨	发布者	1	2018年1月5日 上午10:27
常浩	常浩	未许可	1	2017年7月25日 下午3:52
彭婉婷	彭婉婷	发布者	1	2018年1月4日 下午2:19
新时代	新时代	发布者	3	2016年6月16日 下午1:50
李健	李健	未许可	2	2016年1月15日 下午4:22

图 2-119　Tableau Server“用户数”界面

步骤 3：对服务器管理页面有了大致了解后，再回到发布工作簿到服务器上的步骤中来。在“将工作簿发布到 Tableau Server”对话框中将“项目”设置为“经理报告”，在“名称”处写上

“销售分析报告”；选中“所有用户”，然后单击【移除】按钮，因为这份报告只给经理级别的人查阅。具体操作顺序如下。

① 单击“工作表”下方的【编辑】按钮，勾选要发布的工作表，选中“各城市销售概况”“各产品市场表现”“各区域市场表现”“物流费用情况”“公司销售分析报告”选中，以待发布。

② 单击“权限”下方的【编辑】按钮，在列表框中直接选中“test”，然后单击下方中间的【编辑】按钮，如图 2-120 所示，打开“添加/编辑权限”对话框，设置具体的权限，设置结果如图 2-121所示，单击【确定】按钮。

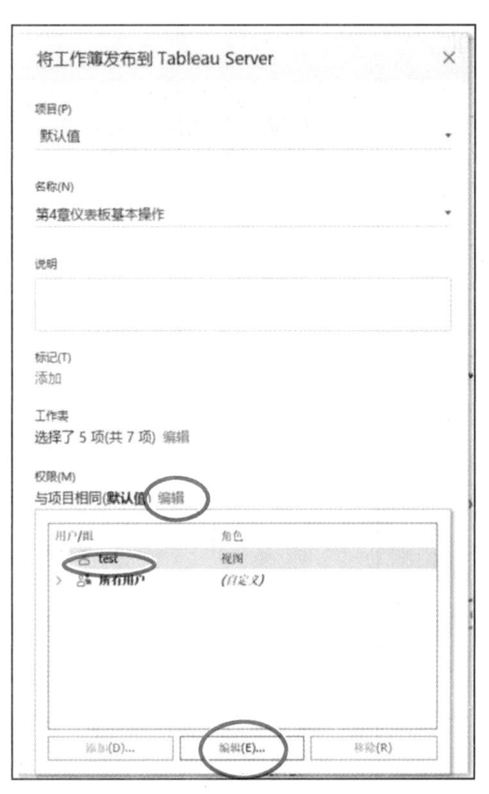

图 2-120 添加/编辑权限

③ 返回“将工作簿发布到 Tableau Server”对话框，单击【发布】按钮，则将所选中的工作表发布到服务器上。

④ 成功发布工作簿后，弹出“发布完成”对话框，单击【完成】按钮即可进入网页浏览模式。这时，只有工作簿发布者、管理员以及各部门经理才能看到此工作簿。

图 2-121 “添加/编辑权限”对话框

⑤ 将工作簿发布到服务器后，还可以将相关工作表生成 URL 地址或 HTML 代码，然后将 URL 地址直接用电子邮件发给相关人员，或者将 HTML 代码嵌入某个网页中。为此，相关人

员只需用网页浏览器打开刚才发布的工作簿，如图 2-122 所示，单击右上方的【共享】按钮，即可为当前的视图生成一个 URL 地址和 HTML 代码，如图 2-123 所示，其中标记部分为服务器地址。

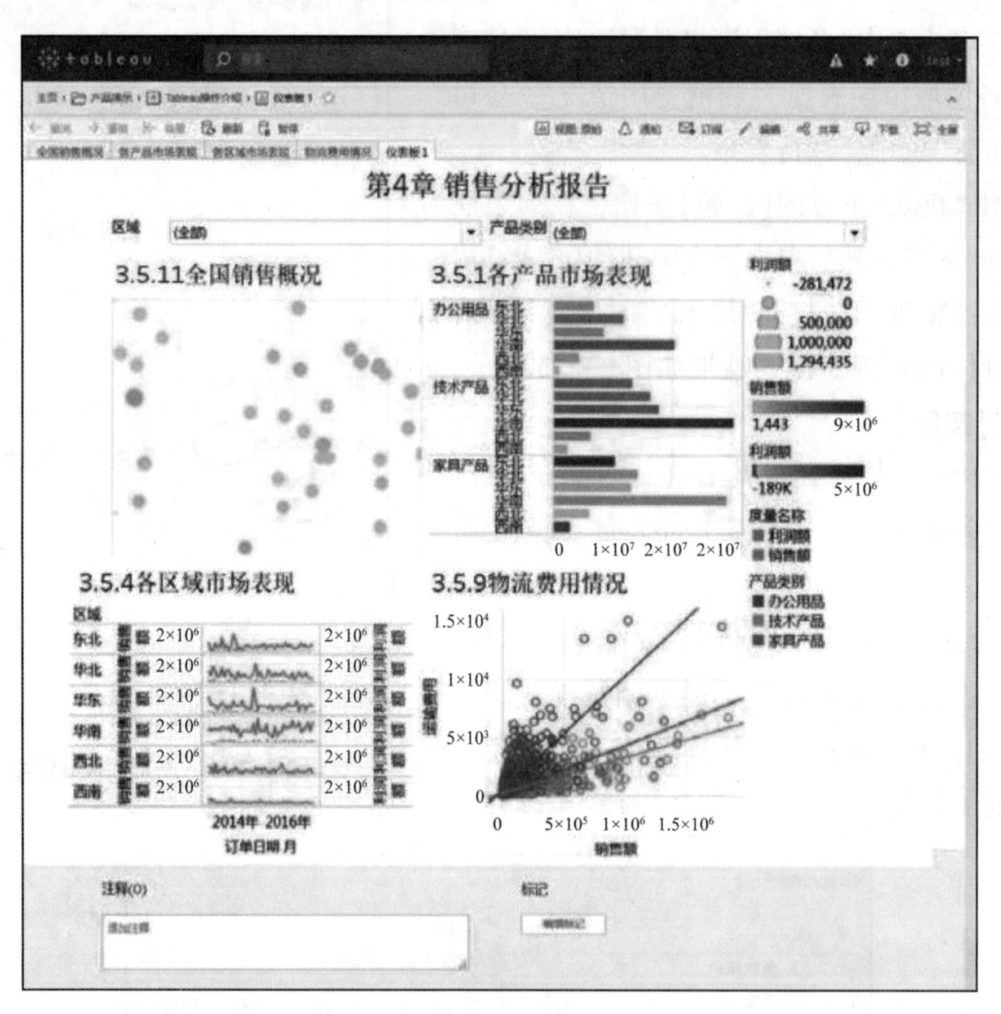

图 2-122 用浏览器查看工作簿

图 2-123 共享视图

步骤 4：除了可将 Tableau 工作簿发布到服务器上，我们还可将工作簿进行打包，或者输出为图片或 PDF 文件，具体操作顺序如下。

① 若要将工作簿打包，单击菜单栏中的“文件”—“导出打包工作簿”命令，如图 2-124 所示，在弹出的对话框中输入文件名，保存即可。需要注意的是，输出为打包文件，是将工作簿中所有的工作表以及原始数据都打包在一起。所以，将工作簿打包输出的一个好处是，查收人员除查看报告外，还可利用原始数据进行数据分析。

② 若要输出为 PDF 文件，只需单击菜单栏中的“文件”—“打印为 PDF”命令，弹出图 2-125所示对话框，在这里选择要输出的工作表，可以是当前活动的工作表、整个工作簿或者选中的几个工作表，然后设置纸张尺寸。尤其要注意的是，在输出仪表板时，若仪表板内各个工作表中所含的中文文字太多，或者轴上的刻度太密集，则应事先做相关调整，比如将

中文字体设为“Arial Unicode MS”，以免在输出为PDF后，相关中文文字或数字显示不出来，而出现一个个的小四方形。若要对仪表板的尺寸进行设置，则单击菜单栏中的“文件”—“页面设置”命令，弹出图2-126所示对话框。

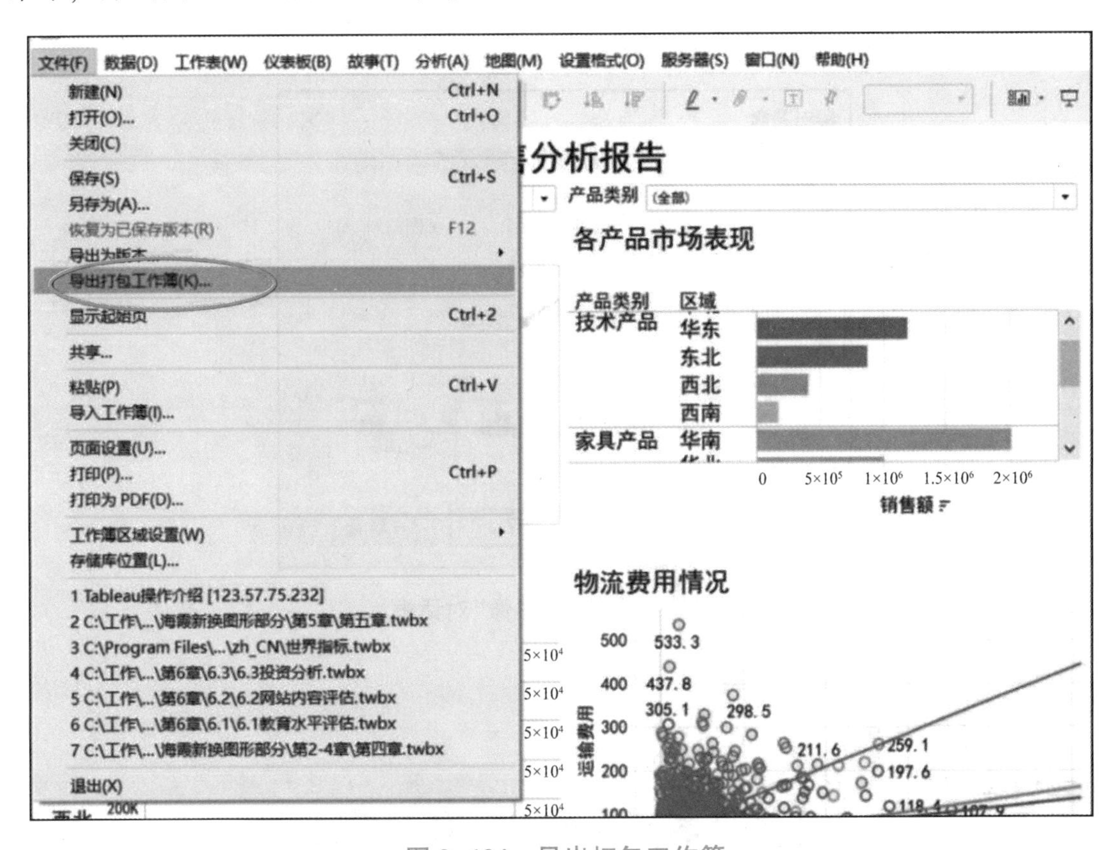

图 2-124　导出打包工作簿

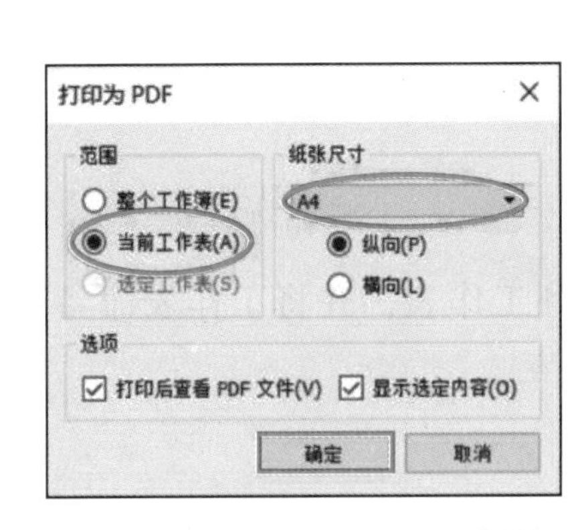

图 2-125　“打印为 PDF”对话框

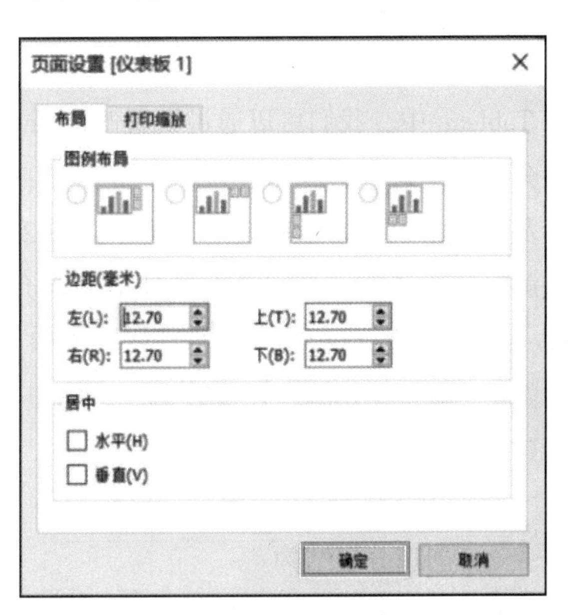

图 2-126　“页面设置[仪表板 1]”对话框

③ 若要输出为图片文件，对于整个仪表板，只需单击菜单栏中的“仪表板”—“导出图像”命令，保存文件即可；对于某个视图工作表，单击菜单栏中的“工作表”—“导出”—“图像”命令，弹出图2-127所示对话框，勾选相关复选框后，单击【保存】按钮即可。另外，在某个视

图上单击鼠标右键，在弹出的快捷菜单中选择“复制图像”命令，则可将视图复制到某个文件上。

对于用 Tableau 创建的图表，有多种方式能方便、快速地将其分享，达到信息共享的目的。

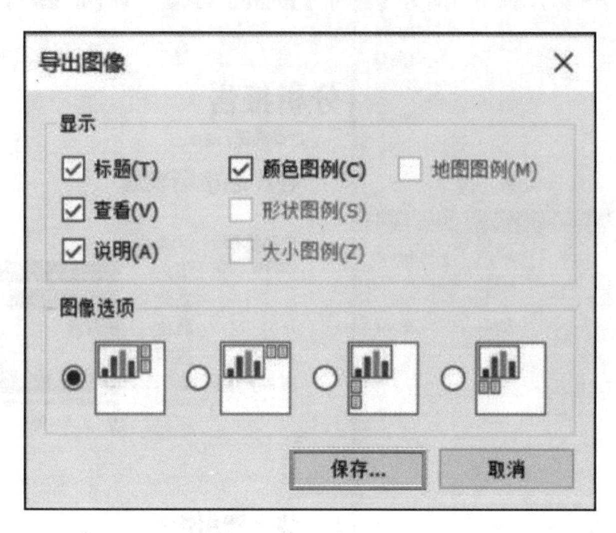

图 2-127 “导出图像”对话框

任务 2.10 制作“按页面查看”视图

在 Tableau 中，我们可以通过设置 Tableau 中的部件来灵活地展现首页或者多级页面当中不同媒介类型的客户访问量、跳出率等数据；根据实时的趋势数据分析结果，及时做出相应的调整及改善，以提高工作效率。例如，图 2-128 所展示的是“网站内容评估”效果图。在做网站监测时，为了在一张图表上看到不同媒介、不同页面的独立访问量是多少，我们可以通过 Tableau 迅速地生成相关报表，具体操作如下。

步骤 1：新建工作簿，连接数据。

新建工作簿，连接数据“网站内容评估 . xls”，转到工作表，并将工作表命名为“按页面查看”。

步骤 2：创建分层结构。

为“页面”“一级页面”和“二级页面”创建一个分层结构，命名为“页面分层”。

步骤 3：选取选项。

将“独立访问量”和“页面分层”分别拖曳至“行”和“列”中，以显示不同页面的独立访问量情况。

步骤 4：筛选。

在“媒介类型”上单击鼠标右键，选择“快速筛选器”，通过选择不同的媒介，来查看该网页的访问量情况，如图 2-129 所示。这样，就实现了通过 3 个维度来查看新访问量数据。

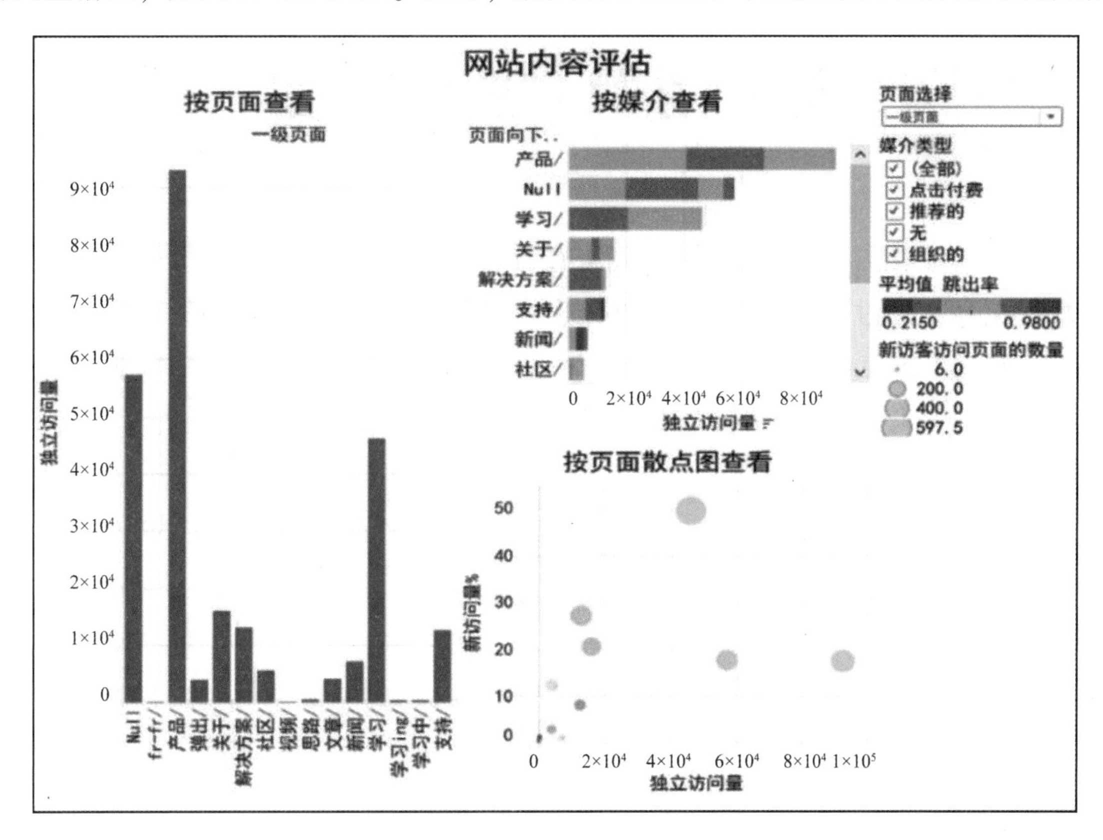

图 2-128 “网站内容评估”效果图

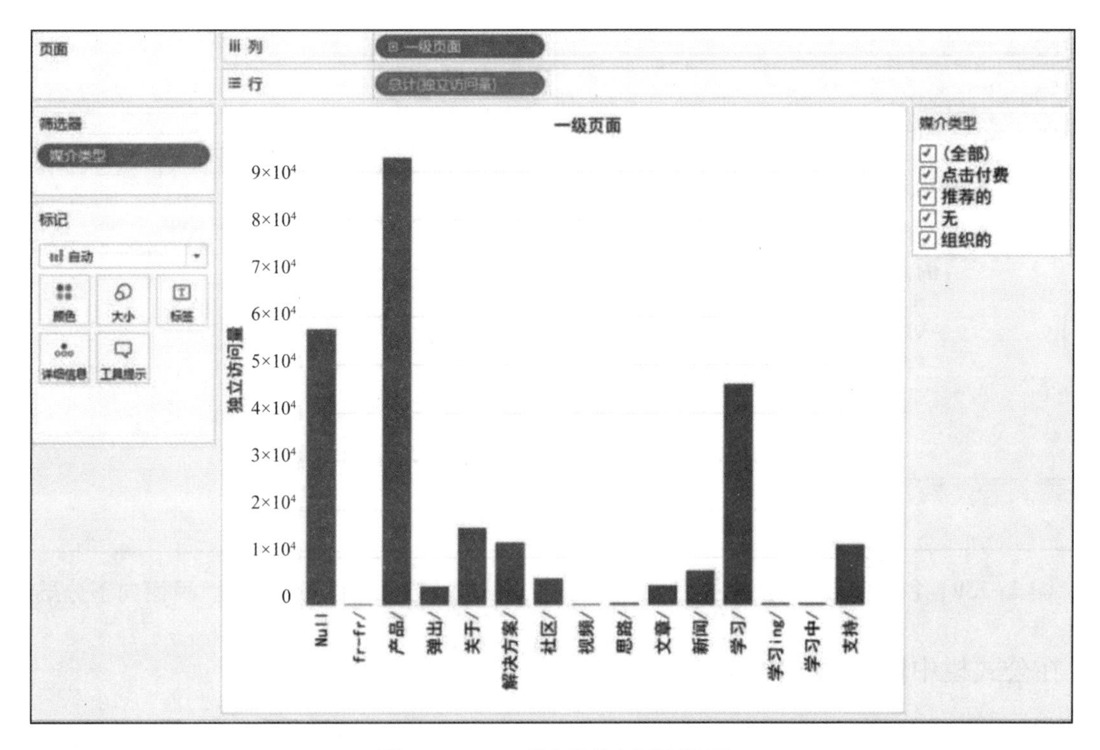

图 2-129 “按页面查看”视图

任务 2.11　制作“按媒介查看”视图

接下来创建一个视图，按照媒介的类别来查看网站跳出率的情况。在 Tableau 中，除创建分层结构外，还可以通过设置参数来实现多维度钻取或筛选。具体操作如下。

步骤 1：新建工作表。

新建工作表，将其命名为“按媒介查看”。

步骤 2：新建参数。

把“页面”“一级页面”“二级页面”放进一个参数当中：新建参数，命名为“页面选择”，数据类型设为“字符串”，值列表的设置如图 2-130 所示。

步骤 3：新建字段。

参数创建后，新建一个计算字段，命名为“页面向下分层计算器”，此计算字段作为筛选器使用，如图 2-131 所示。

图 2-130　创建参数“页面选择”

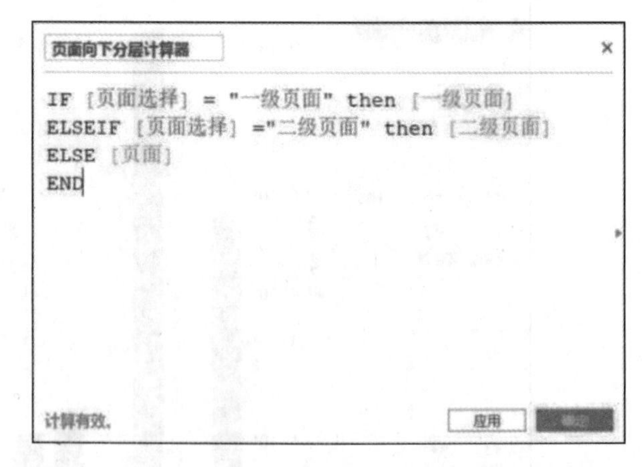

图 2-131　创建计算字段“页面向下分层计算器”

在公式栏中输入以下内容。

```
if[页面选择]="一级页面"then[一级页面]
elseif[页面选择]="二级页面"then[二级页面]
else[页面]
end
```

步骤 4：制作“条形图”。

制作“条形图”的操作顺序如下。

① 将“独立访问量”和“页面向下分层计算器”分别放入“列”和“行”中。

② 将“媒介类型”拖曳至“筛选器”，并用鼠标右键显示筛选器。

③ 将“跳出率”拖曳至“标记”菜单下方的“颜色”框中，将其度量方式改为平均值。

④ 将“页面分层”及“媒介类型”拖曳至“详细信息”框，以在工具提示中显示。

⑤ 编辑“跳出率”的颜色，如图 2-132 所示。

⑥ 将参数“页面选择”的控件显示出来。如此，该视图就完成了，结果如图 2-133 所示。在选择不同的页面时，条形图的纵坐标也随之改变，这样用户可以灵活地查看不同页面的媒介类型有哪些，并且可以看到每个媒体类型的平均跳出率及独立访问量的情况。

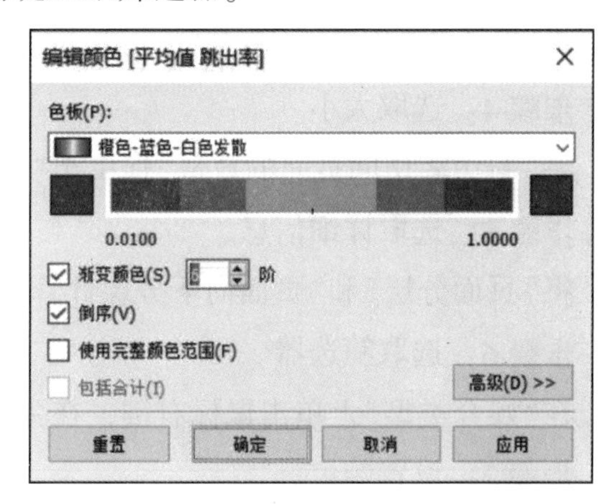

图 2-132　编辑“跳出率”的颜色

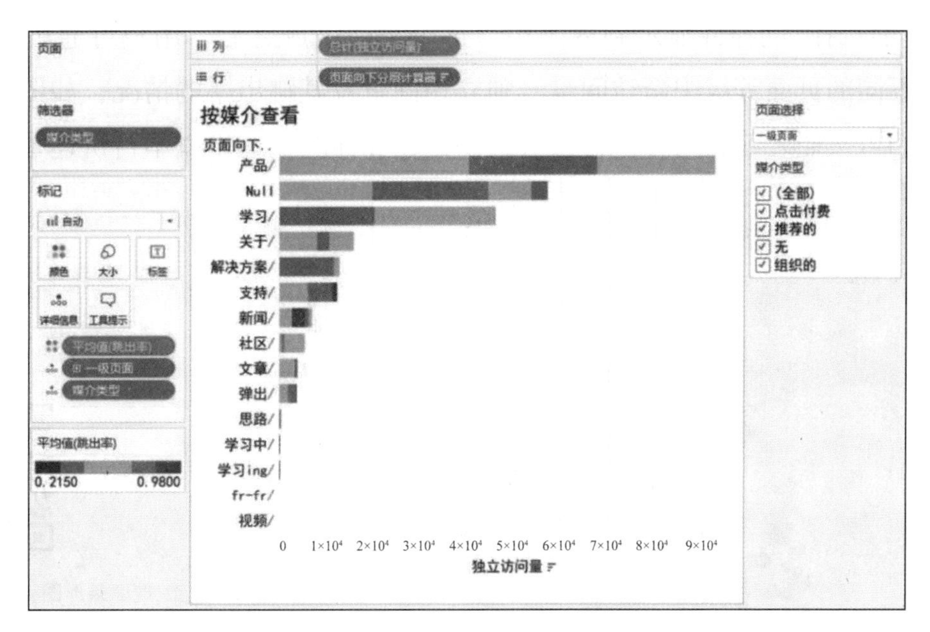

图 2-133　“按媒介查看”视图

任务 2.12　制作“散点图”视图

通过散点图，我们可以直观地看到独立访问量与新访问量的情况。具体操作步骤如下。

步骤 1：新建工作表。

新建工作表，并将其重命名为“散点图”。

步骤 2：选取选项。

将“独立访问量”和“新访问量%”分别放到“行”和“列”中，并将标记类型设为“圆”。

步骤 3：上色。

将“跳出率”拖曳至“颜色”，并设度量方式为平均值。

步骤 4：选取大小。

将“新访客访问页面的数量”拖曳至“大小”框中。

步骤 5：选取详细信息。

将“页面分层”和“页面向下分层计算器”拖曳至“详细信息”框中。

步骤 6：选取筛选器。

在“媒介类型”上单击鼠标右键，在弹出的快捷菜单中选择“显示快速筛选器”命令。

步骤 7：设置颜色。

设置“跳出率”的图例颜色。

步骤 8：查看散点图。

把参数“页面选择”的控件显示到视图中。这个页面完成之后，用户可通过单击筛选器来查看散点图中不同的页面等级中新访问量、独立访问量及其跳出率的情况，如图 2-134 所示。

接下来我们可按照之前的内容进行仪表板的制作和体验，这里就不再讲述了。

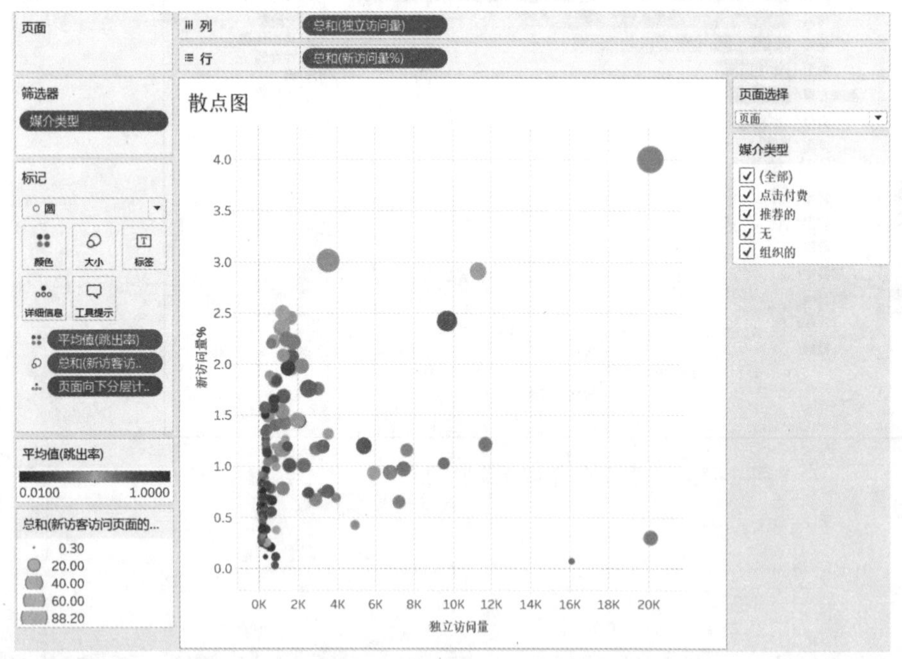

条形图：各城市的利润率

图 2-134 “按页面散点图查看”视图

【项目小结】

本项目主要介绍了 Tableau 的基本操作，从简单的排序、分组分层到参数与函数的使用，从基本可视化图形到新型可视化图形。可以发现，Tableau的操作都很简单，只用拖曳、双击、单击等操作，就能将大量的数据快速地迅速转为美观的视图。

Tableau可以将多张工作表转换成交互的仪表板，在仪表板中将具有相同数据源项的图表进行联动，将作品发布分享。

我们还学习了参数的另一种设置方法，以及散点图在网站内容评估中的应用。

【拓展练习】

(1)打开节附件中所带的工作簿，将仪表板中的内容按照“利润额”由高到低排序，所有图表都按照“利润额”排序应该如何做？

(2)如果两个包含字段没有明确说明层级关系，如何判断哪个包含另一个？

(3)将“度量”列表框中的“利润额”字段进行分组，把它分为“低”“中”“高”三组，使用组来进行颜色划分。

(4)思考“组”和“集”的区别，各自适合什么样的分析场景？

(5)改变示例条形图中默认颜色的映射，尝试其他的颜色映射计算，思考图形的变化反映了什么样的销售情况。

(6)尝试结合地图和饼图构造不同区域产品销售比率的组合图形，即如何将地图上的点标记变成饼图？

(7)将动态图中的图形转化为散点图，增加历史轨迹观察图形的变化，思考哪种形式更好。

(8)将瀑布图修改为分别按照产品类别的利润额和销售额排序。对比原始图形，查看可视化的优劣。

(9)帕累托图上如何动态的配置列坐标参考线，如何将参考线绘制在80%帕累托曲线的参考位上。

PROJECT 3 项目 3

地图的运用

学习目标

- 掌握如何将地图作为筛选器联动相关数据项的图表。
- 掌握如何在同一张地图上叠加不同的指标。
- 了解如何通过可视化图形观察各组之间某个指标的差异。
- 了解如何通过仪表板联动观察不同指标变化对某个特定值对的影响。

任务 3.1 地图基本操作案例分析

如何在 Tableau 中绘制地图

下面以一份模拟的保险数据为例进行索赔分析。本任务重点学习地图较高级的应用。

通过案例分析，我们可以了解医生、手机和网络这 3 种提交方式的索赔率是否存在差异。本任务中，我们将制作两张地图，一张通过饼图展示各个呼叫中心的各种响应状态所占的比例，另一张用圆形大小展示各个城市的索赔情况。最后将两张地图合并到一起，实现在一张地图上显示两张地图上的不同信息，以简化视图，使得展现结果更加生动丰富。具体操作步骤如下。

步骤 1：将 Tableau 连接到数据源“索偿分析 . xls”，如图 3-1 所示。

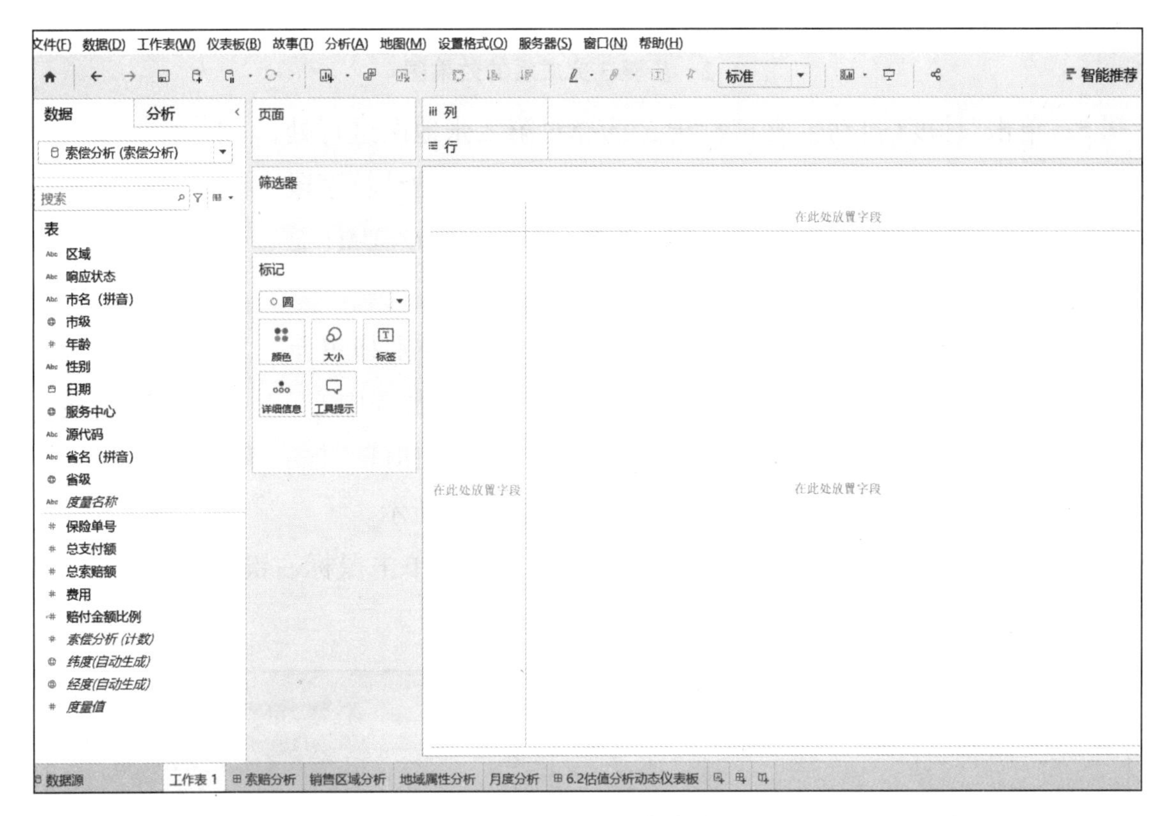

图 3-1 连接到数据源

步骤 2：把“省级”字段的地理角色设为“省/市/自治区”；“服务中心”字段和“市级”字段的地理角色设为“城市”。

步骤 3：开始绘制第一张地图。双击字段“服务中心”，并将其类型设为“饼图”，把“响应状态”字段和“费用”字段分别拖曳至“颜色”框和“大小”框，如图 3-2 所示。

步骤 4：把“纬度(自动生成)”字段拖曳至“行”功能区，在此工作表中增加一张地图。

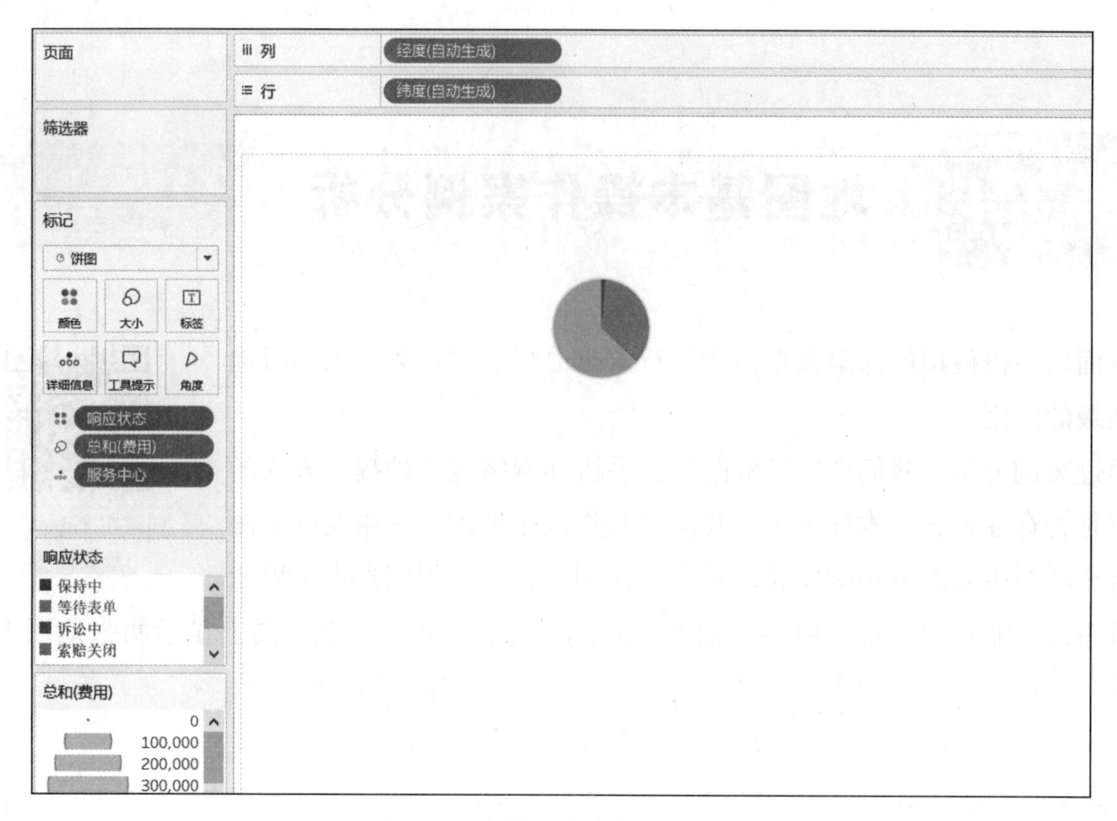

图 3-2　步骤 3 完成后的效果图

图 3-3　切换图形图

步骤 5：单击“纬度(自动生成)”标记，选择对第二张地图进行处理。将标记类型设为“圆”，如图 3-3 所示，并创建一个新的计算字段“赔付金额比例”，公式为“赔付金额比例＝SUM(总支付额)/SUM(总索赔额)”，字段定义如图 3-4 所示。

步骤 6：将“赔付金额比例”字段和“总支付额”字段分别拖曳至“颜色”框和“大小”框，分别展示图形的颜色和大小，将“服务中心”字段从“标记”卡中拖曳出来，并将“市级”字段拖曳至“详细信息”框，则地图中将以“市”为单位显示地理信息，其视图如图 3-5 所示。

步骤 7：在“行”功能区中的“纬度(自动生成)”字段上单击鼠标右键，在弹出的快捷菜单中选择“双轴”选项，即将两张地图合并在一张地图上。

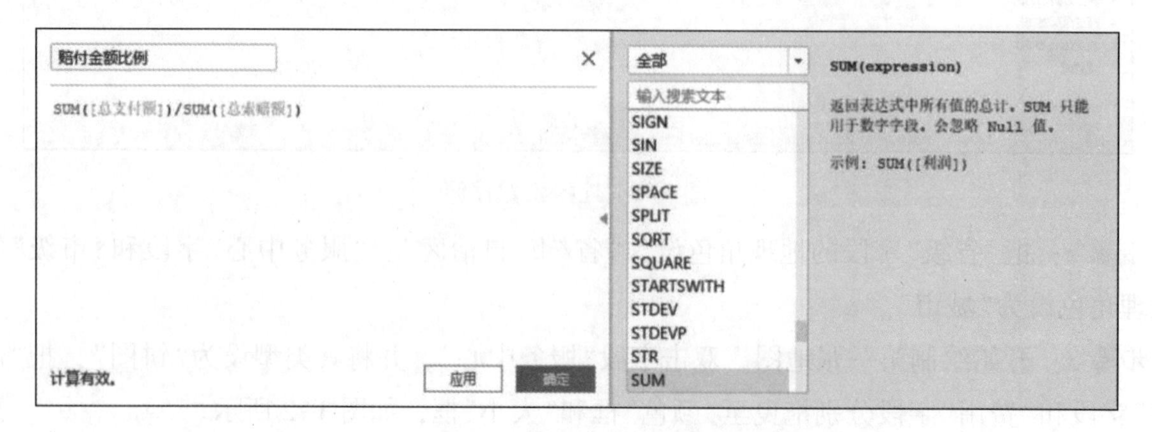

图 3-4　新建计算字段“赔付金额比例”

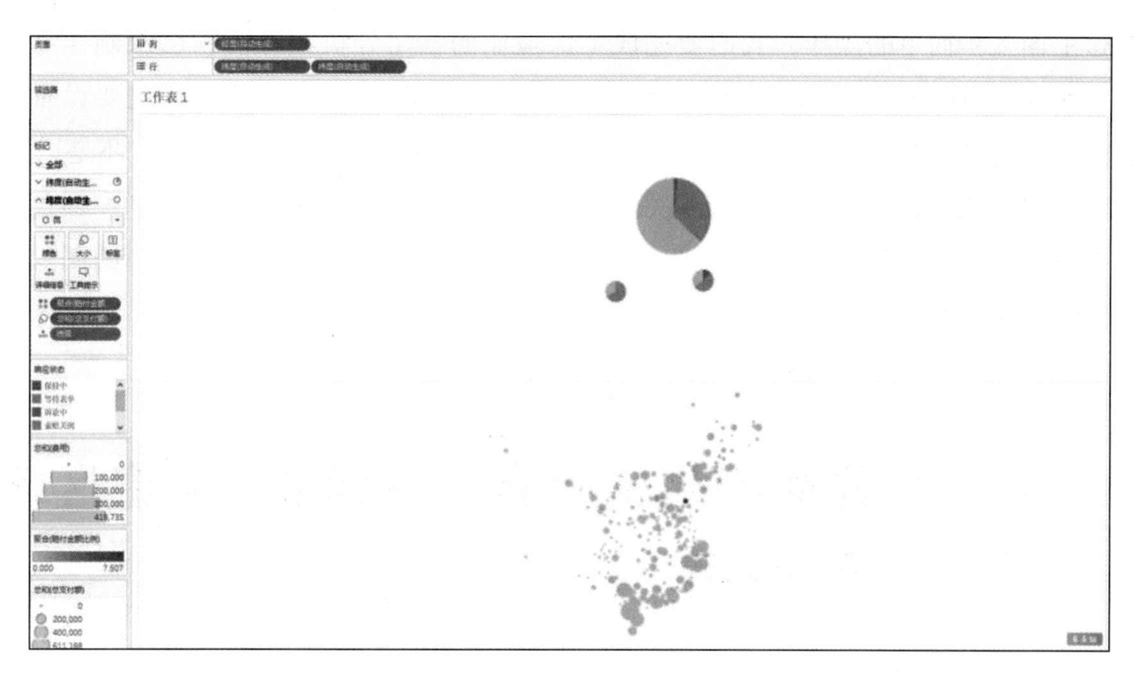

图 3-5　修改新增地图属性

步骤 8：做到这里，视图显得有些乱，为此可以设置筛选器，每次只显示部分区域的信息，并对图形进行美化及人性化设计。具体操作顺序如下。

① 将“区域”字段和“源代码”字段设置为快速筛选器，新建一个仪表板。

② 将此视图拖曳至仪表板。

③ 通过快速筛选器，我们可以灵活地查看各区域、各种源代码的索赔情况，如图 3-6 所示。

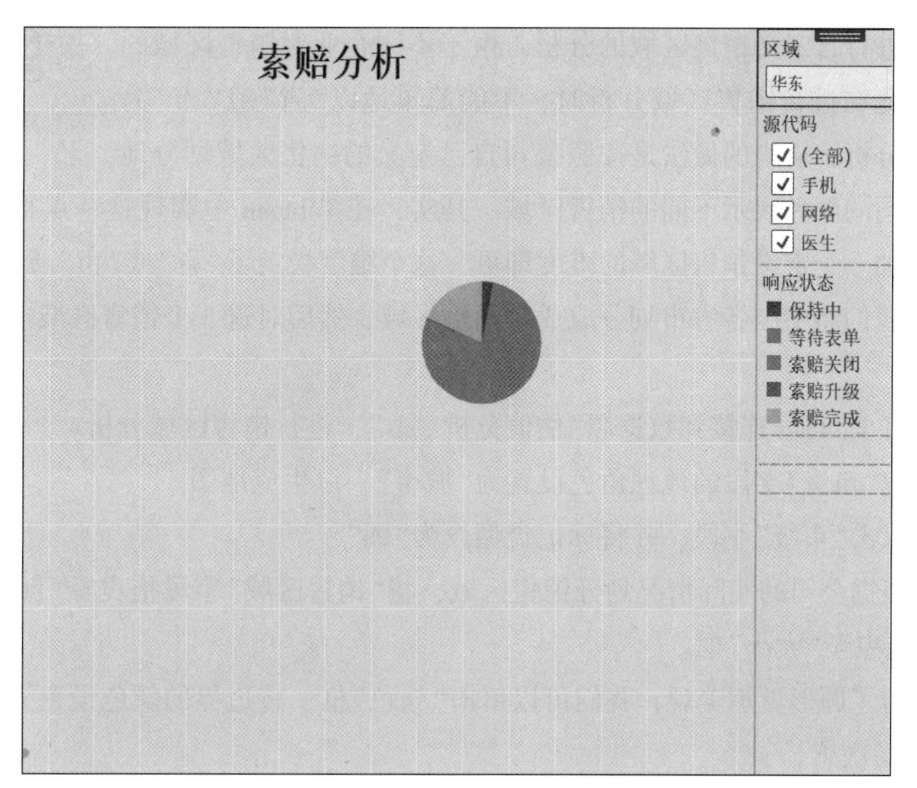

图 3-6　“保险业索赔分析”最终效果图

通过上面几步简单的操作，我们便完成了保险业的索赔分析，可借助已经制作好的仪表板分析各区域及各种源代码的运营情况及差异。在对地图的操作中，我们首先要设置代表地域信息的字段的地理角色，以及确定要分析的地理单位，如是以“省”为单位，还是以“市”为单位。然后在相应的地理区域上展示相关信息。我们可以选择用多种颜色或单一颜色的深浅表示每个度量字段在各个地理区域的大小级别，还可以在该地图上增加饼图、圆图等，进一步丰富地理区域上的信息。

任务 3.2 房地产估值分析——制作“销售区域分析”视图

如今房地产行业竞争越来越激烈，更好地把握市场趋势，及时获取信息是提升竞争力的重要保障。目前，很多房地产公司在利用自己的数据进行客户洞察、客户流失分析、潜在客户挖掘、升级服务、营销手段分析、销售预测等。我们可以通过 Tableau 简单、快速地从数据中洞察信息、掌握先机。在本任务中，我们将模拟一份房地产行业的运营数据，通过案例来掌握 Tableau 在房地产行业中的重要应用。

在前面任务中，我们已经练习了如何制作地图，为了减少重复，本任务对已经介绍过的制作地图的操作进行简单说明。在本任务中，我们主要学习如何进行自定义销售区域的分析。由于不同企业对销售区域的定义不同，因此在进行销售区域分析时，不能简单地以“省”或“市”为地理单位进行分析，恰当的做法是按照公司自己定义的销售区域划分地图，分别以不同的颜色表示不同的销售区域。其实，在 Tableau 中实现这一点很简单，只要在原有数据中增加一个定义销售区域的维度即可，这个维度指定了“省”或“市”所属的销售区域。在本任务中，我们将中国各省市划分成 3 个销售区域，然后对这 3 个销售区域进行分析，操作如下。

制作销售区域分析视图

步骤 1： 将 Tableau 连接到数据源“估值分析 . xls”，进行销售区域分析。

步骤 2： 把“市级”字段的地理角色设置为“城市”，以生成地图。

步骤 3： 双击“市级”字段，并将标记类型设为“圆”。

步骤 4： 根据公司的实际情况划分销售区域，将“销售区域”字段拖曳至“颜色”框，将“销售价格”字段拖曳至“大小”框。

步骤 5： 为了圆形更加美观，我们可以单击“颜色”框，将边界的颜色设置为白色，这样可以增加视图的层次感。

步骤 6： 将“销售日期”“卧室数量”“物业面积”“加热面积”字段均拖曳至“详细信息”框，

将工作表命名为“销售区域分析”，最后结果如图 3-7 所示。

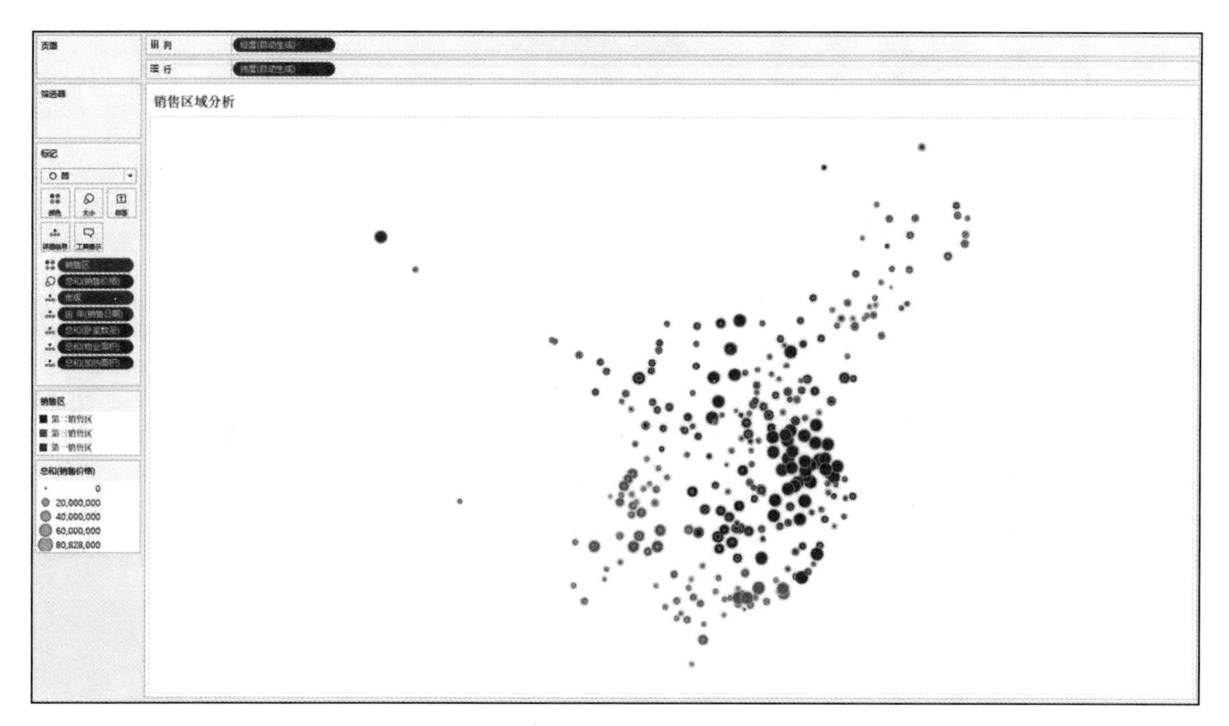

图 3-7 “销售区域分析”视图

任务 3.3 房地产估值分析——制作“地域属性分析”视图

制作“地域属性分析”视图的具体操作步骤如下。

步骤 1：新建一张工作表。

步骤 2：把“市名(拼音)”字段的地理角色设置为“城市”，双击该字段，或者将该字段直接拖曳至视图区，生成一张地图。

制作地域属性分析视图

步骤 3：标记类型设为“形状”，并把“契约类型”字段拖曳至“形状”框，在该字段上单击鼠标右键，在弹出的快捷菜单中选择“显示筛选器”选项，将“契约类型”设为“特保型”。

步骤 4：把“卧室数量”字段拖曳至“颜色”框。

步骤 5：把“编号”“销售日期”“销售价格”字段均拖曳至“详细信息”框，结果如图 3-8 所示。

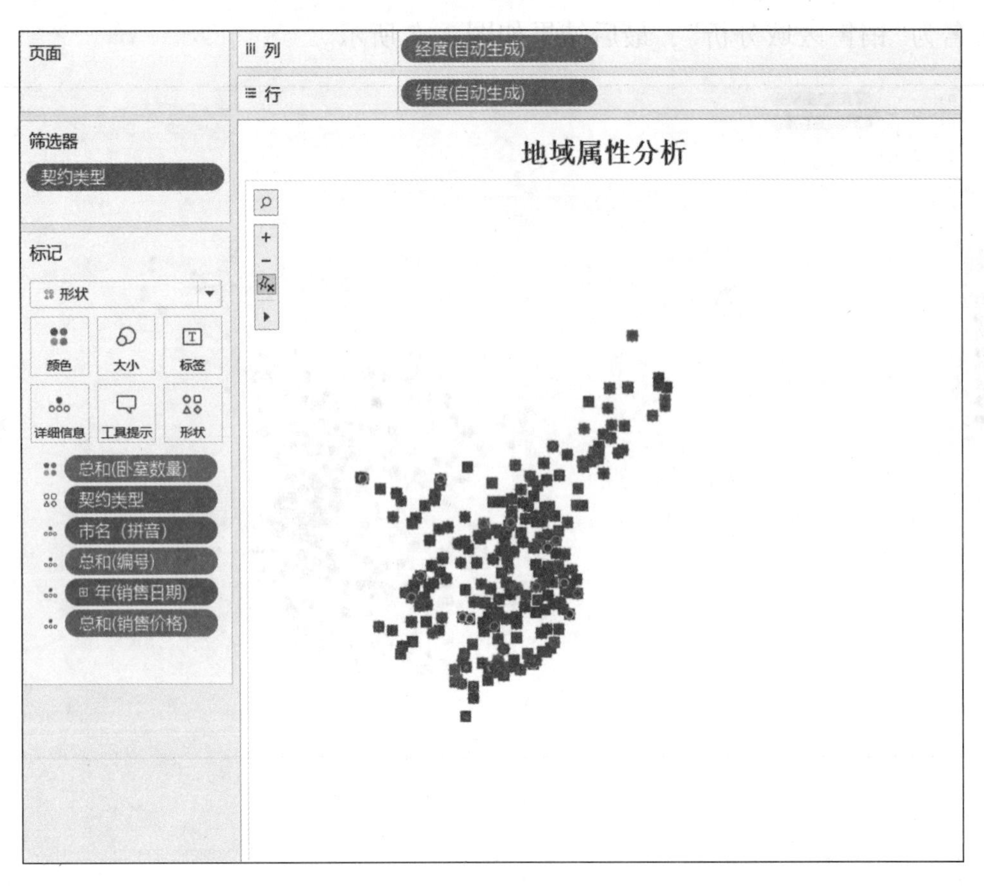

图 3-8 “地域属性分析”视图

任务 3.4 房地产估值分析——制作“月度分析”视图

制作“月度分析”视图的具体操作步骤如下。

制作月底分析视图

步骤 1：新建一张工作表，将其命名为“月度分析”。

步骤 2：把“销售价格”“加热面积”字段分别拖曳至“列”功能区和“行”功能区。

步骤 3：将标记类型设为选择“形状”，将“契约类型”字段拖曳至“形状”框，将“卧室数量”字段拖曳至“颜色”框。

步骤 4：在菜单栏执行“分析”—“聚合度量”命令，取消自动聚合。

步骤 5：把“编号”“销售日期”“物业面积”“加热面积”“销售价格”字段均拖曳至“详细信息”框。

步骤 6：在菜单栏执行“设置格式”—“阴影”命令，为视图区添加一种背景颜色。

步骤 7：将“销售价格”“销售日期”“物业面积”“加热面积”字段的筛选器全部显示出来，

最后结果如图 3-9 所示。

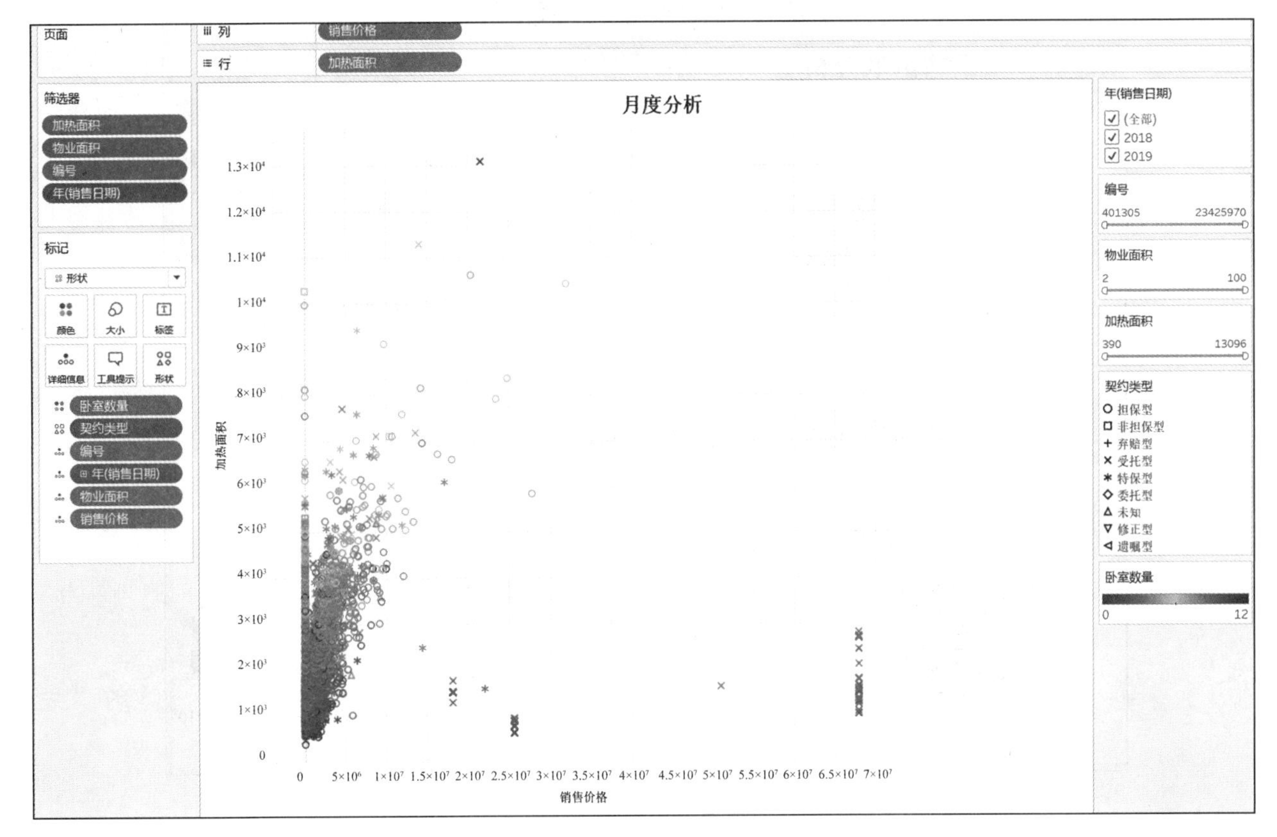

图 3-9 “月度分析”视图

任务 3.5 房地产估值分析——制作估值分析动态仪表板

完成前述任务之后，大家会发现一个一个地打开工作表查看信息还是有些不方便，因此可以将前面几张工作表整合到一个仪表板中显示。具体操作步骤如下。

步骤 1：新建一个仪表板。

步骤 2：把前面完成的 3 张工作表拖曳至仪表板中。

步骤 3：调整 3 张工作表的位置。

步骤 4：将“地域属性分析”视图设置为筛选器。

步骤 5：在菜单栏执行“设置格式”—“阴影”命令，为仪表板添加一种背景颜色。

制作估值分析动态仪表板

最后效果如图 3-10 所示，在图 3-10 中我们可以进行各种维度的查询分析，并向下钻取到底层数据。

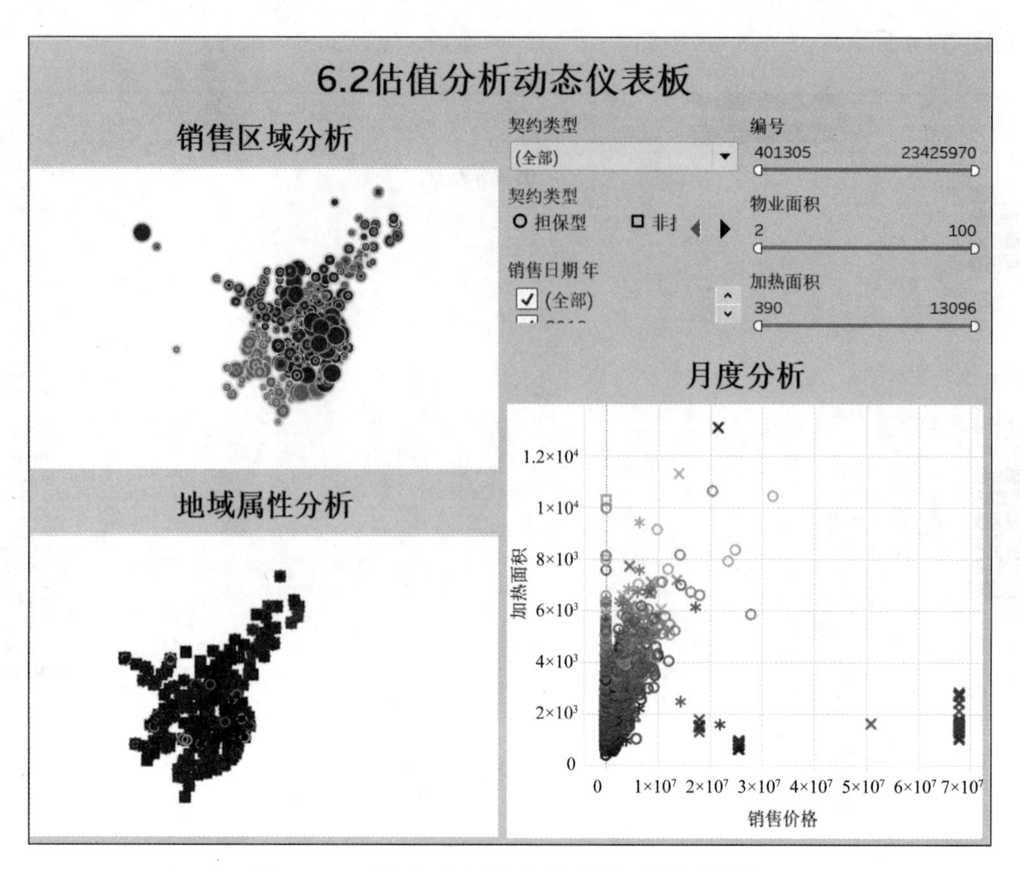

图 3-10 “估值分析动态仪表板”最终效果图

【项目小结】

本项目主要介绍了两张地图的合并功能及地图在区域分析中的应用。工作中可能常常会用到地图进行各分公司或各区域客户的分析。

【拓展练习】

1. 利用任务 3.2 中的双轴功能绘制环形图，字段自选。
2. 调整两张地图的顺序，尝试看能否加入第三张地图，确认是否可以叠加第三个指标。
3. 在任务 3.2 中的仪表板中添加标签、调整图形的颜色搭配、去除表示大小的图例。
4. 如何将项目 3 制作过程中出现的“未知值”手动匹配？

PROJECT 4 项目 4

图表的美化

学习目标

- 了解如何通过散点图检测异常情况。
- 掌握如何通过数值参数控制异常值阈值。
- 掌握如何把多数据源的数据进行融合。
- 了解如何自定义动态提示。
- 掌握如何通过甘特图发现实际值和目标值的差异。
- 掌握如何在图表中添加字段动画。

任务 4.1 参数的创建进阶

本任务采用一个保险业案例，对一份模拟数据进行欺诈检测。在保险业中，数据分析技术主要用于新客户的获取分析、产品的购物篮分析、客户洞察、客户流失分析、欺诈检测分析等。我们将通过气泡图对欺诈行为进行可视化分析。在本任务中，我们将进一步学习参数的创建及应用。具体操作步骤如下。

步骤 1：打开 Tableau 并连接到数据源“欺诈检测 . xls”。创建两个新的计算字段：“赔付金额比例”和“总事故数”。

步骤 2：在“度量”列表框中的字段“总支付额”上单击鼠标右键，在弹出的快捷菜单中选择“创建计算字段”选项，将创建的字段命名为“赔付金额比例”，公式为“赔付金额比例＝SUM（总支付额）/SUM（总索赔额）”，其设置如图 4-1 所示。

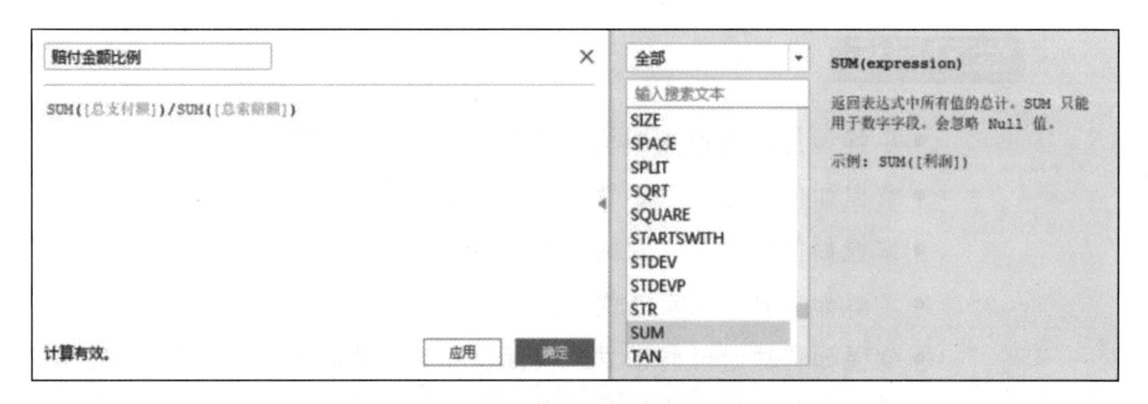

图 4-1　创建计算字段“赔付金额比例”

步骤 3：在“度量”列表框中的字段“保险单号”上单击鼠标右键，在弹出的快捷菜单中选择“创建计算字段”选项，将创建的字段命名为“总事故数”，公式为“总事故数＝COUNT（保险单号）”，其设置如图 4-2 所示。

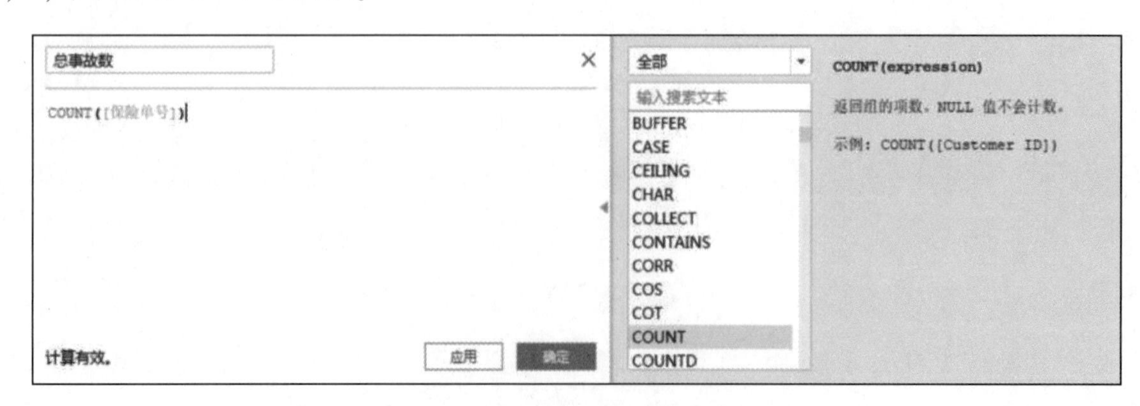

图 4-2　创建计算字段“总事故数”

步骤 4：创建一个可结合实际调整的参数，将其命名为“可控指数”。在变量框中单击鼠标右键，在弹出的快捷菜单中选择“创建参数”选项，在弹出的“创建参数”对话框中将“数据类型”设置为“浮点”，将“最小值”“最大值”分别设置为 0.5 和 0.9，如图 4-3 所示。

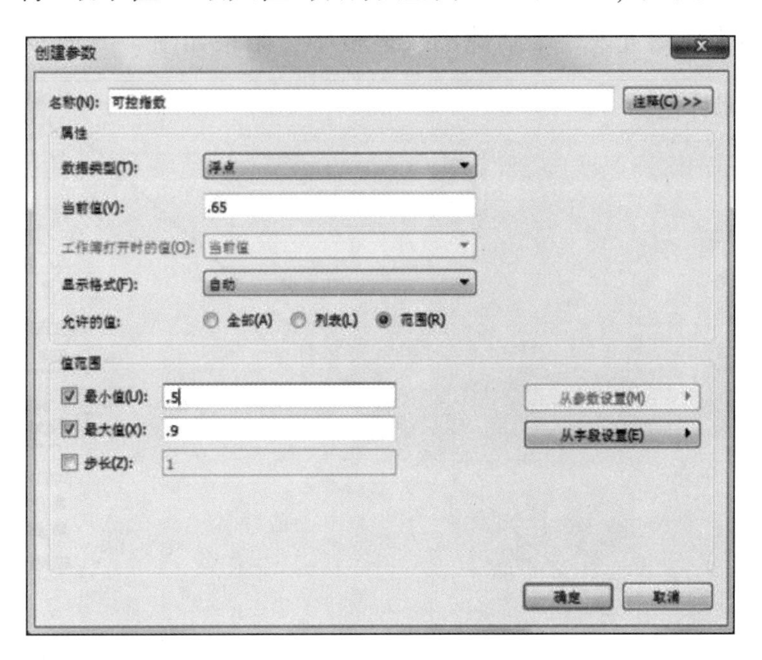

图 4-3　创建参数“可控指数”

步骤 5：创建一个计算字段来判断“赔付金额比例”是否大于创建的“可控指数”，并将该字段命名为“阈值判别”，其操作如图 4-4 所示。

图 4-4　创建计算字段“阈值判断”

步骤 6：新建一张工作表，进行保险业欺诈检测可视化分析。将“总索赔额”字段和“总事故数”字段分别拖曳至“列”功能区和“行”功能区。

步骤 7：将标记类型设为“形状”，并在“形状”中选择“人形”图标，使视图较为形象生动。

步骤 8：将“阈值判别”“总支付额”字段分别拖曳至“颜色”框和“大小”框，分别用图形的颜色和大小来表示。

步骤 9：将“市级”字段拖曳至“详细信息”框，并在视图区中单击鼠标右键，在弹出的快捷菜单中选择“趋势线”—“显示趋势线”选项。

步骤 10：在视图区中单击鼠标右键，在弹出的快捷菜单中选择“趋势线”—“编辑趋势线”选项，取消勾选“显示置信区间”复选框。

步骤 11：在菜单栏中执行“设置格式”—“阴影”命令，为视图添加一种背景颜色，结果如图 4-5 所示。

步骤 12：分别显示“总索赔额”“总支付额”“区域”“可控指数”字段的快速筛选器，方便操作分析视图；最后将此视图置入一个新建的仪表板中，结果如图 4-6 所示。

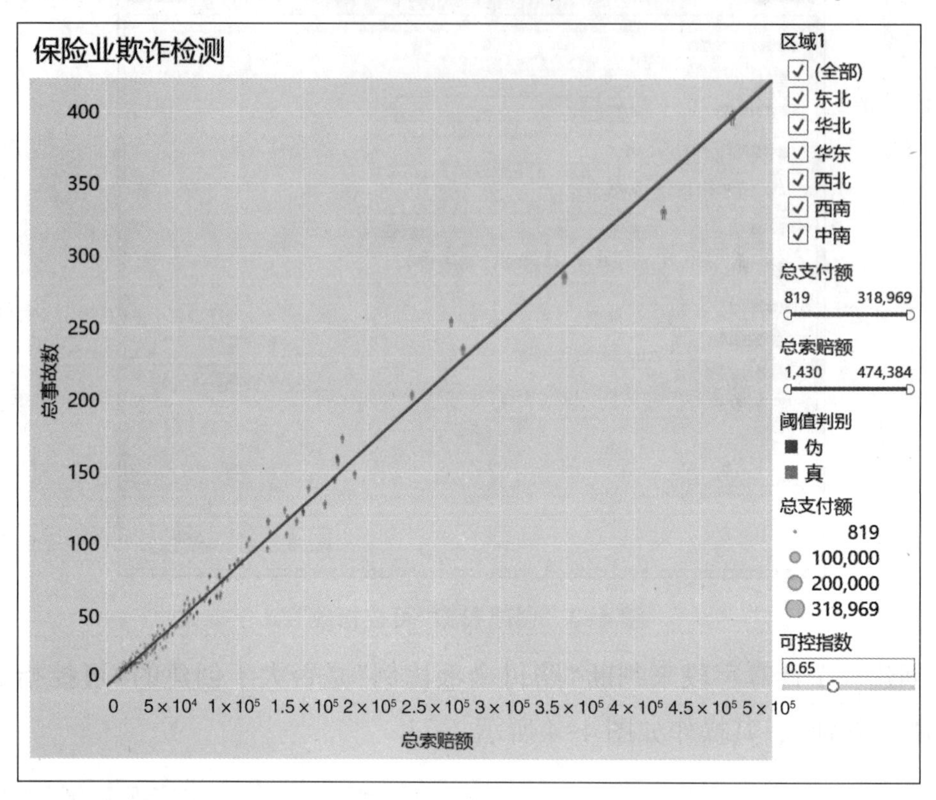

图 4-5　步骤 11 完成效果图

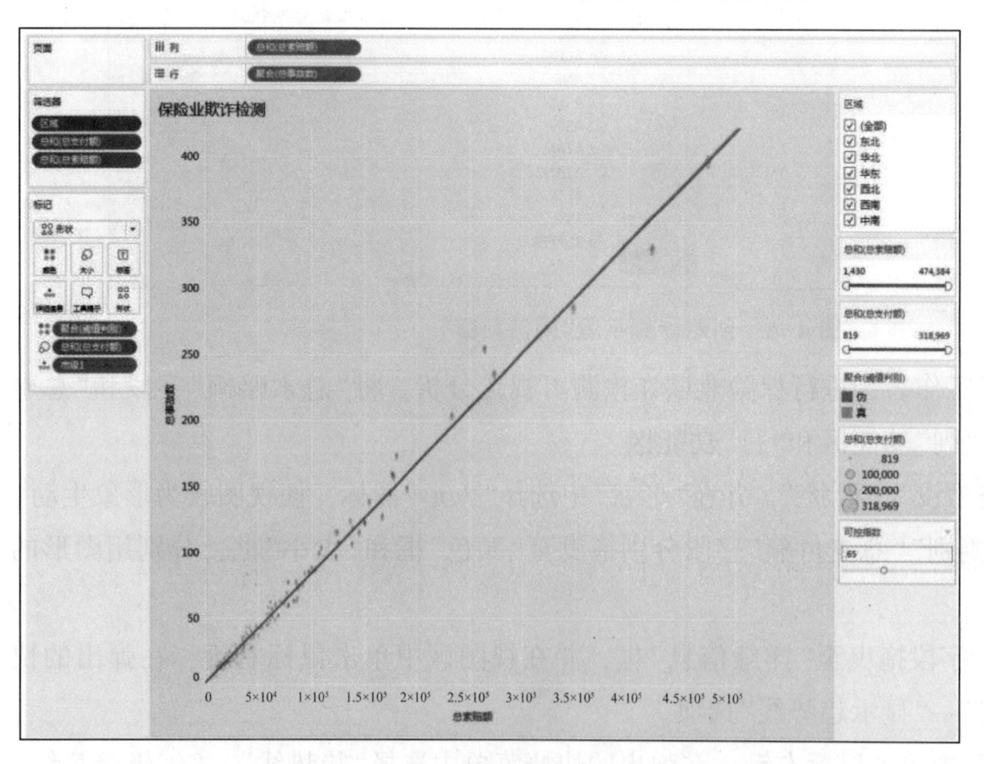

如何在 Tableau 中制作折线图

图 4-6　“保险业欺诈检测”最终效果图

任务 4.2 生产分析——制作“订单分析”视图

制造业有着非常复杂烦琐的数据，而数据可视化在制造业中有着极其重要的作用，提升设备利用率、优化资源组合对提升企业运营效率、增加企业收益有着重要意义。本任务将模拟两台机器的生产运营数据，对其相关问题进行分析。借助这个案例，我们将重点学习 Tableau 的数据融合功能，甘特图、子弹图的应用及各工作表之间的联动筛选功能。在本任务中，我们将对订单数据进行处理，集中挖掘计划生产量与实际生产量之间的相关关系，并展示订单中主要指标的信息，从而把繁杂的订单数据表转化成美观易懂的图表。具体操作步骤如下。

步骤 1：打开 Tableau 并连接到数据源“工艺生产分析 . xls”—“订单数据 . sheet”，在数据窗口中，将“机型”“订单号”字段从“度量”列表框拖曳到“维度”列表框。

数据融合

步骤 2：根据已有字段构造两个新的计算字段，分别是“实际停机时间”和“实际产量”。其操作顺序如下。

① 在“度量”列表框中的“记录停机时间”字段上单击鼠标右键，在弹出的快捷菜单中选择“创建计算字段”选项，创建字段“实际停机时间”。公式为“实际停机时间 = [记录停机时间] + [未记录停机时间]”，设置如图 4-7 所示。

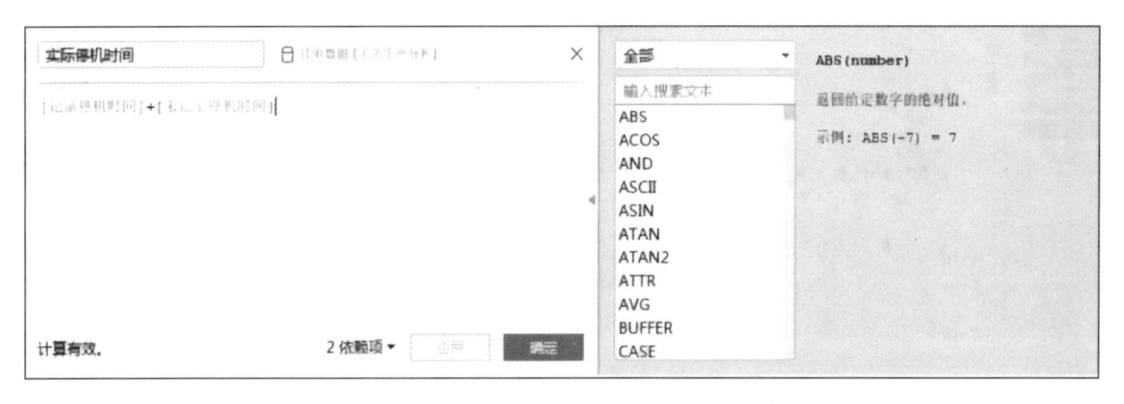

图 4-7　创建计算字段“实际停机时间”

② 在“度量”列表框中的“过生产量”字段上单击鼠标右键，在弹出的快捷菜单中选择“创建计算字段”选项，创建字段“实际产量”。公式为“实际产量 = [过生产量] + [常规生产量]”，设置如图 4-8 所示。

步骤 3：分别把字段“差异(元)”和“计划产量”拖曳至“行”功能区和“列”功能中，把“机型”字段拖曳至“颜色”框。

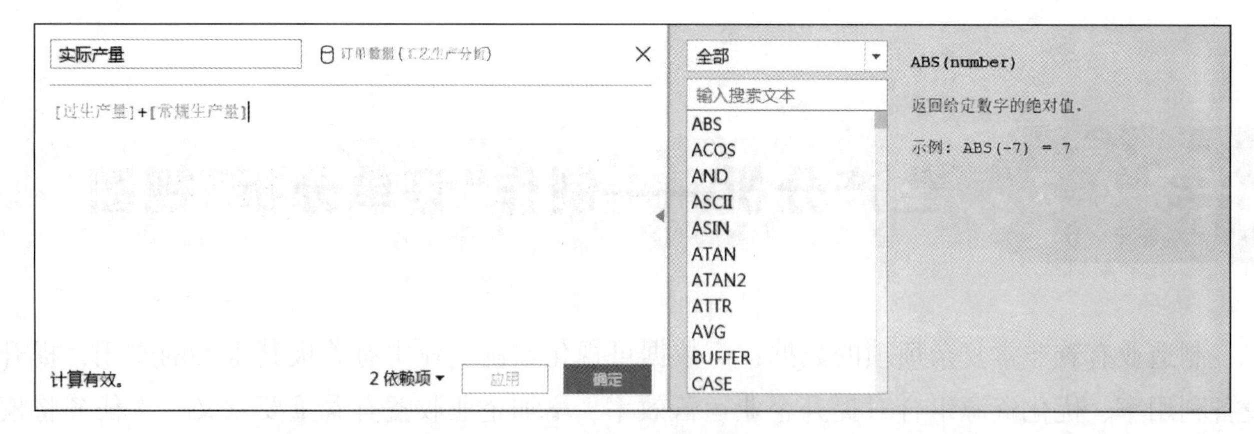

图 4-8　创建计算字段“实际产量”

步骤 4：标记类型设为“圆”，并设置圆形“边界”来美化视图。

步骤 5：再把“订单号”“开始时间”“预计停机时间”“实际停机时间”“实际产量”“实际设置时间(时)”“预期设置时间(时)”“实际运行时间(时)”“预计运行时间(时)”字段拖曳至“详细信息”框。其中，将“开始时间”字段格式设置为“年/月/日”，结果如图 4-9 所示。

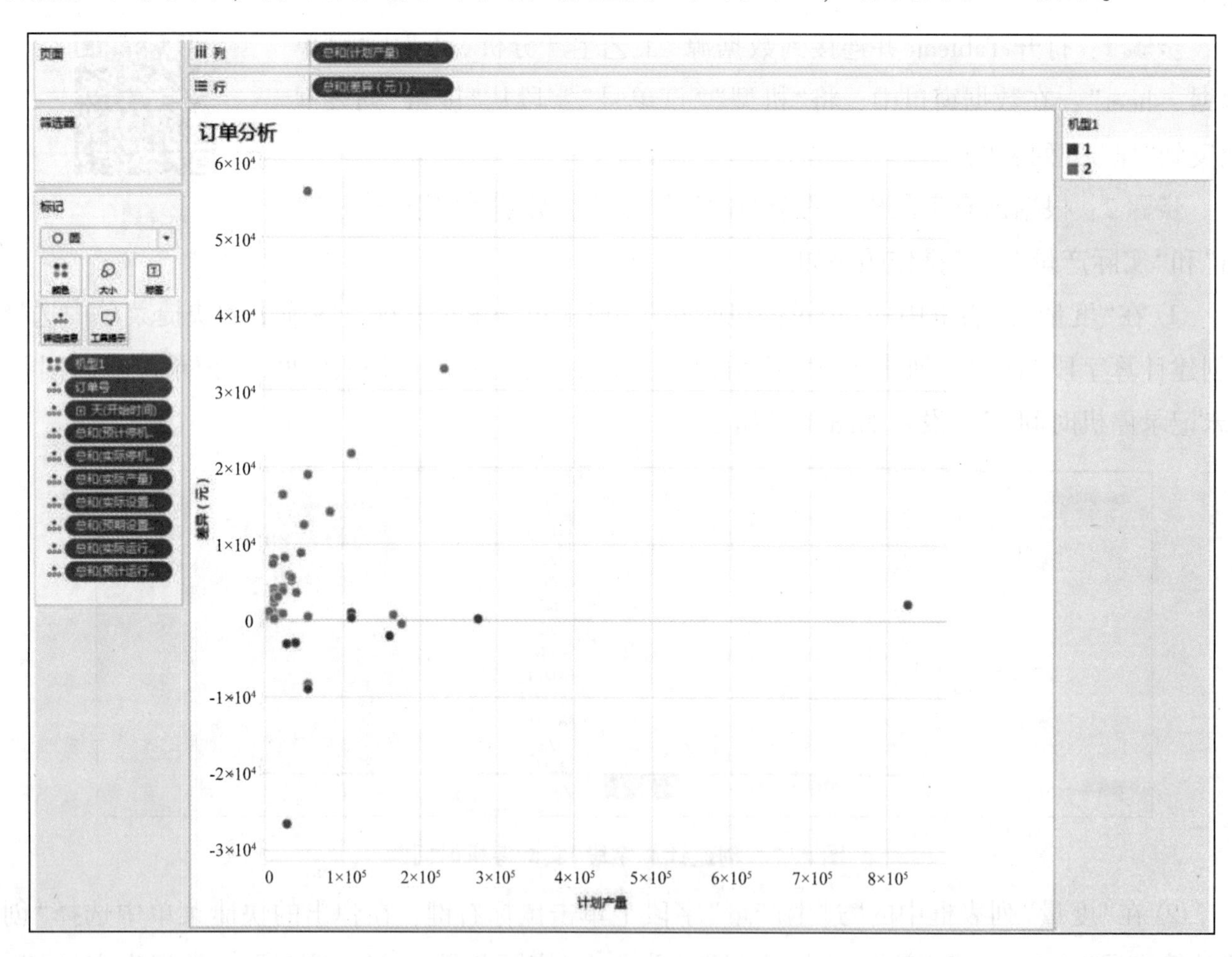

图 4-9　“订单分析”初图

步骤 6：本工作表中展示的字段很多，为方便查看“工具提示”中的信息，可以将预计值和实际值并列对比显示，使其简洁直观，其操作顺序如下。

① 单击菜单栏中“工作表”菜单，选择“工具提示”选项，弹出图 4-10 所示的对话框。

② 调整对话框中字段的顺序，对工具提示进行个性化设置(注意，阴影文字不能修改，但若不需显示，可删除)。这里，我们把“订单号”字段剪切放到第二行，把其他字段的实际值和预计值放在一行并用斜杠“/”隔开以对比显示。编辑后的“订单分析”如图 4-11 所示。

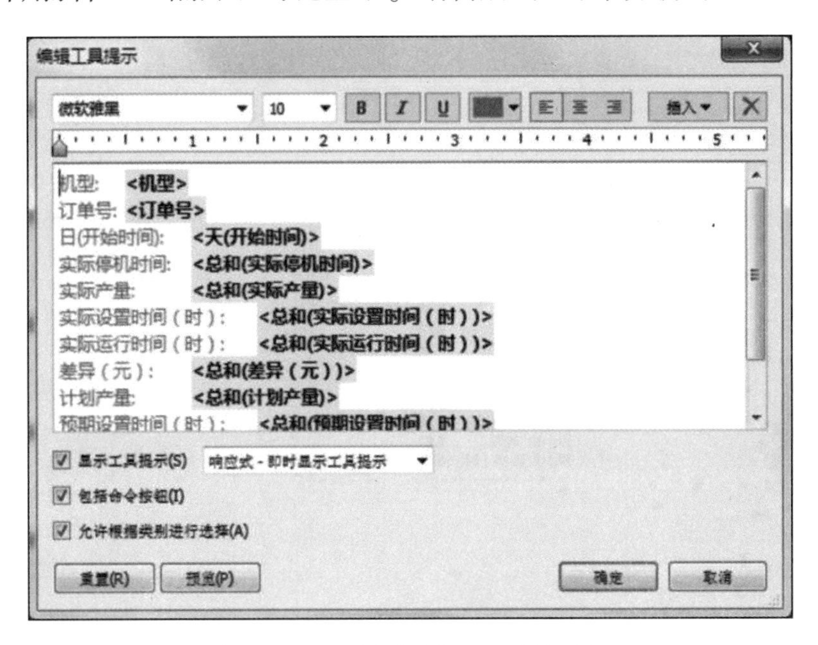

图 4-10 “订单分析”工具提示设置

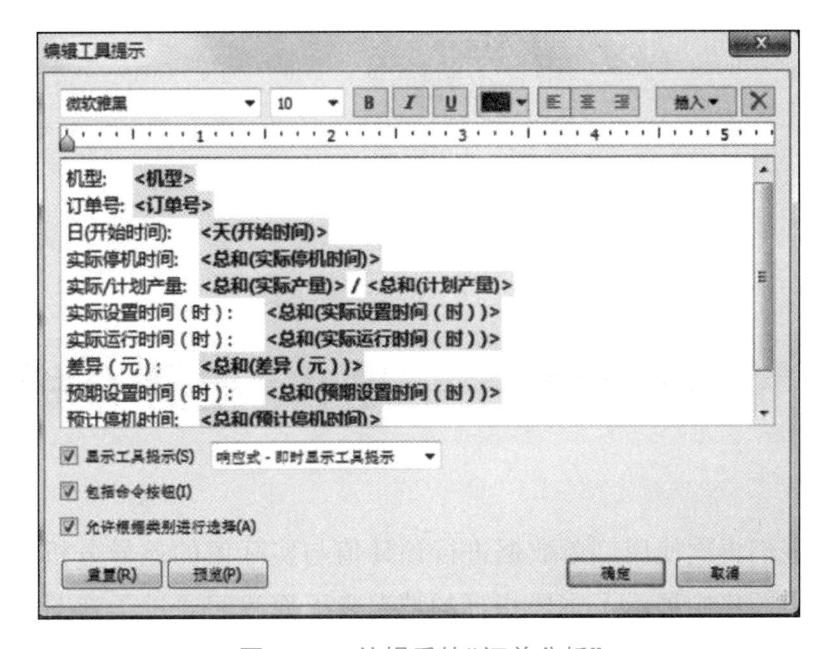

图 4-11 编辑后的“订单分析”

当在视图中将鼠标指针移至某点时，“订单分析”最终效果图如图 4-12 所示。

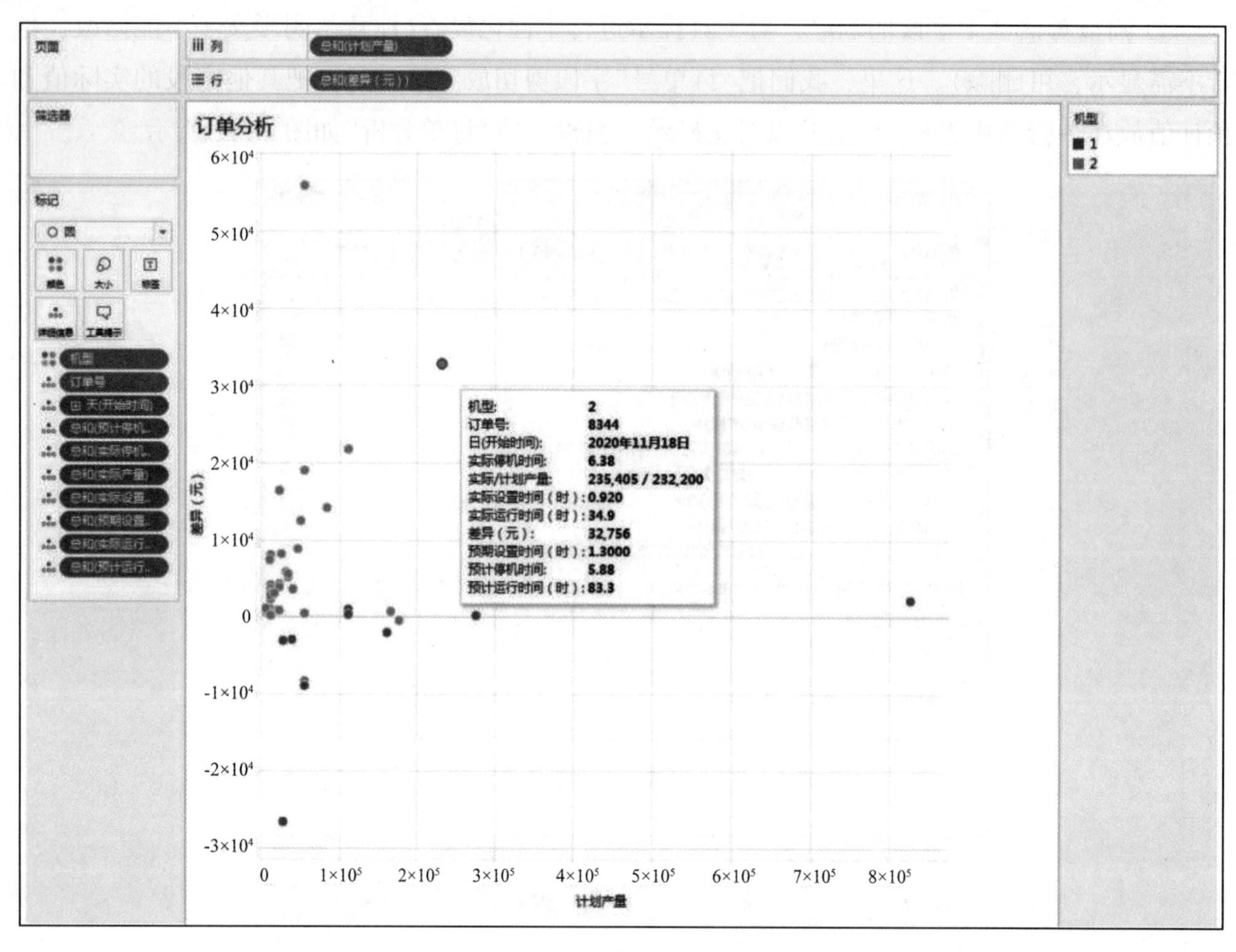

图 4-12 “订单分析”最终效果图

任务 4.3 生产分析——制作“差异分析”视图

在本任务中，我们再次使用订单数据进行预计值与实际值的差异分析。在上面的订单分析中，我们通过散点图集中展示了主要指标的情况。下面我们通过子弹图和直方图来分析预计值与实际值的差异情况。

步骤 1： 创建一个参数，将其命名为“度量”。在“度量”列表框中的空白处单击鼠标右键，在弹出的快捷菜单中选择“创建参数”选项，弹出的对话框如图 4-13 所示。

子弹图

图 4-13　创建参数“度量”

步骤 2：创建 4 个新的计算字段，分别是“度量单位”“期望度量值”“实际度量值”“度量指数”。具体操作顺序如下。

① 在“度量”参数上单击鼠标右键，在弹出的快捷菜单中选择“创建计算字段”选项，创建计算字段“度量单位”，具体设置如图 4-14 所示。

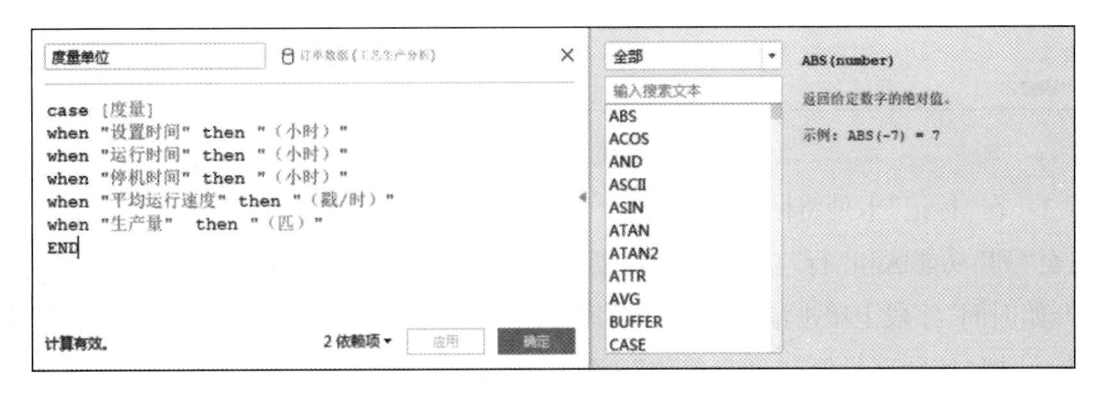

图 4-14　创建计算字段“度量单位”

② 在“度量”参数上单击鼠标右键，在弹出的快捷菜单中选择“创建计算字段”选项，创建计算字段“期望度量值”，具体设置如图 4-15 所示。

③ 在“度量”参数上单击鼠标右键，在弹出的快捷菜单中选择“创建计算字段”选项，创建

计算字段“实际度量值”，具体设置如图 4-16 所示。

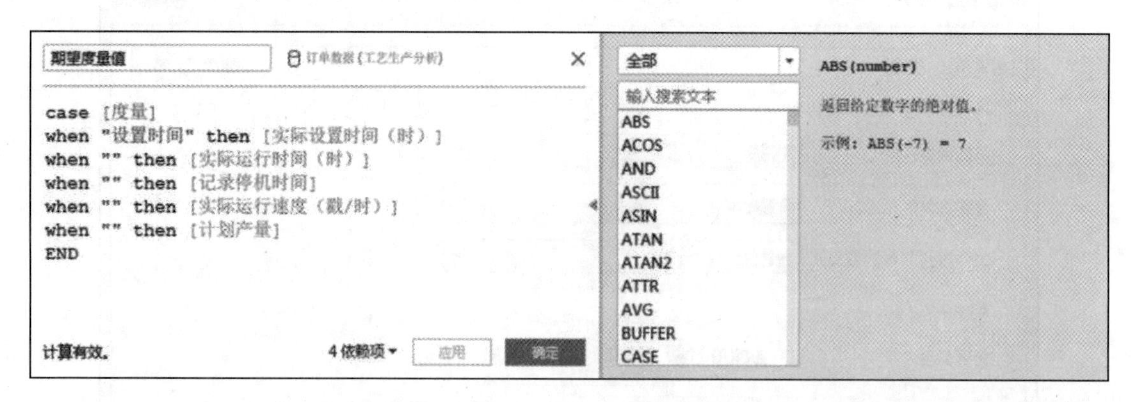

图 4-15　创建计算字段“期望度量值”

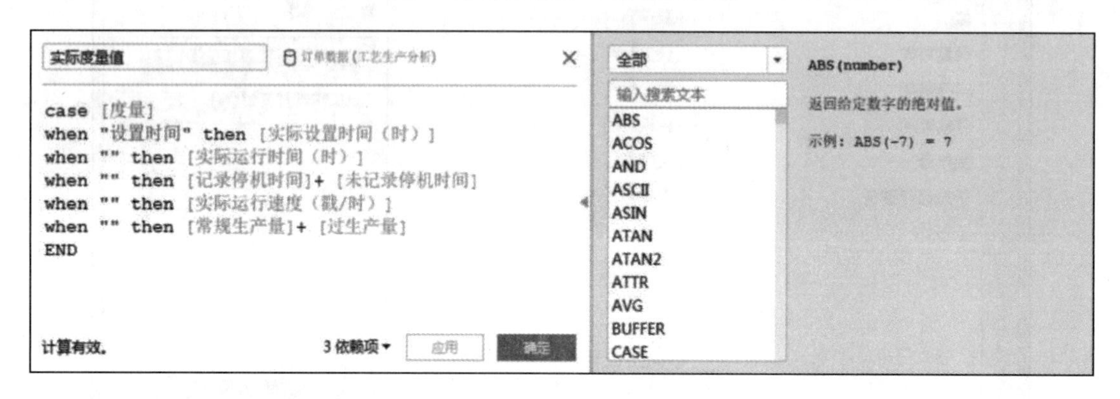

图 4-16　创建计算字段“实际度量值”

④ 在“度量”参数上单击鼠标右键，在弹出的快捷菜单中选择“创建计算字段”选项，创建计算字段“度量指数”，具体设置如图 4-17 所示。

图 4-17　创建计算字段“度量指数”

步骤 3：在“标记”卡处将标记类型设为“条形图”，把“期望度量值”字段和“开始时间”字段分别拖曳至“列”功能区和“行”功能区，将“期望度量值”字段的聚合改为“平均值”。在“行”功能区中的“开始时间”字段上单击鼠标右键，将其设置为连续类型“天”，并将其转换为“离散”。

步骤 4：把“实际度量值”“度量单位”“度量指数”“度量”字段均拖曳至“详细信息”框，结果如图 4-18 所示。

步骤 5：将条形图转换成子弹图，完成预计值与实际值的差异分析。具体操作顺序如下。

① 在“期望度量值”字段的坐标轴下方上单击鼠标右键，在弹出的快捷菜单中选择“添加参考线、参考区间或框”选项，弹出图 4-19 所示的对话框。

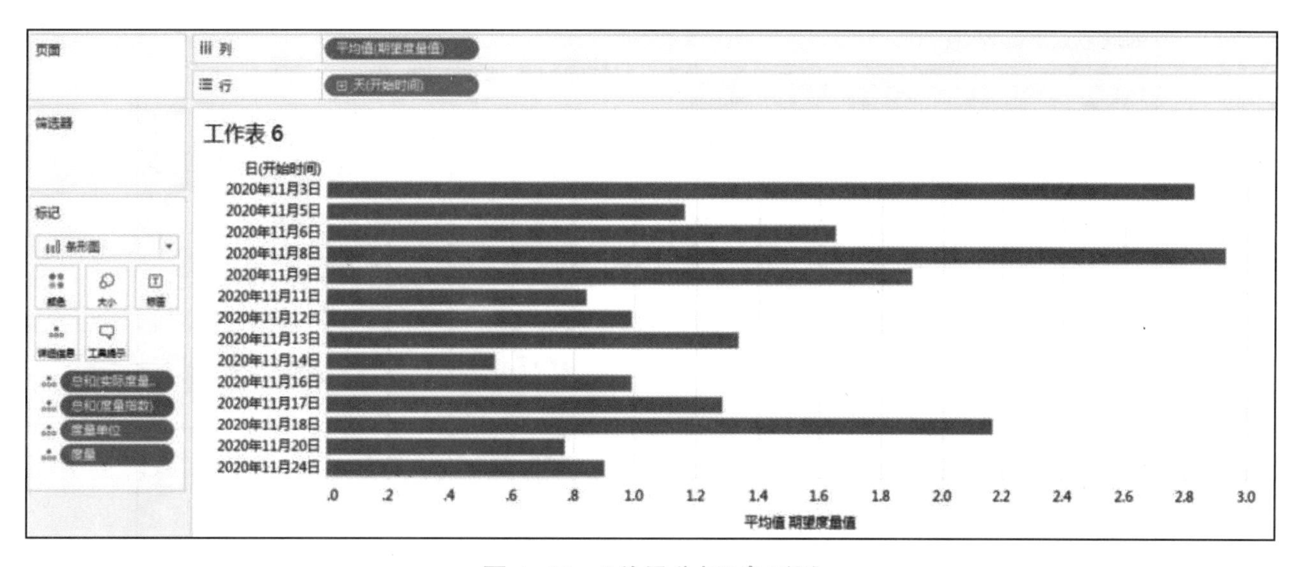

图 4-18 “差异分析”条形图

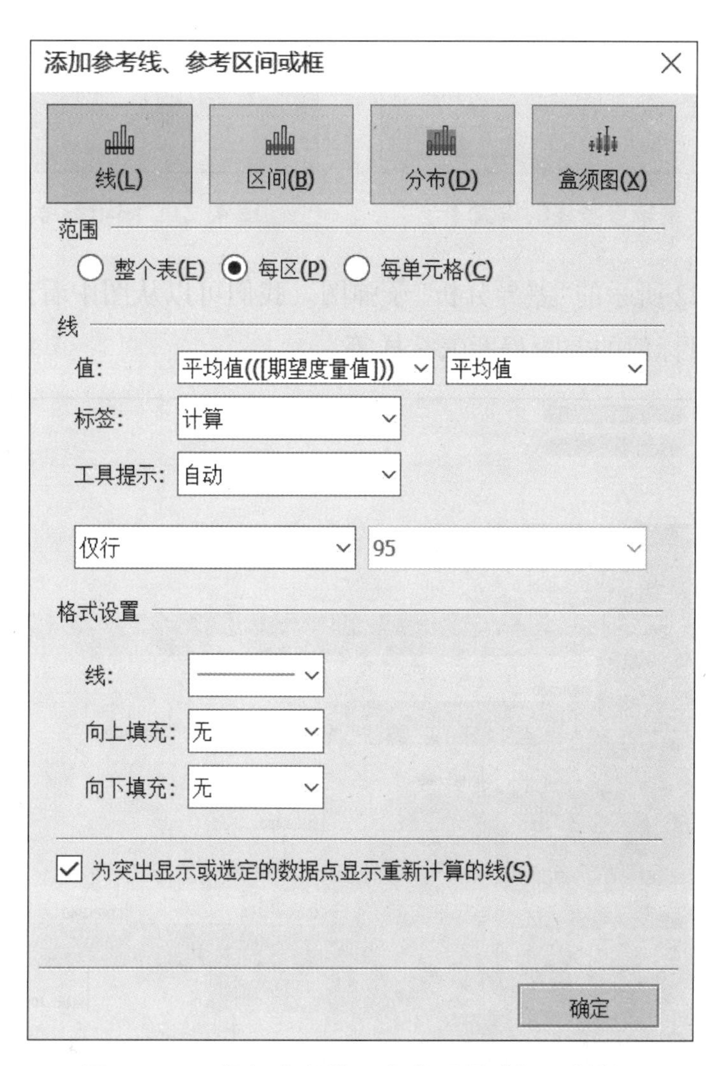

图 4-19 “添加参考线、参考区间或框”对话框

② 在这里，有 3 种参考线可以添加，我们将添加第一种和第三种，分别用“标签”和“颜色”对实际值和预计值进行清晰的对比，其设置分别如图 4-20 和图 4-21 所示。

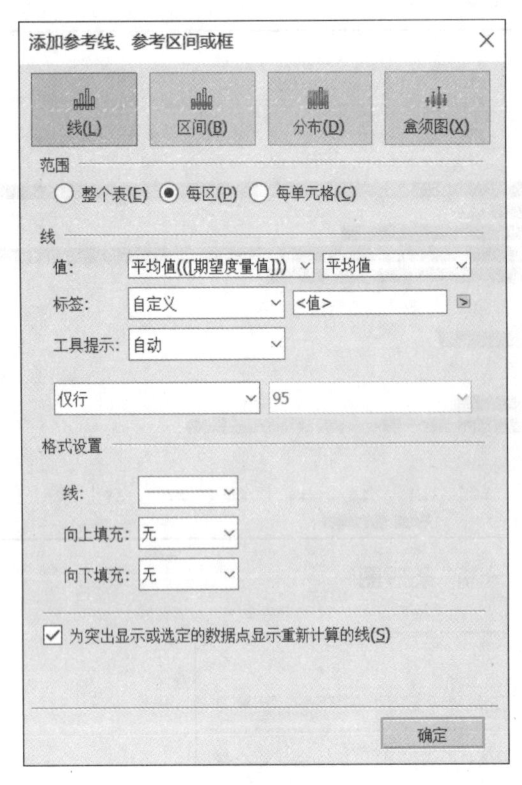

图 4-20　编辑参考线的设置 1

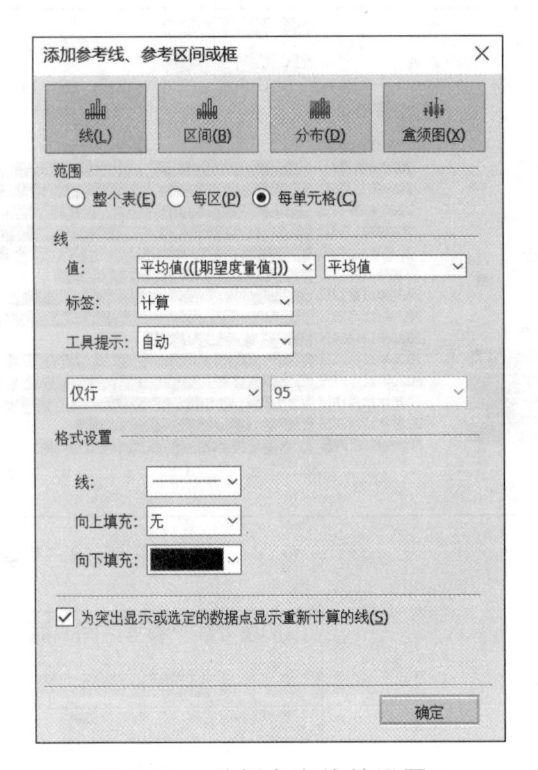

图 4-21　编辑参考线的设置 2

最终，得到图 4-22 所示的“差异分析”子弹图。我们可以从图中看到预计值是多少，实际完成与否，实际值与目标值的差距程度怎么样等。

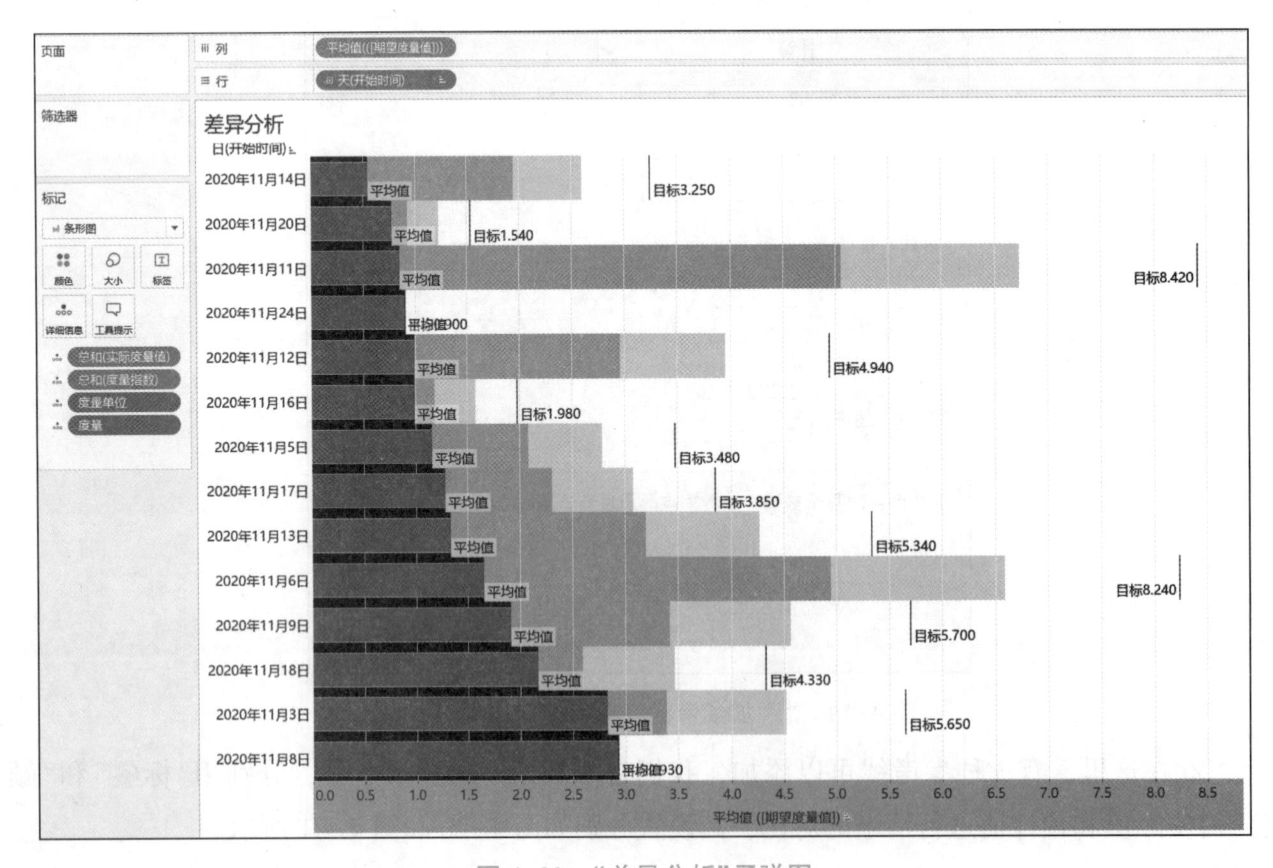

图 4-22　“差异分析”子弹图

任务 4.4 生产分析——制作“机器状态分析”视图

在本任务中，我们将利用机器状态的记录数据，对机器的状态进行分析，了解机器的使用状态，从而快速发现正常且没有任务的机器，进而辅助决策机器的分配。具体操作步骤如下。

制作机器状态分析视图

步骤 1：将 Tableau 连接到数据源“工艺生产分析 . xls”—“机器状态记录 sheet”，在数据窗口中，将“订单号”字段从“度量”列表框拖曳至“维度”列表框。

步骤 2：新建一张工作表，对机器的状态进行分析。

步骤 3：定义两个新的计算字段，分别是“持续时间(分)”和“持续时间(天)”，其设置分别如图 4-23 和图 4-24 所示。

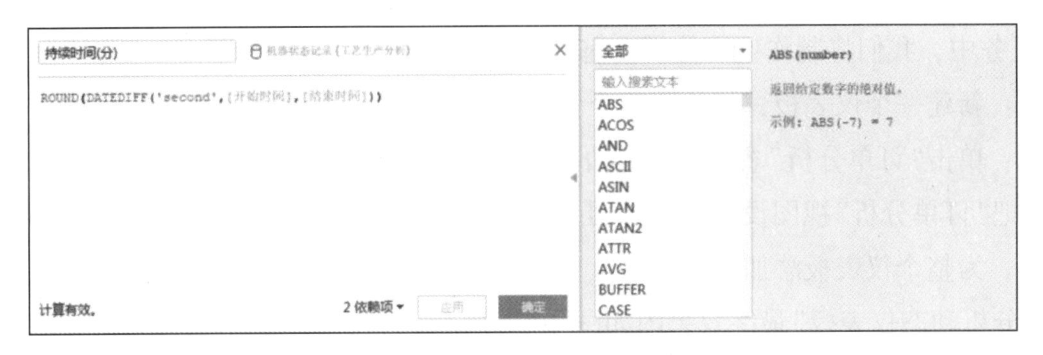

图 4-23　创建计算字段“持续时间(分)”

图 4-24　创建计算字段“持续时间(天)”

步骤 4：将标记类型设为“甘特条形图”，把“开始时间”字段拖曳至“列”功能区，并将其格式设置为“精确日期”，把“状态”字段拖曳至“行”功能区。

步骤 5：将“状态”字段拖曳至“颜色”框。

步骤 6：将“持续时间(天)”字段拖曳至“大小”框。

步骤 7：将“订单号”“结束时间”“持续时间(分)”字段拖曳至“详细信息”框。

步骤 8：“机器状态图”视图如图 4-25 所示。

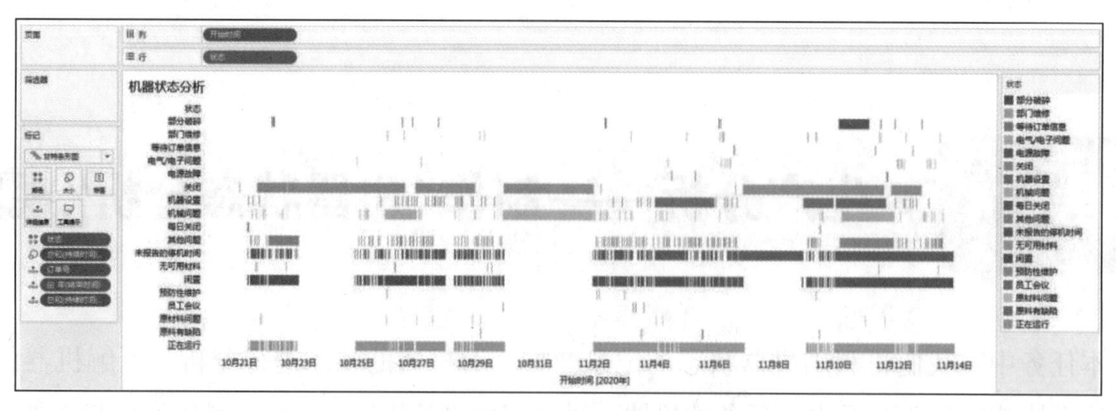

图 4-25 “机器状态图”视图

任务 4.5 生产分析——制作生产分析动态仪表板

在本任务中，我们将制作生产分析动态仪表板。具体操作步骤如下。

步骤 1：新建一个仪表板，将前面几个任务做好的 3 个工作表添加到仪表板中。

步骤 2：单击“订单分析”视图右上角的下拉按钮，选择“用作筛选器”选项，把“订单分析”视图设置为筛选器。

动态条形图

步骤 3：为整个仪表板添加背景颜色。

“生产分析动态仪表板”最终效果图如图 4-26 所示。

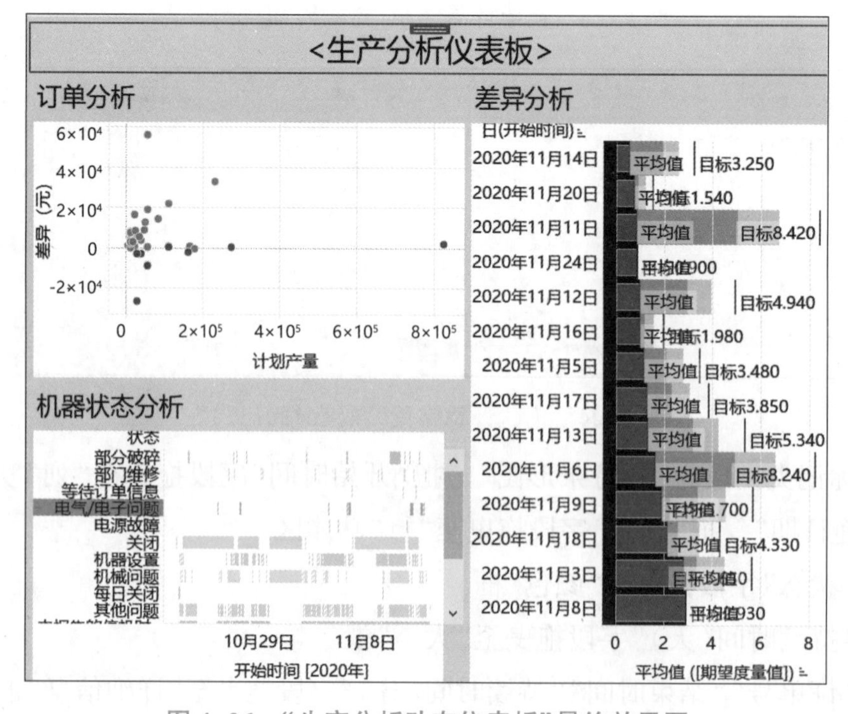

图 4-26 “生产分析动态仪表板”最终效果图

任务 4.6 资源组合分析图创建

在本任务中，我们将通过一份模拟的资源行业数据，全面展示趋势图的美化及趋势线、参考线的设计。个体操作步骤如下。

步骤 1：将 Tableau 连接到数据源“资源组合分析 . xls”，在数据窗口中，将“地名”字段从“度量”列表框拖曳至“维度”列表框。

趋势线应用

步骤 2：将“累积石油量(立方米)”字段和“累积水量(立方米)”字段分别拖曳至“行”功能区和“列”功能区。具体操作顺序如下。

① 在“标记”卡中将标记类型设为“形状”。

② 为了更加美观，将“形状”设为“☁”图标。

③ 将“地名”字段和“年份”字段拖曳至“详细信息”框，结果如图 4-27 所示。

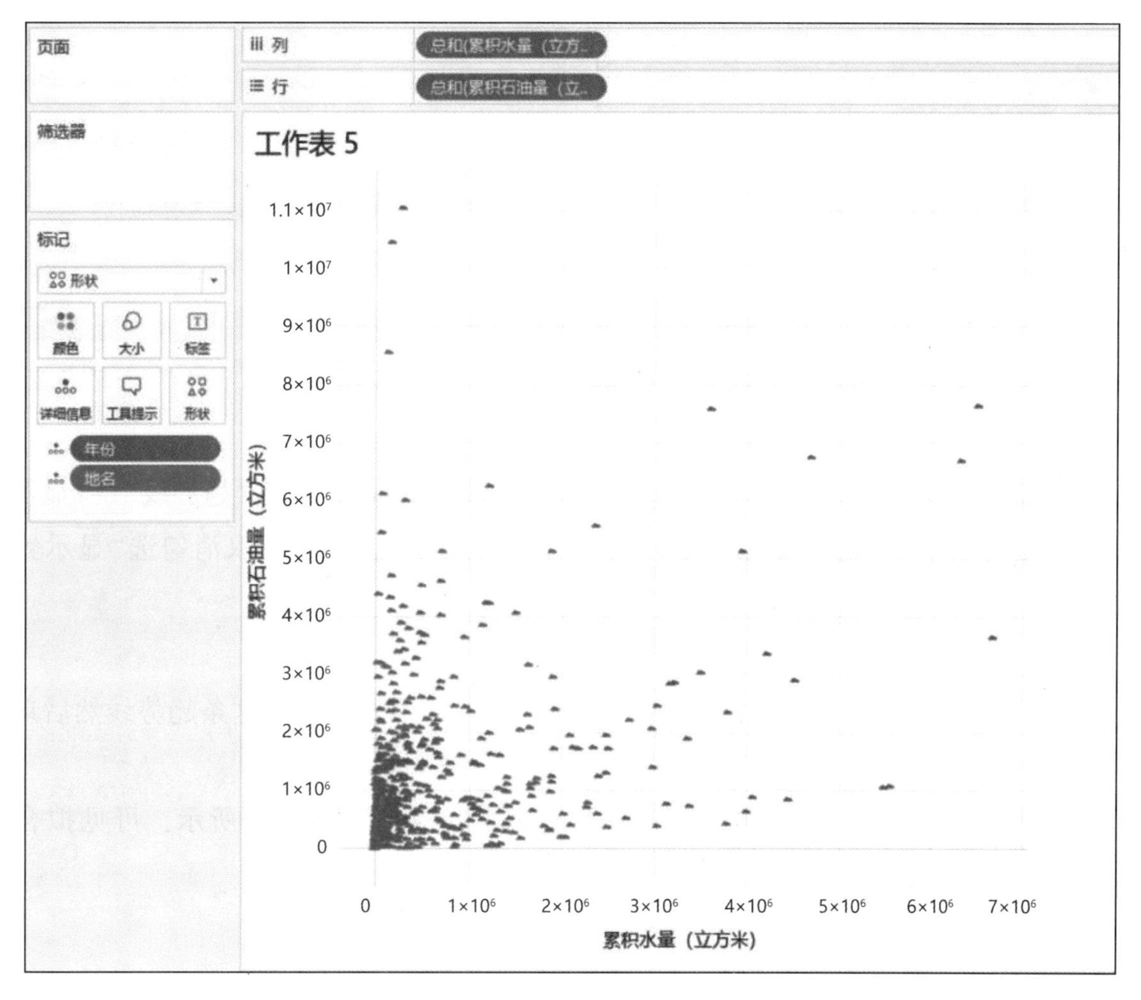

图 4-27 完成图

步骤 3：设置参考线，具体操作顺序如下。

① 在横轴下方区域单击鼠标右键，在弹出的快捷菜单中选择“添加参考线”选项，设置如图 4-28 所示。

② 在纵轴左方区域单击鼠标右键，在弹出的快捷菜单中选择“添加参考线”选项，设置如图 4-29 所示。

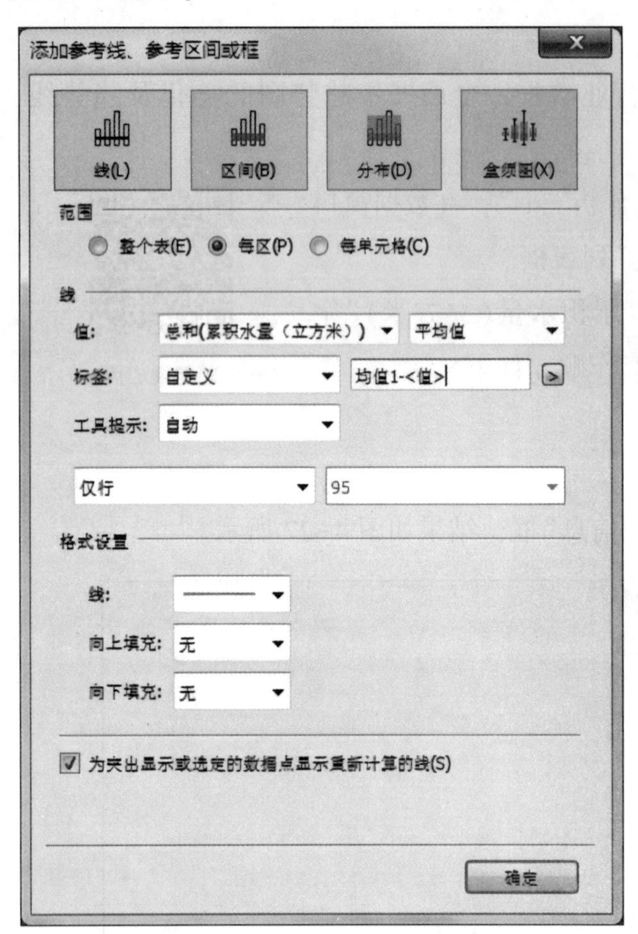

图 4-28　添加参考线设置 1

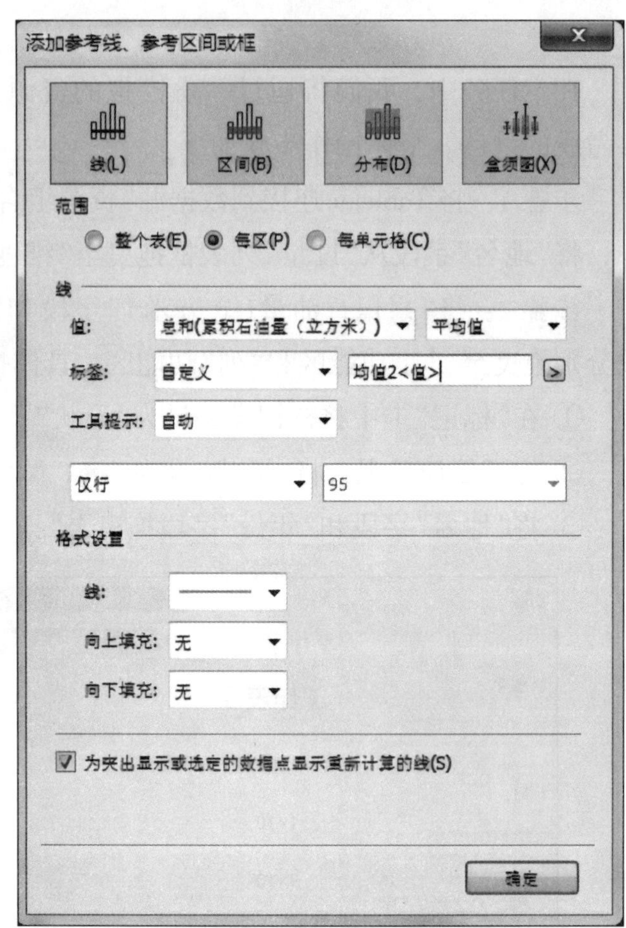

图 4-29　添加参考线设置 2

步骤 4：在视图中添加一条趋势线。在视图区单击鼠标右键，执行“趋势线”—“显示趋势线”命令。在趋势线上单击鼠标右键“趋势线”—“编辑趋势线”命令，取消勾选“显示置信区间”复选框。

步骤 5：为视图添加一种背景颜色，结果如图 4-30 所示。

步骤 6：在图 4-30 中我们发现一元线性曲线拟合不是很好，选中这条趋势线然后单击鼠标右键，在弹出的快捷菜单中选择“编辑趋势线”选项，如图 4-31 所示。

尝试用不同类型的曲线进行拟合，如三次曲线，结果如图 4-32 所示，可见拟合效果较好。

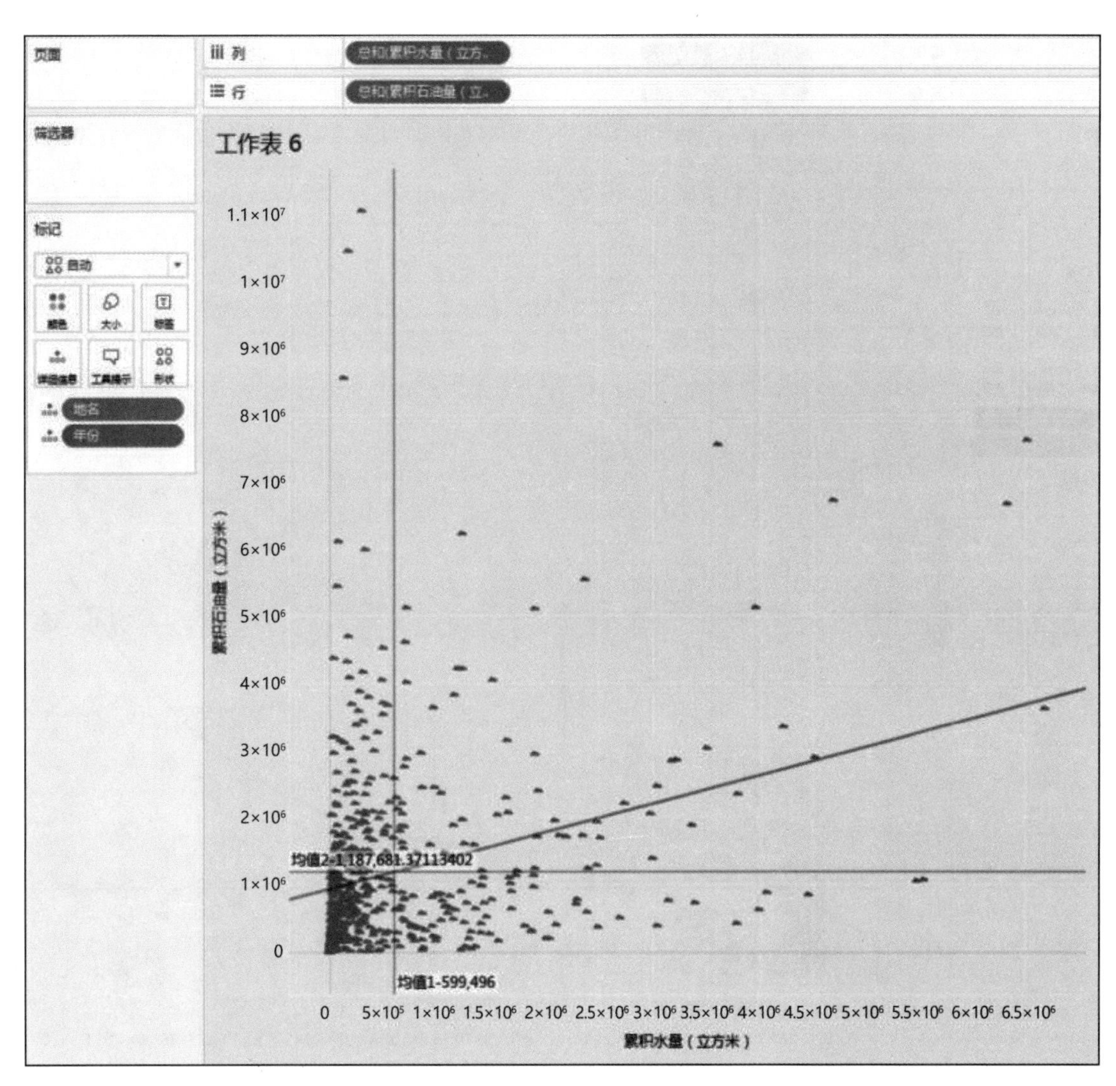

图 4-30　添加背景颜色图

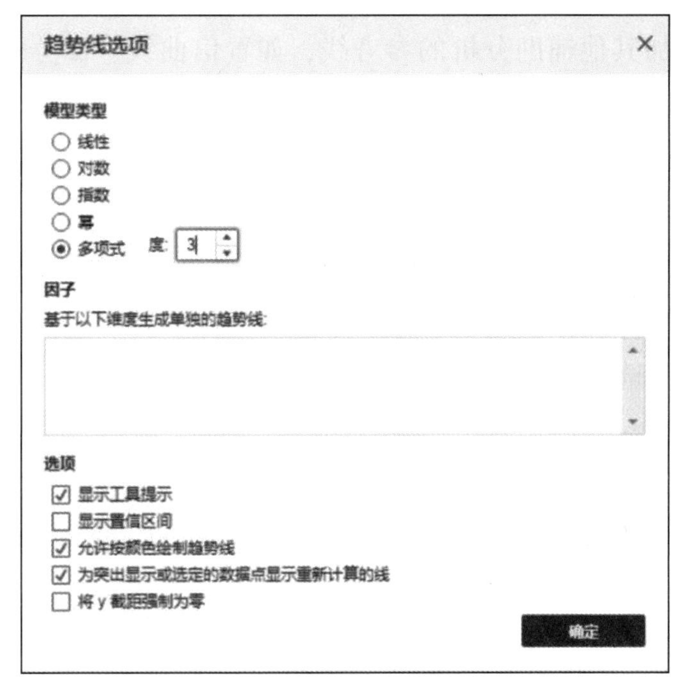

图 4-31　编辑趋势线

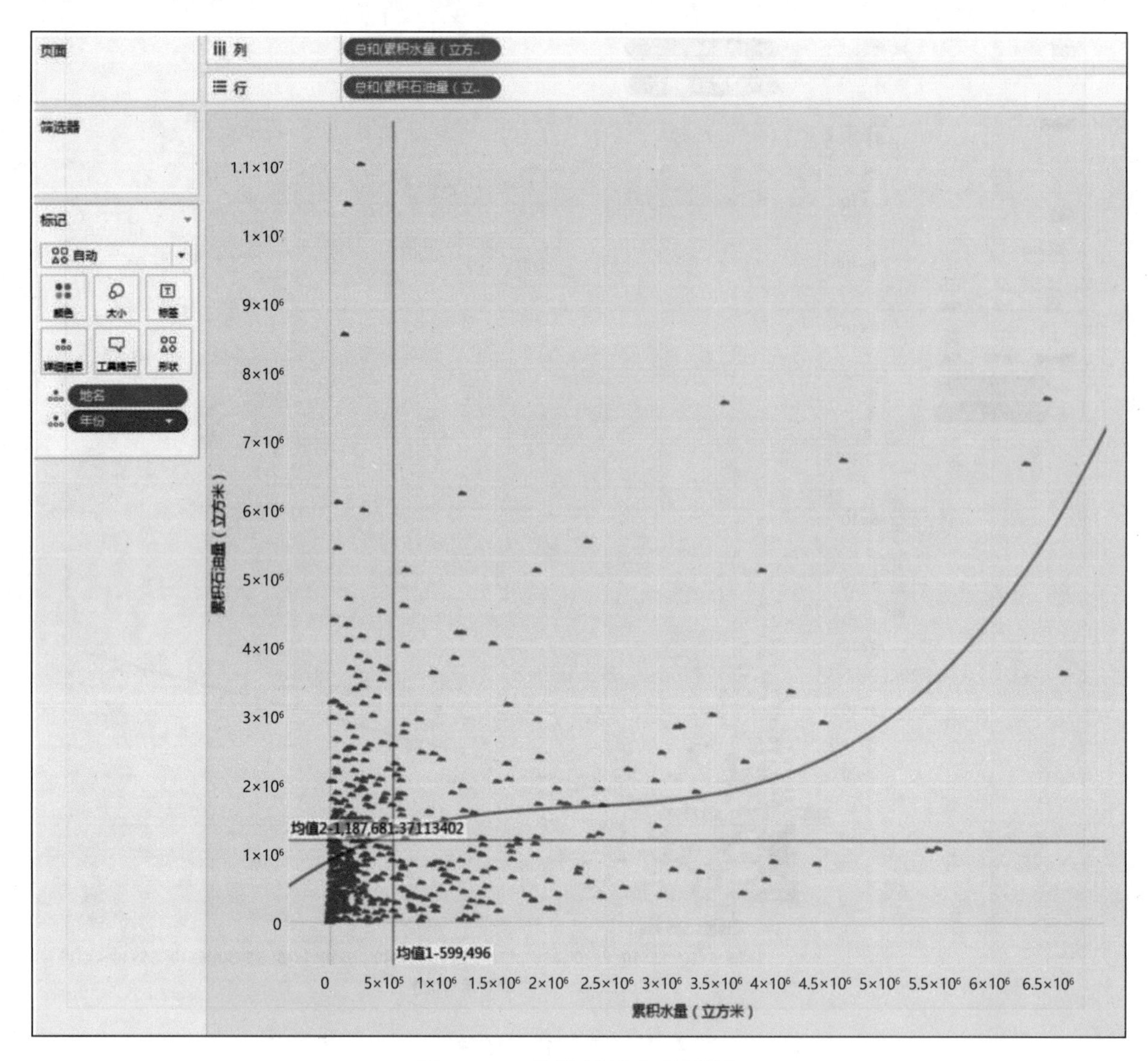

图 4-32　趋势线拟合效果图

步骤 7：还可以添加其他辅助分析的参考线，如置信曲线、四分位线等。具体操作顺序如下。

① 在横轴下方区域单击鼠标右键，在弹出的快捷菜单中选择“编辑参考线、参考区域或框”选项，设置如图 4-33 所示。

② 在纵轴左方区域单击鼠标右键，在弹出的快捷菜单中选择“编辑参考线、参考区域或框”选项，设置如图 4-34 所示，然后，得到如图 4-35 所示的视图。

步骤 8：添加快速筛选器，在“年份”“断块类型”“水率(升/天)”字段上单击鼠标右键，选择“显示筛选器”选项。

步骤 9：制作播放器。再次将“年份”字段从左侧“维度”列表框中拖曳至“页面”框中，单击◀■▶图标中的左侧或右侧键，可按照年份逐年播放，结果如图 4-36 所示。

步骤 10：新建一个仪表板，将刚做好的工作表添加到仪表板中。

步骤 11：为仪表板添加一个标题。

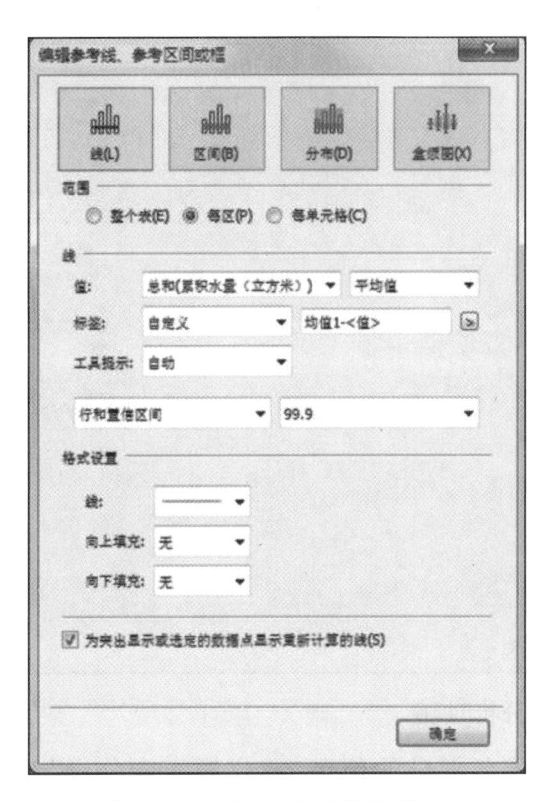

图 4-33　添加参考线设置 3

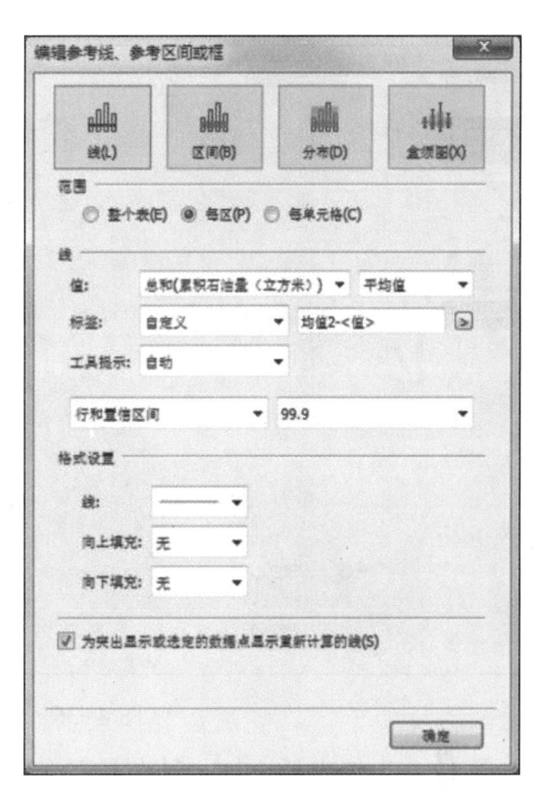

图 4-34　添加参考线设置 4

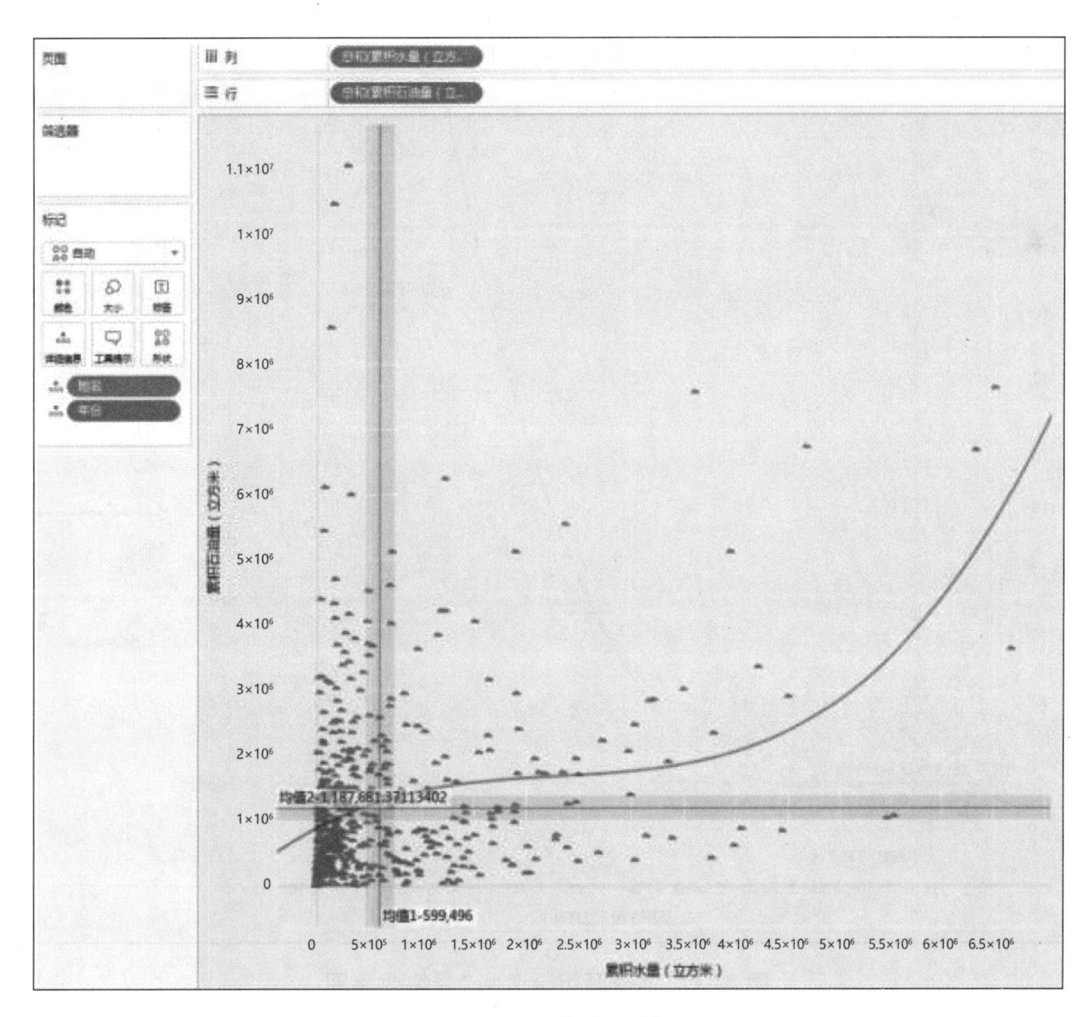

图 4-35　添加参考线效果图

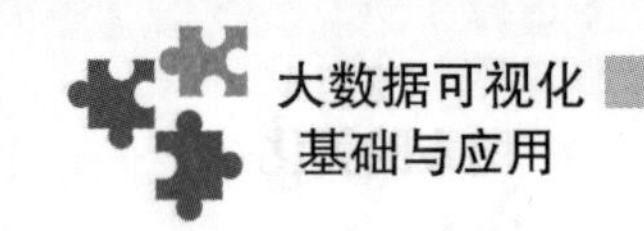

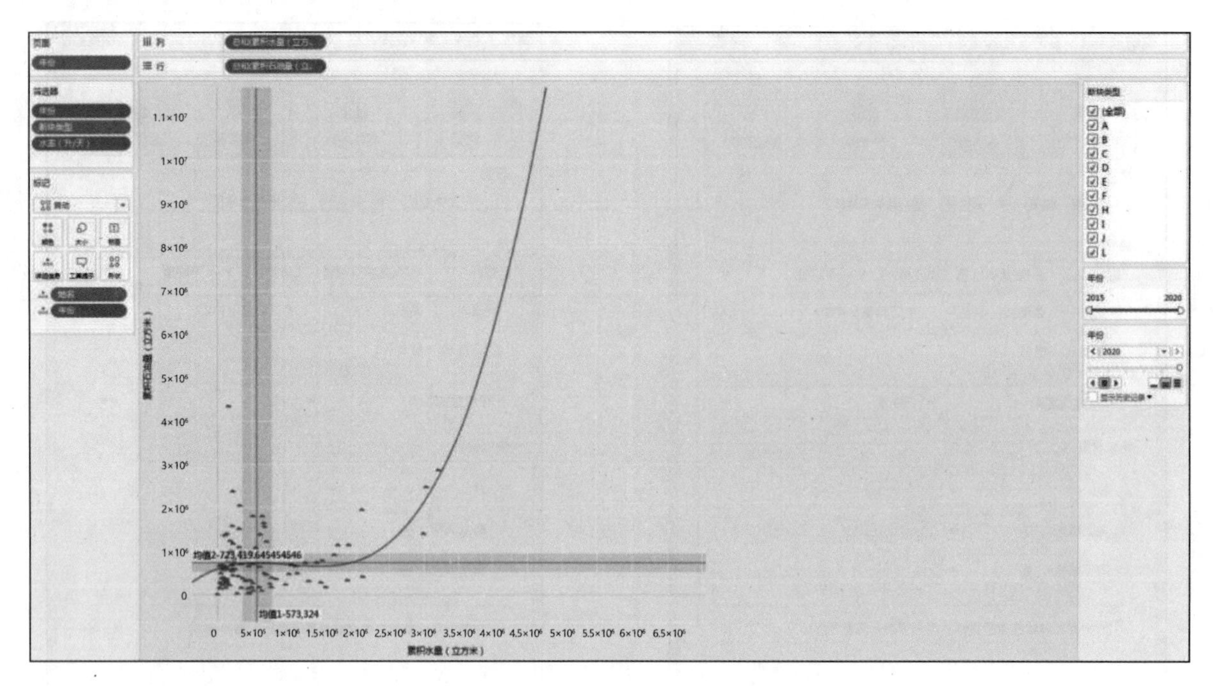

图 4-36　“资源组合分析”视图

步骤 12：为仪表板添加一种背景颜色，同时调整各部分的位置，“资源组合分析”最终效果图如图 4-37 所示。

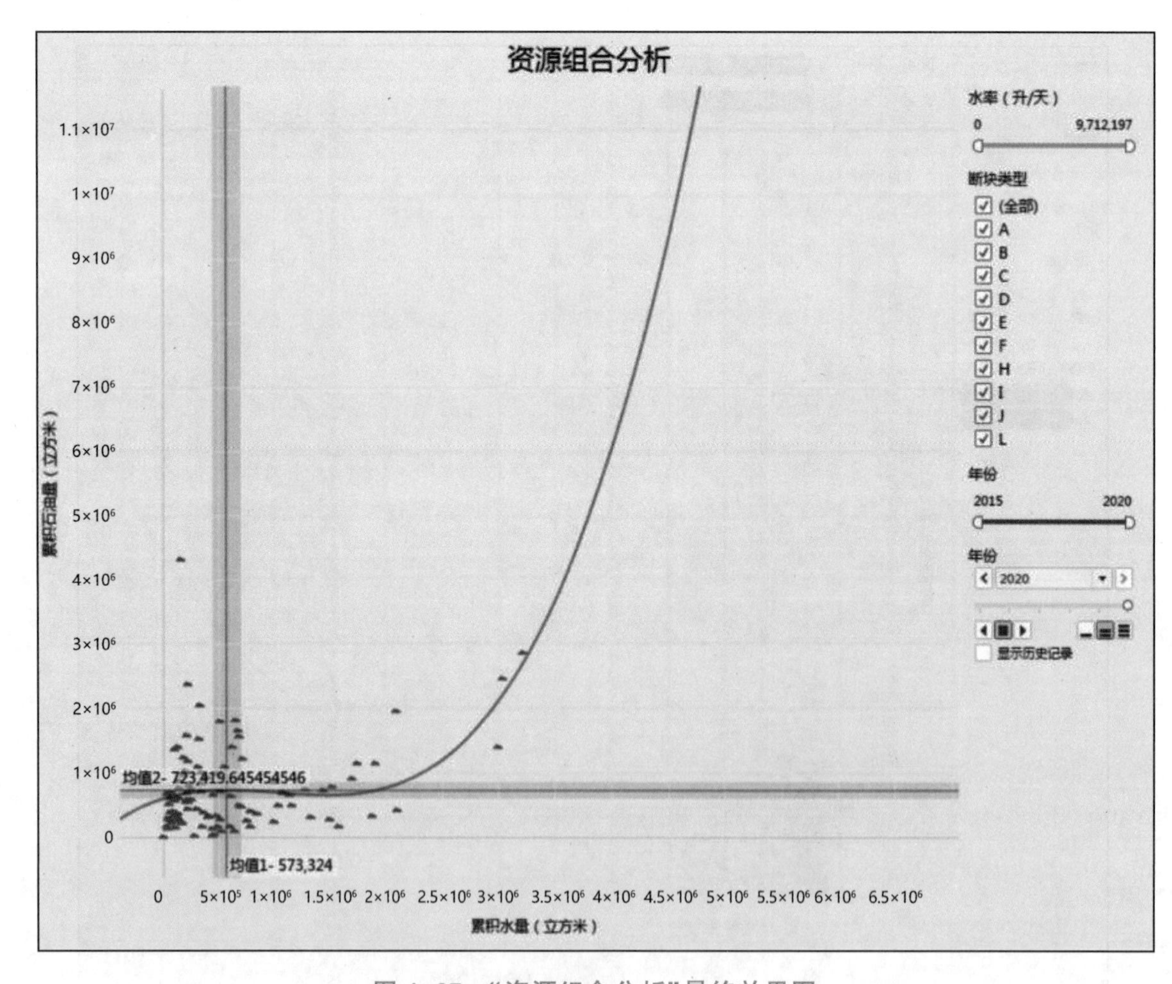

图 4-37　“资源组合分析”最终效果图

【项目小结】

本项目主要介绍了折线图、散点图等趋势图的应用。趋势图主要是用来反映数据的模式、关系和异常的，尤其是异常数据。本项目选择的几个例子很好地阐述了趋势图的应用及美化。

【拓展练习】

1. 在任务 4.1 中调整参数“可控指数”值的范围，观察异常值情况。
2. 在任务 4.6“编辑趋势线”中使用其他模型类型，观察哪个拟合效果最好。
3. 从网上找个水滴的图标，在项目的分析中将“形状”更改为该图标。
4. 在什么样的场景下从字段配置参数比较好？
5. 挑选任务 4.2 中“详细信息”框中字段，将其更换到“大小”框中，丰富散点图视觉维度，看能否发现有趣的信息。

PROJECT 5 项目 5

动态仪表板的设计

学习目标

- 学习利用动态仪表板观察分析员工年龄结构，提前做继任规划。
- 掌握使用“操作”功能高亮联动进行资产情况的监控。
- 学会增加图表平均值参考线观察相对平均水平的状态。

任务 5.1 人力资源分析——制作“职工特征散点图分析”视图

这是一个人力资源方面的案例。一家公司的职工越多，其人员的分配更替越困难，通过 Tableau，我们可以快速分析识别公司的人员特征，如人员在各部门的分配情况、是否达到退休年龄等。在本任务中，我们将通过案例来演示如何利用动态仪表板进行数据分析。将通过散点图并结合颜色展现职工的主要特征，如职工的编号、年龄、所在部门等。具体操作步骤如下。

步骤 1：将 Tableau 连接到数据源“继任规划 . xls”，进行职工特征散点图分析。

步骤 2：在数据窗口中，将“职工编号”字段从“度量”列表框拖曳至“维度”列表框，在“年龄”字段上单击鼠标右键，在弹出的快捷菜单中选择“转换为离散”选项。

步骤 3：将“年龄”和“职工编号”字段分别拖曳至“列”功能区和“行”功能区，在“职工编号”字段上单击鼠标右键，将其度量方式设为“计数”。

如何让散点图更加美观

步骤 4：标记类型设为“圆”。

步骤 5：将“部门”字段拖曳至“颜色”框。

步骤 6：将“性别”和“任期”字段拖曳至“详细信息”框，在“任期”字段上单击鼠标右键，将其度量方式设为“平均值”。最后结果如图 5-1 所示。

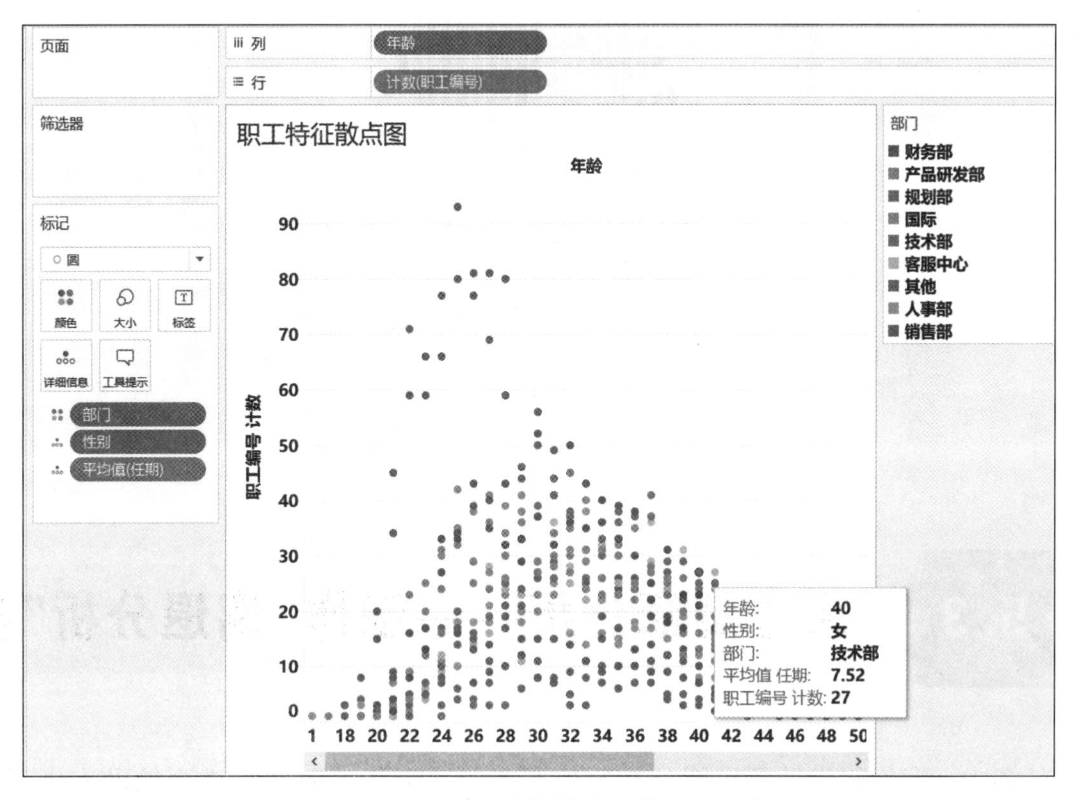

图 5-1 “职工特征散点图分析”视图

任务 5.2 人力资源分析——制作“职工年龄条形图分析”视图

制作职工年龄条形图的操作步骤如下。

如何在 Tableau 中制作柱状图

步骤 1：复制上一个工作表。在标签栏处上一工作表上单击鼠标右键，在弹出的快捷菜单中选择“复制工作表”选项。

步骤 2：将标记类型改为“条形图”，进行职工年龄条形图分析。

步骤 3：将“性别”字段和“任期”字段从“详细信息”框拖曳至视图区。

最后结果如图 5-2 所示。

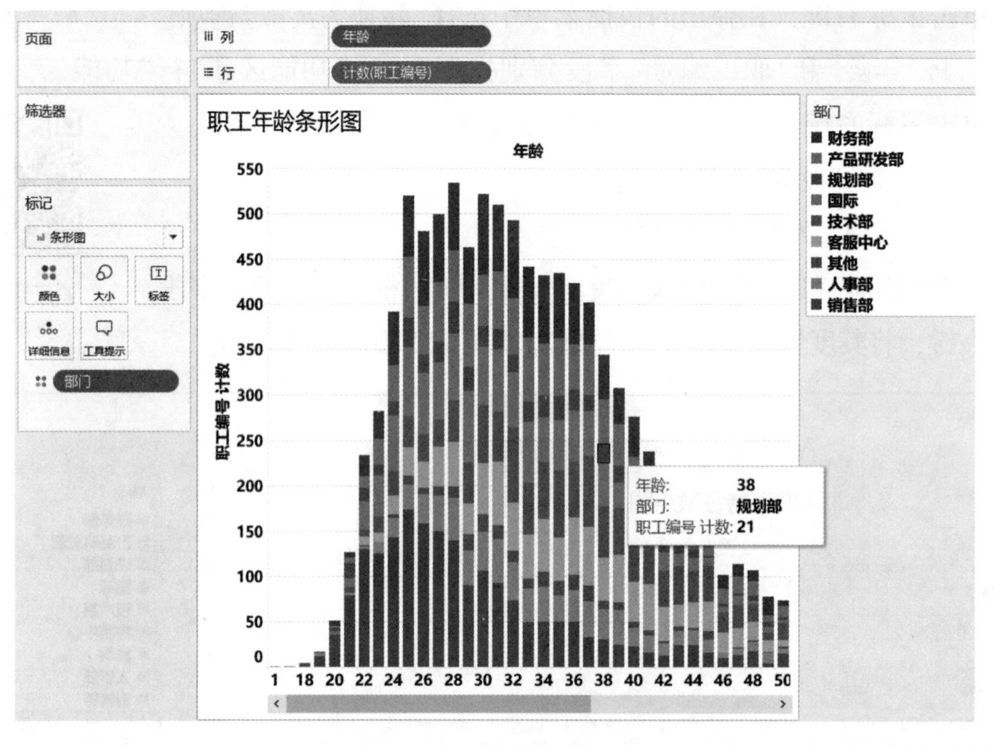

图 5-2 “职工年龄条形图分析”视图

任务 5.3 人力资源分析——制作“离退分析”视图

在本任务中，我们将借助条形图分析每位职工距离退休的时间，进而辅助人事部门进行人事方面的准备和调整。操作步骤如下。

步骤1：构造一个参数和两个新的字段，分别是“退休年龄”参数和“离退年”“离退年份”计算字段。具体操作顺序如下。

① 在参数设置区域空白处单击鼠标右键，在弹出的快捷菜单中选择“创建参数”选项，将该参数命名为“退休年龄”，其设置如图5-3所示。

如何快速做出条形图

图5-3　创建参数“退休年龄”

② 在“参数”列表框中“退休年龄”参数上单击鼠标右键，在弹出的快捷菜单中选择“创建计算字段”选项，创建计算字段“离退年”。公式为“离退年=[退休年龄]-[年龄]”，具体设置如图5-4所示。

图5-4　创建计算字段“离退年”

③在“度量”列表框中的空白处单击鼠标右键，在弹出的快捷菜单中选择“创建计算字段”选项，创建“离退年份”计算字段，具体设置如图5-5所示。

步骤2：将“职工编号”字段和“离退年”字段分别拖曳至“列”功能区和“行”功能区，在“离退年”字段上单击鼠标右键，在弹出的快捷菜单中选择“维度”选项。

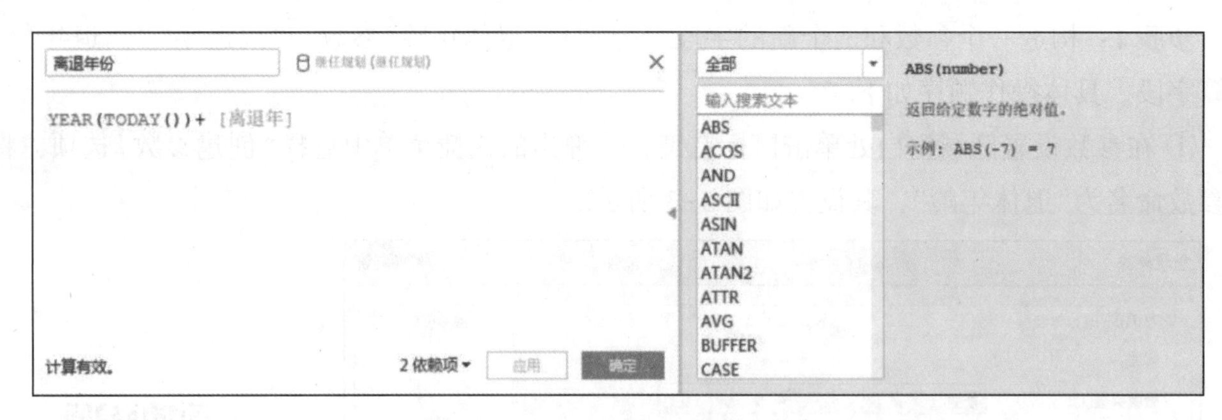

图 5-5 创建计算字段“离退年份”

步骤 3：将标记类型设为“条形图”。

步骤 4：将“部门”字段拖曳至“颜色”框。

步骤 5：将“离退年份”字段拖曳至“详细信息”框，在“离退年份”字段上单击鼠标右键，在弹出的快捷菜单中选择“维度”选项。

步骤 6：在“退休年龄”“任期”“离退年”“离退年份”字段上单击鼠标右键，在弹出的快捷菜单中选择“显示筛选器”选项，方便查看。

最后结果如图 5-6 所示。

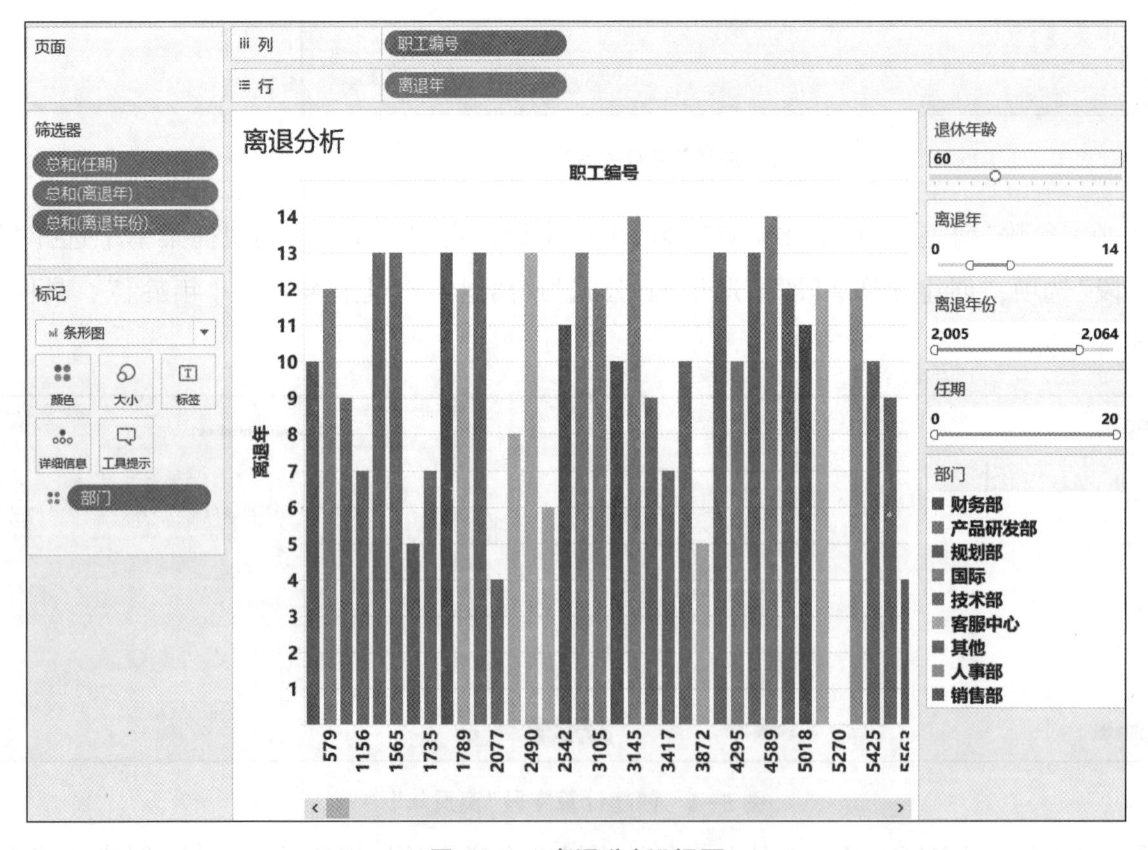

图 5-6 “离退分析”视图

任务 5.4 人力资源分析——制作继任规划动态仪表板

完成以上几个任务之后，我们开始制作动态仪表板，使多方面的信息在一个视图中动态地展示。操作步骤如下。

步骤 1：新建一个仪表板，将刚刚做好的 3 张工作表添加到仪表板中。

步骤 2：调整这 3 张工作表的位置及大小，使其合理美观。

步骤 3：可在左上角“大小”选区中调整仪表板的大小，如图 5-7所示。

图 5-7　设置尺寸

步骤 4：根据视图风格，为整个仪表板添加一种背景颜色，使其更加美观生动，“继任规划动态仪表板”最终的效果如图 5-8所示。

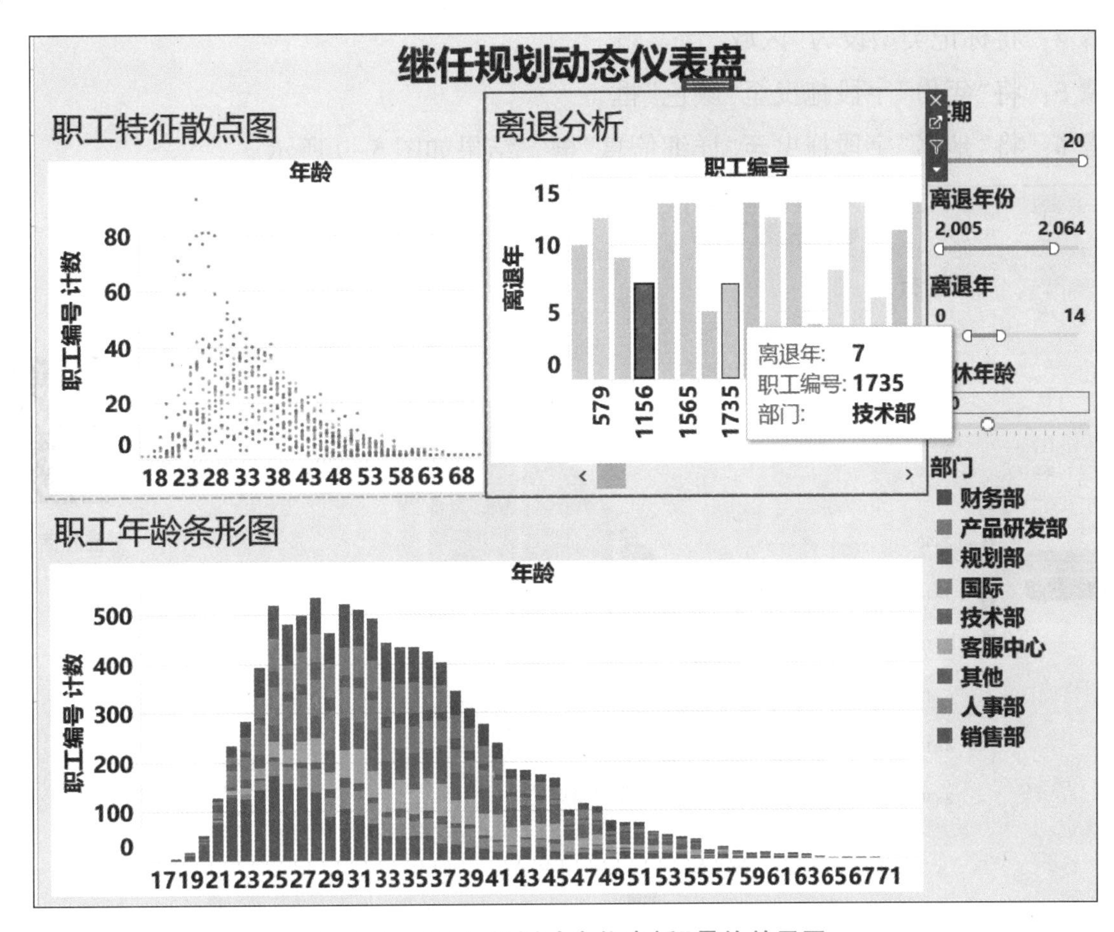

图 5-8　“继任规划动态仪表板”最终效果图

任务 5.5 石油量分析——制作“年度分析”视图

在本任务中，我们将通过一个资源行业的案例，进一步介绍仪表板的设计技巧。数据来自某资源公司控制台的资产监控记录。资源的分析侧重于地理区域，要考虑当地的人力资源、法律问题等。我们可以通过 Tableau 强大的突出显示功能和筛选功能将地理信息与其他分析融合起来，实现企业信息的自动更新。我们将使用面积图对每年的累计石油量进行分析，且通过颜色筛选使每年的信息更加直观。操作步骤如下。

步骤 1：将 Tableau 连接到数据源“资源监控 . xls”，进行年度分析。

步骤 2：新建一张工作表，在数据窗口将“地名编号”字段从“度量”列表框拖曳至“维度”列表框，在“年份”字段上单击鼠标右键，在弹出的快捷菜单中选择“转换为离散”选项。

步骤 3：将“日期”字段和“累积石油量(立方米)”字段分别拖曳至“列”功能区和“行”功能区，并把“日期”字段的格式设置为“精确日期”。

步骤 4：将标记类型设为“区域”。

步骤 5：将“年份”字段拖曳至“颜色”框。

步骤 6：将“地名”字段拖曳至“详细信息”框，结果如图 5-9 所示。

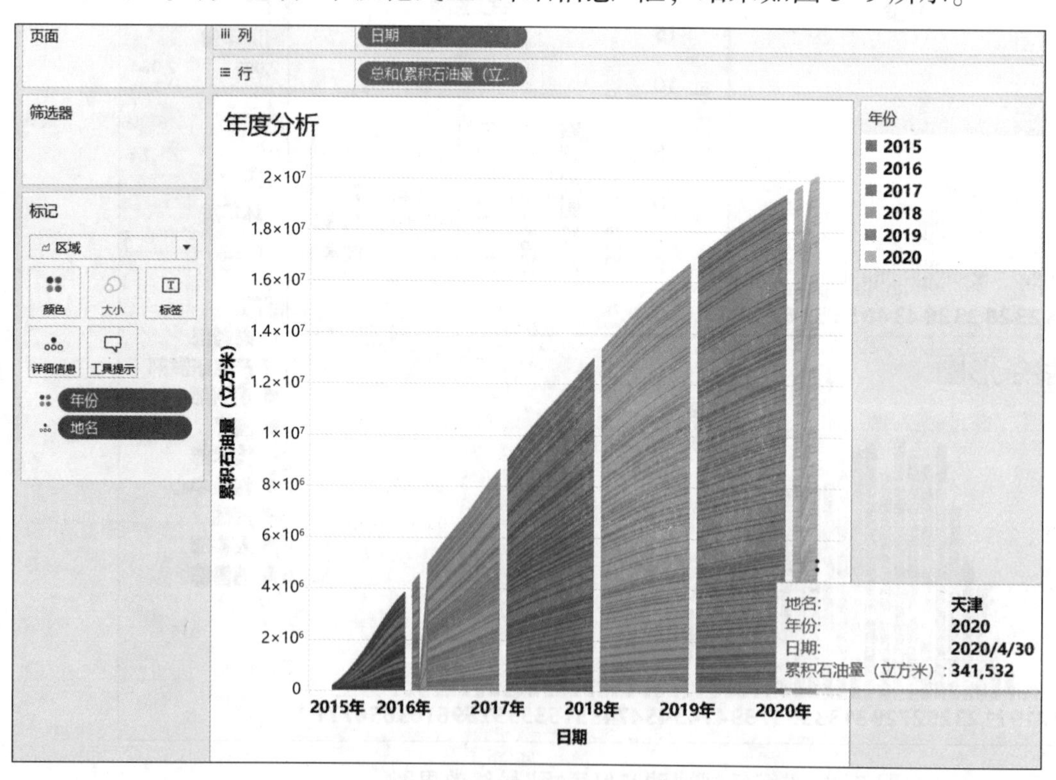

图 5-9 “年度分析”视图

面积图的应用

任务 5.6 石油量——制作“地域分析”视图

在本任务中，我们将通过条形图及颜色筛选，制作更加美观的图形，展示各地的累积石油量。操作步骤如下。

步骤 1： 打开一个新的工作表，进行地域分析。

步骤 2： 将“地名编号”“累积石油量(立方米)”字段分别拖曳至“列”功能区和“行”功能区。

步骤 3： 将标记类型设为“条形图”。

步骤 4： 将“地名编码”字段拖曳至“颜色”框，结果如图 5-10 所示。

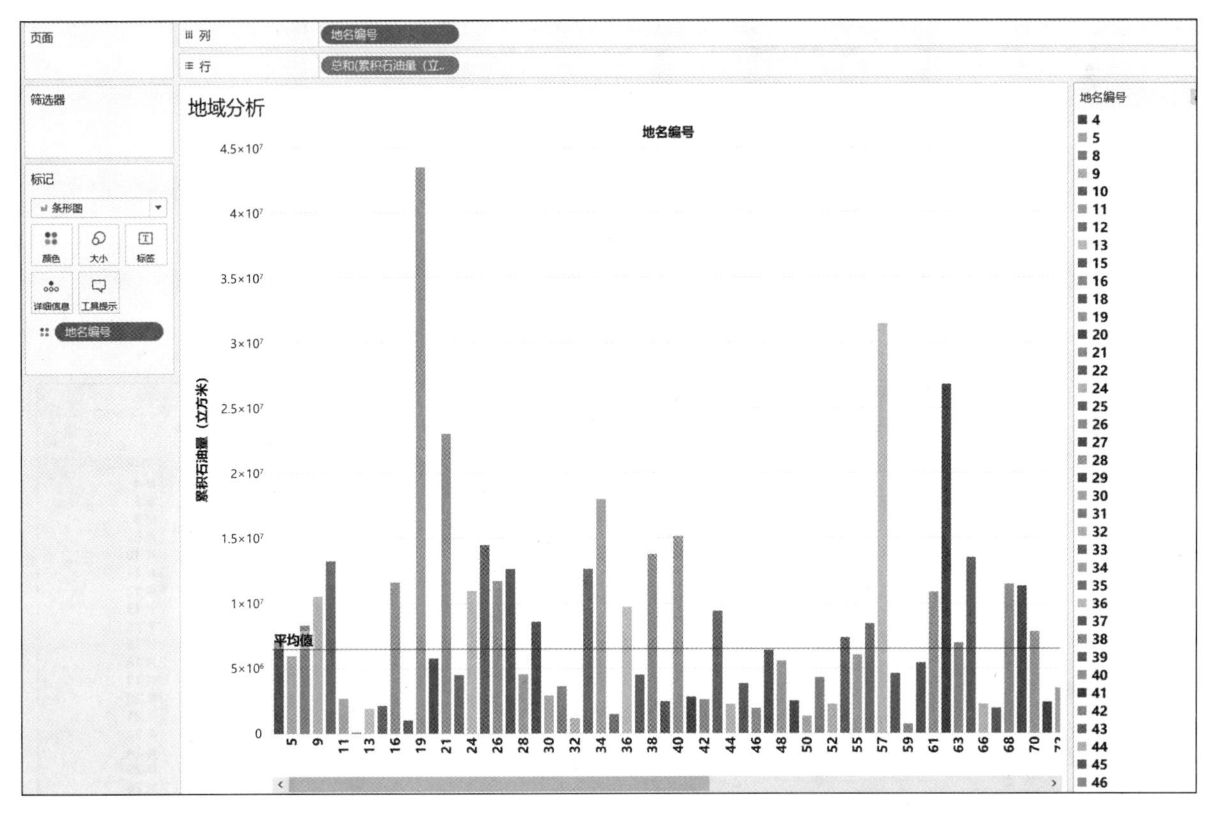

图 5-10 “地域分析”条形图

步骤 5： 添加一条参考线，在纵坐标区域单击鼠标右键，在弹出的快捷菜单中选择“添加参考线”选项，具体设置如图 5-11 所示。

步骤 6： 单击“确定”按钮最后，得到的“地域分析”视图如图 5-12 所示。

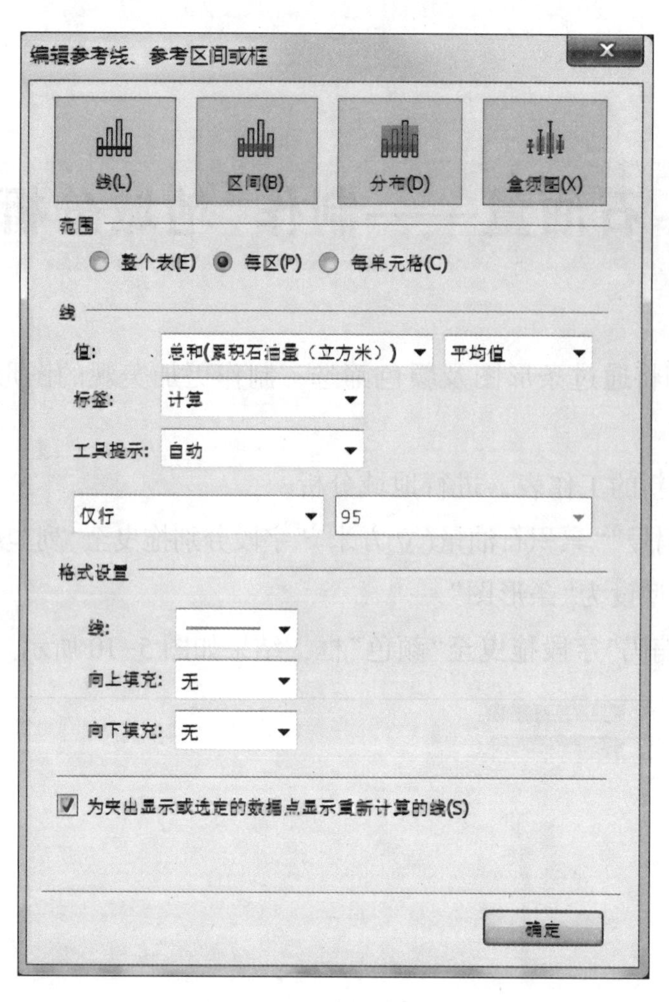

图 5-11　添加参考线

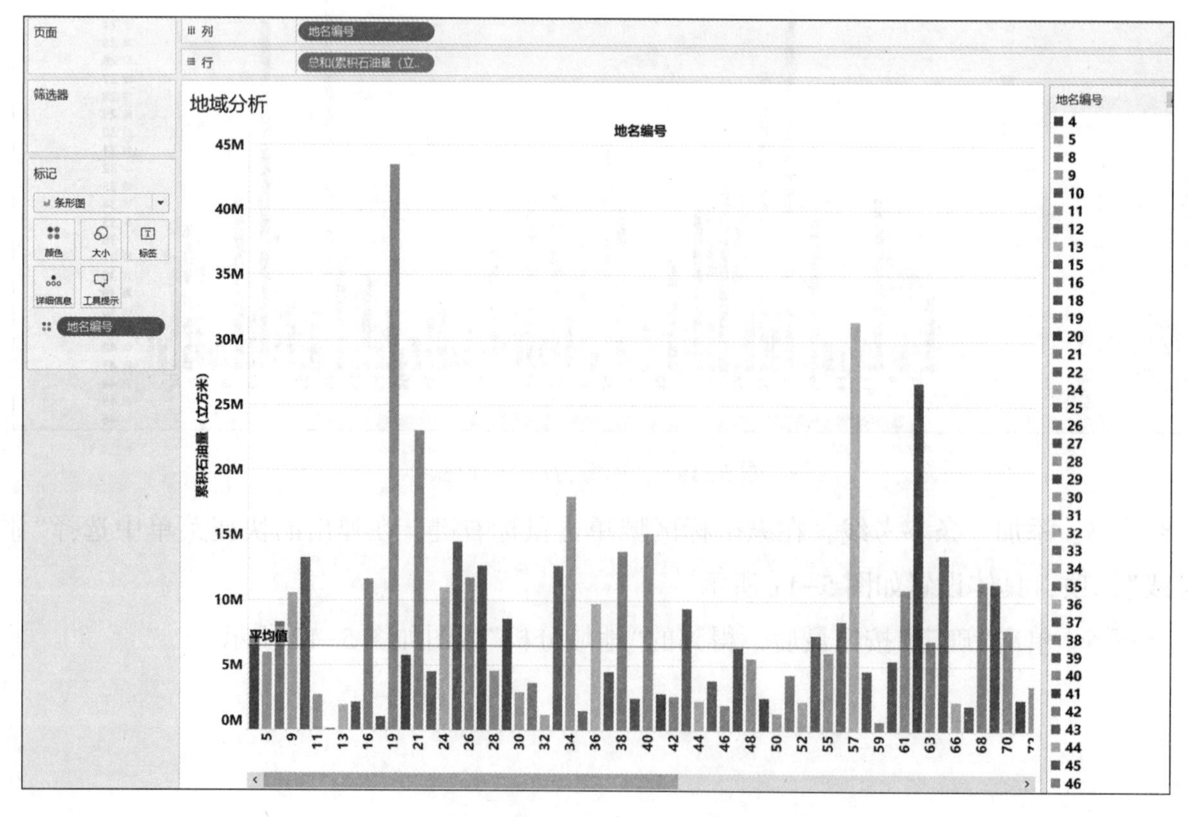

图 5-12　“地域分析”视图

任务 5.7 石油量——制作“全局分析”视图

在本任务中，我们将通过地图来直观地展示该公司在各地的累积石油量。操作步骤如下。

步骤 1：新建一张工作表。

步骤 2：在数据窗口中“地名”字段上单击鼠标右键，在弹出的快捷菜单中执行“地理角色”—“城市”命令，或者双击“地名”字段。

步骤 3：标记类型设为“圆”。

步骤 4：将“地名”字段和“累积石油量(立方米)”字段分别拖曳至“颜色”框和“大小”框，结果如图 5-13 所示。

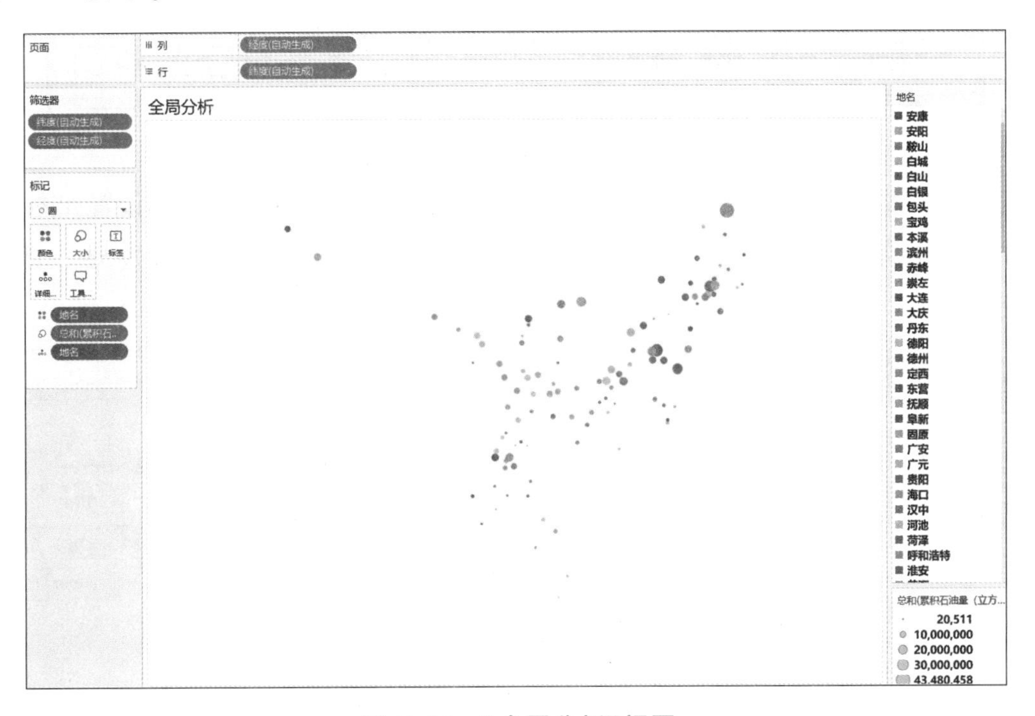

图 5-13 “全局分析”视图

任务 5.8 制作资源监控动态仪表板

完成以上几步后，我们新建一个仪表板，开始制作资源监控动态仪表板，将多个不同视图放在一个视图中动态显示，并通过突出显示和筛选器增加视图的交互性和可视性。其具体操作步骤如下。

步骤 1：将前面制作的三张工作表拖曳至仪表板，并适当调整其位置及大小。

步骤 2：单击“全局分析”视图右上角下拉按钮，选择“用作筛选器”选项。

步骤 3：选择菜单栏“仪表板”菜单中的“操作”选项，弹出图 5-14 所示的对话框，为仪表板内的视图添加“筛选器”和“突出显示”操作，以使仪表板更具交互性。

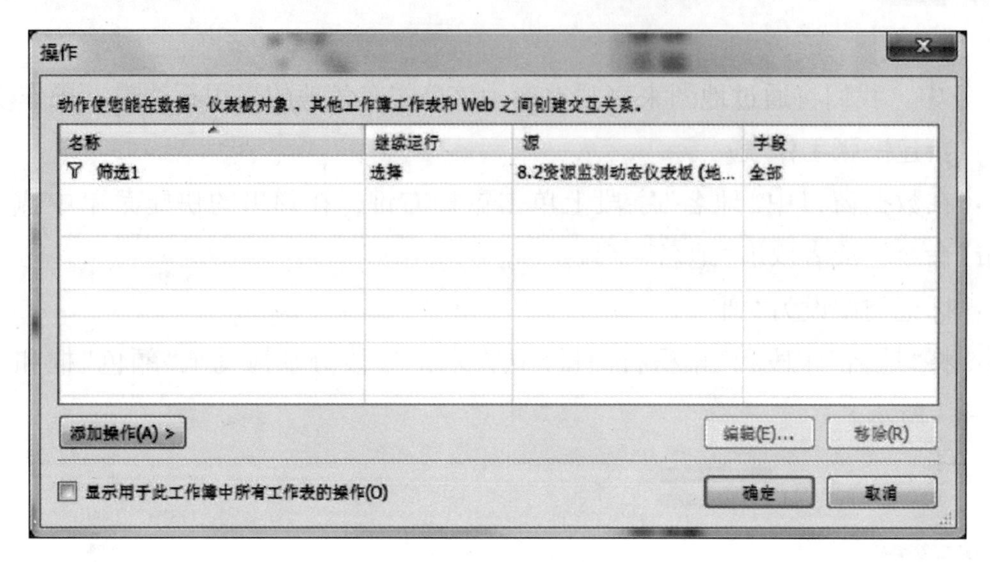

图 5-14 “操作”对话框

步骤 4：单击“添加操作”按钮，选择“筛选器”选项，添加筛选功能，具体设置如图 5-15 所示。

步骤 5：单击“添加操作”按钮，选择“突出显示”选项，添加突出效果，具体设置如图 5-16所示。

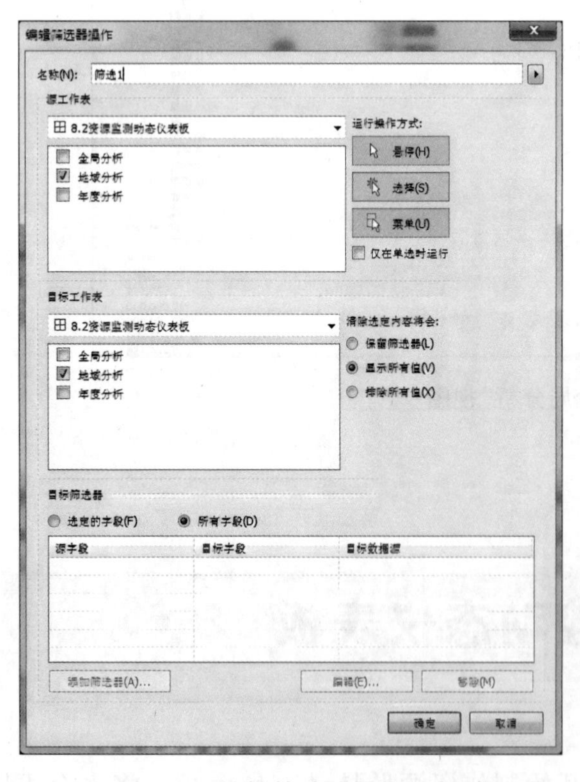

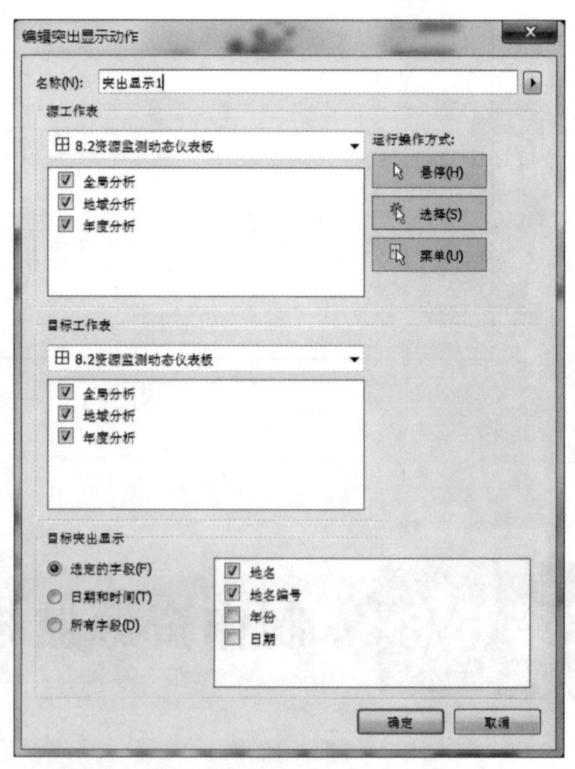

图 5-15 “编辑筛选器操作”对话框　　图 5-16 “编辑突出显示动作”对话框

步骤6：调整视图颜色，使仪表板更加生动形象，“资源监控动态仪表板”最终效果图如图5-17所示。

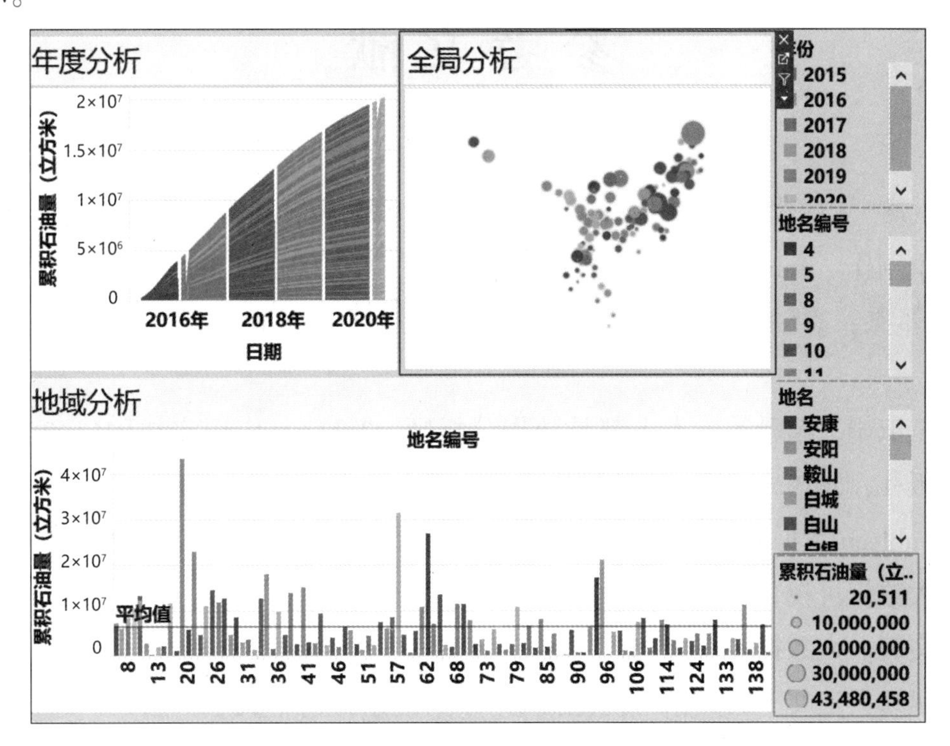

图5-17 “资源监控动态仪表板”最终效果图

【项目小结】

本项目主要介绍了如何设计仪表板。通过仪表板，我们可以把多个工作表放在一起对比分析，还可以通过筛选和突出显示等功能将多个工作表关联起来，做更高级的分析。通过仪表板的使用和设计，能够提交出更完美的报告。

【拓展练习】

文本表：关键绩效指标

1. 在任务5.1中，将离退分析图表更改为距离退休年份的比重结构。

2. 在任务5.6的“地域分析”视图中添加每区两个标准差参考范围的分布，并显示标准差的具体值。

3. 添加“操作”，当鼠标指针悬停在任务5.8仪表板中的“全局分析”工作表时，突出显示“地域分析”字段和“年度分析”字段。

4. “操作”中提供的“筛选器”“突出显示”“URL”三者有什么区别？各自适用于什么样的情况？

5. 如果不仅仅是在仪表板中实现操作，而是使此操作在单个的工作表之间进行跳转，应该如何设置“源工作表”和“目标工作表”选区？

参考文献

[1]高云龙，孙辰．大话数据分析：Tableau数据可视化实战[M]．北京：人民邮电出版社，2019.

[2]何业文，季刚作．Tableau商业分析从新手到高手[M]．北京：电子工业出版社，2021.

[3]何业文，郭杰，袁勋作．Tableau数据可视化分析一点通[M]．北京：电子工业出版社，2021.

[4]刘红阁，王淑娟，温融冰．人人都是数据分析师：Tableau应用实战[M]．2版．北京：人民邮电出版社，2019.

[5]王国平．Tableau数据可视化从入门到精通[M]］北京：清华大学出版社，2017.

[6]徐新爱．大数据可视化实战[M]．北京：中国铁道出版社，2021.

[7]周苏，王文编．大数据可视化[M]．北京：清华大学出版社，2016.

[8]周苏，张丽娜，王文．大数据可视化技术[M]．北京：清华大学出版社，2016.